前端程序员

面试笔试通关宝典

聚慕课教育研发中心 编著

清華大學出版社
北 京

内容简介

本书深入解析企业面试与笔试真题，在解析过程中结合职业需求深入地融入并扩展了核心编程技术，是一本专门为前端程序员求职和提升核心编程技能量身打造的编程技能学习与求职用书。

全书共 11 章。首先讲解了求职者在面试过程中的礼仪和技巧，接着带领读者学习前端的基础知识，并深入讲解了 HTML、CSS、JavaScript、jQuery、Vue.js、Angular JS 和 BootStrap 等核心编程技术；同时还深入探讨了各个前端框架等高级应用技术；最后对在前端中如何使用 Web 页面开发技术进行了扩展性介绍。

本书多角度、全方位地帮助读者快速掌握前端程序员的面试及笔试技巧，构建从高校到社会的就职桥梁，让有志于从事前端程序员行业的读者轻松步入职场。本书赠送资源比较多，在本书前言部分对资源包的具体内容、获取方式以及使用方法等做了详细说明。

本书适合想从事前端程序员行业或即将参加前端程序员面试求职的读者阅读，也可以作为计算机相关专业毕业生阅读的求职指导用书。

图书在版编目（CIP）数据

前端程序员面试笔试通关宝典 / 聚慕课教育研发中心编著. —北京：清华大学出版社，2020.8
ISBN 978-7-302-55717-3

Ⅰ. ①前… Ⅱ. ①聚… Ⅲ. ①程序设计－资格考试－自学参考资料 Ⅳ. ①TP311.1

中国版本图书馆 CIP 数据核字（2020）第 110401 号

责任编辑： 张 敏
封面设计： 杨玉兰
责任校对： 徐俊伟
责任印制： 沈 露

出版发行： 清华大学出版社
网 址： http: //www.tup.com.cn，http: //www.wqbook.com
地 址： 北京清华大学学研大厦 A 座 **邮 编：** 100084
社 总 机： 010-62770175 **邮 购：** 010-83470235
投稿与读者服务： 010-62776969，c-service@tup.tsinghua.edu.cn
质量反馈： 010-62772015，zhiliang@tup.tsinghua.edu.cn
印 装 者： 三河市君旺印务有限公司
经 销： 全国新华书店
开 本： 185mm×260mm **印 张：** 18 **字 数：** 524 千字
版 次： 2020 年 9 月第 1 版 **印 次：** 2020 年 9 月第 1 次印刷
定 价： 69.80 元

产品编号：085834-01

前　言

PREFACE

本书内容

全书分为 11 章。每章均设置有“本章导读”和“知识清单”版块，便于读者熟悉和自测本章必须掌握的核心要点；同时采用知识点和面/笔试试题相互依托贯穿的方式进行讲解，借助面试及笔试真题让读者对求职仿佛身临其境，从而掌握解题的思路和解题技巧；最后通过“名企真题解析”版块让读者进行真正的演练。

第 1 章为面试礼仪和技巧，主要讲解了面试前的准备、面试中的应对技巧以及面试结束的礼节，全面揭开了求职的神秘面纱。本章还有阅人无数的面试官们亲述面试规则和面试流程，站在面试官的角度来教您怎样设计简历、优化资料、准备面试和面试的完美表达等。

第 2、3 章为前端中 HTML 5 的基本内容，主要讲解 HTML 5 中的标签、超链接、行内元素和块级元素、列表、表格、表单以及结构元素等基础知识。

第 4～7 章为前端核心技术，主要讲解 CSS 的基本用法、样式、优先级、选择器、渐变、超链接、过渡动画、盒子模型和浮动以及 CSS 的定位等基础知识。学习完本部分内容，读者将对前端有更全面深入的认识。

第 8～10 章为高级应用技术，主要讲解 JavaScript、jQuery、Vue.js、Angular JS 以及 BootStrap 前端框架等高级应用技术。通过本部分内容的学习，读者可以提高自己的高级编程能力，为求职迅速积累工作经验。

第 11 章为求职面/笔试核心考核模块，即 Web 页面开发，主要讲解前端中的移动 Web 页面开发以及移动 Web 特效开发等内容。

全书不仅融入了作者丰富的工作经验和多年人事招聘感悟，还融入了技术达人面/笔试众多经验与技巧，更是全面剖析了众多企业招聘中面/笔试真题。

本书特色

1. 结构科学，易于自学

本书在内容组织和题型设计中充分考虑到不同层次读者的特点，由浅入深，循序渐进，无论您的基础如何，都能从本书中找到最佳的切入点。

2. 题型经典，解析透彻

为降低学习难度，提高学习效率。本书所选样题，均选自经典题型和名企真题，通过细致的题型解析让您迅速补齐技术短板，轻松获取面试及笔试经验、晋级为技术大咖。

3. 超多、实用、专业的面试技巧

本书结合实际求职中的面/笔试真题逐一讲解前端开发中的各种核心技能，同时从求职者角度为您全面揭开求职谜团，并对求职经验和技巧进行了汇总和提炼，让您在演练中掌握知识，轻松获取面试 Offer。

4. 专业创作团队和技术支持

本书由聚慕课教育研发中心编著并提供在线服务。您在学习过程中遇到任何问题，可加入图书读者（技术支持）QQ 群（661907764）进行提问，作者和资深程序员将为您在线答疑。

本书附赠超值王牌资源库

本书附赠了极为丰富的超值王牌资源库，具体内容如下。

（1）王牌资源 1：随赠“职业成长”资源库，突破读者职业规划与发展瓶颈。

- 职业规划库：程序员职业规划手册、程序员开发经验及技巧集、软件工程师技能手册。
- 软件技术库：200 例常见错误及解决方案、软件开发技巧查询手册。

（2）王牌资源 2：随赠“面试、求职”资源库，补齐读者的技术短板。

- 面试资源库：前端程序员面试技巧、400 道求职常见面试和笔试真题与解析。
- 求职资源库：206 套求职简历模板库、210 套岗位竞聘模板、680 套毕业答辩与学术开题报告 PPT 模板库。

（3）王牌资源 3：随赠“程序员面试笔试”资源库，拓展读者学习本书的深度和广度。

- 本书全部程序源代码（70 个实例及源码注释）。
- 编程水平测试系统：计算机水平测试、编程水平测试、编程逻辑能力测试、编程英语水平测试。
- 软件学习必备工具及电子书资源库：网页制作常见问题及解答电子书、HTML 标签速查手册、CSS 属性速查手册、颜色代码速查手册、JavaScript 实用案例电子书、前端各大框架集合电子书、CSS3 电子书。

上述资源的获取及使用

注意：由于本书不配送光盘，书中所用及上述资源均需借助网络下载才能使用。

采用以下任意途径，均可获取本书所附赠的超值王牌资源库。

（1）加入本书微信公众号“聚慕课 jumooc”，下载资源或者咨询关于本书的任何问题。

（2）加入本书图书读者服务（技术支持）QQ 群（661907764），读者可以咨询关于本书的任何问题。

本书适合哪些读者阅读

本书非常适合以下人员阅读。

- 准备从事前端程序员工作的人员。
- 准备参加前端程序员求职面试的人员。
- 正在学习软件开发计算机相关专业的毕业生。

- 准备从事软件开发行业的计算机爱好者。

创作团队

本书由聚慕课教育研发中心组织编写，参与本书编写的人员主要有陈梦、李良、王闪闪、朱性强、陈献凯等。

在编写过程中，我们尽己所能将最好的讲解呈现给读者，但也难免有疏漏和不妥之处，敬请读者不吝指正。

作　者

目　录

CONTENTS

第1章

面试礼仪和技巧

本章导读

所有人都说求职比较难，其实主要难在面试。在面试中，个人技能只是一部分，还有一部分在于面试的技巧。

本章带领读者学习面试中的礼仪和技巧，不仅包括面试现场的过招细节，而且包括阅人无数的面试官们亲口讲述的职场规划和面试流程，站在面试官的角度来教会读者怎样设计简历、搜集资料、准备面试和完美地表达等。

知识清单

本章要点（已掌握的在方框中打钩）

- [ ] 简历的投递
- [ ] 了解面试流程
- [ ] 仪容仪表
- [ ] 巧妙回答面试中的问题

1.1　面试前的准备

求职者如果想在面试中有脱颖而出的表现，面试之前的准备工作是非常重要的。本节将告诉读者在面试之前应该准备哪些工作。

1.1.1　了解面试企业的基本情况以及企业文化

在进行真正的面试之前，了解招聘公司的基本情况和企业文化是最好的战略，这不仅能让求职者尽可能地面对可能出现的面试挑战，而且还能机智、从容地应对面试中的问题。了解招聘公司的最低目标是尽可能多地了解该公司的相关信息，并基于这些信息建立起与该公司的共同点，帮助自己更好地融入招聘公司的发展规划，同时能够让公司发展得更好。

1. 对招聘公司进行调研

对招聘公司进行调研是让自己掌握更多关于该公司的基础信息。无论自己的业务水平如何，都应该能够根据常识来判断和运用所收集的信息。

了解招聘公司的基本情况一般包括以下几个方面。

（1）了解招聘公司的行业地位，是否有母公司或下属公司？

（2）了解招聘公司的规模、地址、联系电话、业务描述等信息，如果是上市公司，则其股票代码、净销售额、销售总量以及其他相关信息也应了解。

（3）招聘公司的业务是什么类型？其公司都有哪些产品和品牌？

（4）招聘公司所处的行业规模有多大？公司所处行业的发展前景如何？其行业是欣欣向荣的、停滞不前的还是逐渐没落？

（5）招聘公司有哪些竞争对手？你对这些竞争对手都有哪些了解？该公司与其竞争对手相比较，优势和劣势分别有哪些？

（6）了解招聘公司的管理者。

（7）招聘公司目前是正在扩张、紧缩，还是处于瓶颈期？

（8）了解招聘公司的历史，曾经历了哪些重要事件？

应聘者可以通过互联网查询的方法来了解招聘公司的更多信息。但互联网的使用不是唯一途径，之所以选择使用互联网，是因为它比查询纸质材料更便捷，更节省时间。

（1）公司官网。

访问招聘公司的官方网站是必须的。应聘者应了解公司的产品信息，关注其最近发布的新闻。访问公司官方网站获取信息，能让应聘者对招聘公司的业务运营和业务方式有基本的了解。

（2）搜索网站。

在网站输入招聘公司的名称、负责招聘的主管名字以及任何其他相关的关键词和信息，如行业信息等，以了解更详细、充分的信息。

（3）公司年报。

一个公司的年报通常包含公司使命、战略方向、财务状况以及公司的运营情况等信息，它能够让应聘者迅速地掌握招聘公司的组织结构和产品。

2. 企业文化

几乎在每场面试中，面试官都会问应聘者对公司的企业文化了解多少。那么，如何正确并且得体地回答该问题呢？

（1）了解什么是企业文化。

企业文化是指一个企业所特有的价值观与行为习惯，突出体现一个企业倡导什么、摒弃什么，禁止什么、鼓励什么。企业文化包括精神文化（企业价值观、企业愿景、企业规则制度）、行为文化（行为准则、处事方式、语言习惯等）和物质文化（薪酬制度、奖惩措施、工作环境等）三个层面，无形的文化却实实在在地影响到有形的方方面面。所以，企业文化不仅关系企业的发展战略部署，也直接影响着个体员工的成长与才能发挥。

（2）面试官询问应聘者对企业文化了解的目的。

通过应聘者对企业文化的了解程度判断其应聘态度和诚意。一般而言，应聘者如果比较重视所应聘的岗位，有进入企业工作的实际意愿，会提前了解所应聘企业的基本情况，当然也会了解到该企业的企业文化。

面试官通过应聘者对企业文化的表述语气或认知态度，判断应聘者是否符合企业的用人价值标准（不是技能标准），预判应聘者如果进入企业工作，能否适应企业环境，个人才能能否得到充分发挥。

3. 综合结论

应聘者面试之前要做充分的准备，尤其是关于招聘公司的企业文化方面的内容。

（1）面试之前，应聘者可以在纸上写下招聘公司的企业文化，不需要详细地全部写出来，以要点的方式列出即可，这样就能够记住所有的关键点，起到加深记忆的效果。

（2）另外，应聘者应写上自己理想中的企业文化、团队文化以及如何实现或建设这些理想文化。

完成这些工作，不仅仅能让应聘者在面试中力压竞争对手，脱颖而出，更能让其在未来的工作中成为一个好的团队成员或一个好的领导者。

1.1.2　了解应聘职位的招聘要求以及自身的优势和劣势

面试前的准备是为了找到面试时遇到问题的解决方法，应聘者首先要做的是明确招聘公司对该职位的招聘要求。

1. 了解应聘职位的要求

应聘者需要首先对所应聘的职位有一个准确的认知和了解，从而对自己从事该工作后的情况有一个判断。例如应聘驾驶员，就要预期可能会有工作时间不固定的情况。

一般从企业招聘的信息上可以看到岗位的工作职责和任职资格，应聘前可以详细了解，一方面能够对自己选择岗位有所帮助（了解自己与该职位的匹配度以决定是否投递简历），二是能够更好地准备面试。

面试官一般通过求职者对岗位职能的理解和把握来判断求职者对于该工作领域的熟悉程度，这也是鉴别“求职者是否有相关工作经验”的专项提问。

2. 自身优势和劣势

首先，应聘者可结合岗位的特点谈谈自身的优势，这些优势必须是应聘岗位所要求的，可以从专业、能力、兴趣、品质等方面展开论述。

其次，应聘者应客观诚恳地分析自身的缺点，要注意措辞，不能将缺点说成缺陷，要尽量使考官理解并接受。同时应聘者可表明决心，要积极改进不足，提高效率，保证按时保质完成工作任务。

最后，总结升华，应聘者应表示在今后的工作中会发挥优势、改正缺点，成为一名合格的工作人员。

1.1.3　简历的投递

1. 设计简历

很多人在求职过程中不重视简历的制作。“千里马常有，而伯乐不常有”，一个职位有时候有成百上千人在竞争，要想在人海中突出自己，简历是非常重要的。

求职简历是应聘者与招聘公司建立联系的第一步。要在“浩如烟海”的求职简历里脱颖而出，应聘者必需对其进行精心且不露痕迹的包装，既投招聘人员之所好，又要重点突出自己的竞争优势，这样自然会获得更多的面试机会。

在设计简历时需要注意以下几点。

（1）简历篇幅。篇幅较短的简历通常会令人印象更为深刻。招聘人员浏览一份简历一般只会用 10 秒钟左右。如果应聘者的简历言简意赅，恰到好处，招聘人员一眼就能看到。有些招聘人员看到较长的简历，甚至都不会阅读。如果应聘者担心自己的工作经验比较丰富，1～2 页的篇幅根本放不下，怎么办？其实，简历写得洋洋洒洒并不代表经验丰富，反而只会显得应聘者完全抓不住重点。

（2）工作经历。在写工作经历时，只须筛选出与应聘职位相关的即可，否则显得太过累赘，不能给招聘人员留下深刻印象。

（3）项目经历。写明项目经历会让应聘者看起来非常专业，对大学生和毕业不久的新人尤其如此。简历上应该只列举 2～4 个最重要的项目。描述项目要简明扼要，如使用哪些语言或哪种技术。当然也可以包括细节，比如该项目是个人独立开发还是团队合作的成果。独立项目一般说来比课程设计会更加出彩，因为这些项目会展现出应聘者的主动性。项目也不要列太多，否则会显得鱼龙混杂，效果不佳。

（4）简历封面。在制作简历时建议取消封面，以确保招聘人员拿起简历就可以直奔主题。

2. 投递简历

在投递简历时应聘者首先要根据自身优势选择适合自己的职位，再投递简历。简历的投递方式有以下几种。

（1）网申。这是最普遍的一种途径。每到招聘时节，网络上就会有各种各样的招聘信息。常用的求职网站有 51job、Boss 直聘、拉勾网等。

（2）电子邮箱投递。有些招聘公司会要求应聘者通过电子邮箱投递简历。大多数招聘公司在开宣讲会的时候会接收简历，部分公司还会做现场笔试或者初试。

（3）大型招聘会。这是一个广撒网的机会，不过应聘者还是要找准目标，有针对性地投简历。内部推荐是投简历最高效的一种方式。

1.1.4 礼貌答复面试或笔试通知

招聘公司通知应聘者面试，一般通过两种方式：电话通知或者电子邮件通知。

1. 电话通知

应聘者一旦发出求职信件，就要有一定的心理准备，那就是接听陌生的来电。接到面试通知的电话时，应聘者一定要在话语中表现出热情。声音是另外一种表情，对方根据应聘者说话的声音就能判断出其当时的表情以及情绪，所以，一定要注意说话的语气以及音调。如果应聘者因为另外有事而不能如约参加面试，语气应该非常歉意，并且要积极地主动和对方商议另选时间，只有这样，才不会错失一次宝贵的面试机会。

2. 电子邮件通知

当应聘者收到招聘公司的电子邮件，通知自己面试时，在回复邮件时，应做到以下几点。

（1）开门见山告诉对方收到邮件了，并且明确表示会准时到达。

（2）对收到邮件表示感谢。

（3）为了防止对方面试时间发生变动，要注意强调自己的联系方式，也就是暗示对方如果改变时间了，可以通知变更，防止自己扑空或者错过面试时间。

1.1.5 了解公司的面试流程

在求职面试时，如果应聘者能了解到企业的招聘流程和面试方法，那么就可以充分准备去迎接面试。以下总结了一些知名企业的招聘流程。

1. 微软公司的招聘流程

微软公司的面试招聘被应聘者称为“面试马拉松”。应聘者需要与部门工作人员、部门经理、副总裁、总裁等五六个人交谈，每人大概 1 小时，交谈的内容各有侧重。除涉及信仰、民族歧视、性别歧视等敏感问题之外，其他问题几乎都可能涉及。面试时，应聘者尤其应重视以下几点。

（1）反应速度和应变能力。

（2）口才。口才是表达思维、交流思想感情、促进相互了解的基本功。

（3）创新能力。只有经验没有创新能力，只会墨守成规的工作方式，这不是微软公司提倡和需要的。

（4）技术背景。面试时会要求应聘者当场编程。

（5）性格爱好和修养，一般通过与应聘者共进午餐或闲谈来了解。

微软公司面试应聘者，一般是面对面地进行，但有时候也会通过长途电话进行。

当应聘者离去之后，每一个主考官都会立即给其他主考官发出电子邮件，说明他对其的赞赏、批评、疑问以及评估。评估均以 4 等列出：强烈赞成聘用，赞成聘用，不能聘用，绝对不能聘用。应聘者在几分钟后走进下一个主考官的办公室时，根本不知道他对自己先前的表现已经了如指掌。

在面试过程中，如果有两个主考官对应聘者说“No”，那么这个应聘者就被淘汰了。一般说来，应聘者见到的主考官越多，成功的希望也就越大。

2. 腾讯公司的招聘流程

腾讯公司首先在各大高校举办校园招聘会，主要招聘技术类和业务类人才。技术类主要招聘以下三类人才。

（1）网站和游戏的开发。

（2）腾讯产品 QQ 的开发，主要是 VC 方面。

（3）腾讯服务器方面：Linux 下的 C/C++程序设计。

技术类的招聘分为一轮笔试和三轮面试。笔试分为两部分：首先是回答几个问题，然后才是技术类的考核。考试内容主要包括指针、数据结构、UNIX、TCP/UDP、Java 语言和算法。题目难度相对较大。

第一轮面试是一对一的，比较轻松，主要考查两个方面：一是应聘者的技术能力，主要是通过询问所做过的项目来考查；二是一些应聘者个人的基本情况以及对腾讯的了解和认同。

第二轮面试：面试官是应聘部门的经理，会问一些专业问题，并就应聘者的笔试情况进行讨论。

第三轮面试：面试官是人力资源部的员工，主要是对应聘者做性格能力的判断和综合能力测评。一般会要求应聘者做自我介绍，考查其反应能力，了解其价值观、求职意向以及对腾讯文化的认同度。

腾讯公司面试时的常见问题如下。

（1）说说你以前做过的项目。

（2）你们开发项目的流程是怎样的?

（3）请画出项目的模块架构。

（4）请说说 Server 端的机制和 API 的调用顺序。

3. 华为公司的招聘流程

华为公司的招聘一般分为技术类和营销管理类，包括一轮笔试和四轮面试。

（1）笔试题：35 个单选题，每题 1 分；16 道多选题，每题 2.5 分。笔试题主要考查 C/C++、软件工程、操作系统及网络，涉及少量关于 Java 的题目。

（2）华为公司的面试被求职者称为“车轮战”，在 1～2 天内要被不同的面试官面试 4 次，都可以立即知道结果，很有效率。第一轮面试以技术面试为主，同时会谈及应聘者的笔试情况；第二轮面试也会涉及技术问题，但主要是问与这个职位相关的技术以及应聘者拥有的一些技术能力；第三轮面试主要是性格倾向面试，较少提及技术，主要是问应聘者的个人基本情况，对华为文化的认同度，是否愿意服从公司安排以及职业规划等；第四轮一般是用人部门的主要负责人作为主面试官，面试的问题因人而异，既有一般性问题也有技术问题。

1.1.6 面试前的心理调节

1. 调整心态

面试之前，适度的紧张有助于应聘者保持良好的备战心态。但如果过于紧张可能就会导致应聘者手足无措，影响面试时的正常发挥。因此应聘者要调整好心态，从容应对。

2. 相信自己

对自己进行积极的暗示。积极的自我暗示并不是盲目乐观，脱离现实，以空幻美妙的想象来代替现实，而是客观、理性地看待自己，并对自己有积极的期待。

3. 保证充足的睡眠

面试之前，很多应聘者都睡不好觉，感到焦虑。但保证充足的睡眠，应聘者才能具有良好精神状态以应对面试。

1.1.7 仪容仪表

面试的着装是非常重要的，因为通过穿着，面试官可以看出应聘者对这次面试的重视程度。如果应聘者的穿着和招聘公司的要求比较一致，可能会拉近其和面试官的心理距离。因此，根据招聘公司和职位的特点来决定穿着是很重要的。

1. 男士的穿着

男士在夏天和秋天时，以短袖或长袖衬衫搭配深色西裤最为合适。衬衫的颜色最好是没有格子或条纹的白色或浅蓝色。衬衫要干净，不能有褶皱，以免给人留下邋遢的印象。冬天和春天时可以选择西装，西装的颜色应该以深色为主，最好不要穿纯白色和红色的西装，否则给人的感觉比较花哨、不稳重。

其次，领带也很重要，领带的颜色与花纹要与西服相搭配。领带结要打结实，下端不要长过腰带，但也不可太短。面试时可以带一个手包或公文包，颜色以深色和黑色为宜。

一般来说，男士的发型不能怪异，普通的短发即可。面试前要把头发梳理整齐，胡子刮干净。男士不要留长指甲，指甲要保持清洁，口气要清新。

2. 女士的穿着

女士在面试时最好穿套装，套装的款式保守一些比较好，颜色不能太过鲜艳。另外，穿裙装的话要过膝，上衣要有领有袖。女士可以适当地化淡妆，但不要佩戴过多的饰物，尤其是一动就叮当作响的手链。高跟鞋要与套装相搭配。

女士的发型，梳简单的马尾或者干练有型的短发都会显示出不同的气质。长发的女士最好把头发扎成马尾，并注意不要过低，否则会显得不够干练。刘海儿也应该重点修理，以不盖过眉毛为宜，还可以使用合适的发卡把刘海儿夹起来，或者直接梳到脑后，具体根据个人习惯进行。半披肩的头发则要注意不要太过凌乱，有长短层次的刘海儿应该斜梳定型，露出眼睛和眉毛，显得端庄文雅。短发的女士最好不要烫发，会显得不够稳重。

☆**注意**☆ 另外，头发最忌讳的一点是有太多的头饰。在面试的场合，大方自然才是真。所以，不要戴过多的颜色鲜艳的发夹或头花，披肩的长发也要适当地加以约束。

1.2 面试中的应对技巧

应聘者在面试的过程中难免会遇到一些这样或那样的问题，本节总结了一些在面试过程中要注意的问题，教会应聘者在遇到这些问题时应该如何应对。

1.2.1 自我介绍

一般情况下，自我介绍是面试中的第一步，本质在于自我推荐，是面试官对应聘者的第一印象。

应聘者可以按照时间顺序来组织自我介绍的内容，这种结构适合大部分人。

（1）大学时期。

例如：我的专业是计算机科学与技术，在郑州大学读的本科，暑假期间在几家创业公司进行过实习。

（2）目前的工作，用一句话概述。

例如：我目前从事的工作是 Java 工程师，在微软已经从事该工作两年了。

（3）毕业后。

例如：毕业以后我就去了腾讯做开发工作。那段经历令我受益匪浅：我学到了许多有关项目模块框架的知识，并且推动了网站和游戏的研发。这实际上表明，我渴望加入一个更具有创业精神的团队。

（4）目前的工作，可以详细描述。

例如：之后我进入了微软工作，主要负责初始系统架构，它具有较好的可扩展性，能够跟得上公司的快速发展步伐。由于表现优秀，我开始独立领导 Java 开发团队，我的主要职责是提供技术领导，包括架构、编程等。

（5）兴趣爱好。

如果应聘者的兴趣爱好只是比较常见的滑雪、跑步等活动，会显得较普通，可以选择一些在技术上的爱好进行说明，这能展现出你对技术的热爱。例如：在业余时间，我也以博主的身份经常活跃在 Java 开发者的在线论坛上，和他们进行技术的切磋和沟通。

（6）总结。

例如：我正在寻找新的工作机会，而贵公司吸引了我的目光，我始终热爱与用户打交道，并且打心底里想在贵公司工作。

1.2.2 面试中的基本礼仪

当我们刚认识一个人的时候，对他的了解并不太多，只能通过这个人的言行举止来进行判断。因此，应聘者的言行举止构成了整个面试流程中的大部分内容。

1. 肢体语言

得体的肢体语言可以让一个人看起来更加自信、强大并且值得信任。肢体语言能够展示什么样的素质，则要取决于具体的环境和场合的需要。

另外，应聘者也需要了解他人的肢体语言，这样就能通过解读肢体语言来判断面试官是否对你感兴趣，或是否因为你的出现而感到了威胁。如果面试官确实因为你的出现而感到了威胁，那么你可以通过调整自己肢体语言的方式来让对方感到放松并降低警惕。

2. 眼神交流

当面试官与你交谈时，如果他们直接注视你的双眼，你也要注视着面试官，表示你在认真地聆听他们说话，这也是最基本的尊重。保持持续有效的眼神交流才能建立彼此之间的信任。如果面试官与你的眼神交流很少，可能意味着对方对你并不感兴趣。

3. 姿势

姿势展现了一个人处理问题的态度和方法。正确的姿势是指头部和身体的自然调整，不使用身体的张力，也无须锁定某个固定的姿势。每个人都有自己专属的姿势，而且这个姿势是常年累积起来的。

无论是站立还是坐着，都要保持正直但不僵硬的姿态。身体应微微前倾，而不是后倾。注意不要将手臂交叠于胸前、不交叠绕脚。虽然绕脚是可以接受的，但不要隐藏或紧缩自己的脚踝，以显示出自己的紧张。

如果应聘者在与面试官交谈时摆出的姿势是双臂交叠合抱于胸前，双腿交叠跷起且整个身体微微地侧开，给面试官的感觉是应聘者认为交谈的对象很无趣，而且对正在进行的对话心不在焉。

4. 姿态

坐立不安的姿态是最常见的，通常表现为咬手指甲、拨弄头发、嚼口香糖以及咬牙切齿等。通常情况下，我们在与不认识的人相处或周围都是陌生人时会出现坐立不安的状态，而应对的方法就是进一步的美化自己的外表，让自己看起来更加体面，并且还能提升自信心。

1.2.3 如何巧妙地回答面试官的问题

在面试中，应聘者难免会遇到一些比较刁钻的问题，那么如何才能让自己的回答很完美呢？

都说谈话是一门艺术，其实回答问题也是门艺术。同样的问题，使用不同的回答方式，往往会产生不同的效果。本小节总结了一些建议，供读者采纳。

1. 回答问题谦虚谨慎

不能让面试官认为自己很自卑、唯唯诺诺或清高自负，而是应该通过回答问题表现出自己自信从容、不卑不亢的一面。

例如，当面试官问“你认为你在项目中起到了什么作用”时，如果求职者回答：我完成了团队中最难的工作，此时就会给面试官一种居功自傲的感觉。而如果回答：我完成了文件系统的构建工作，这个工作被认为是整个项目中最具有挑战性的一部分内容，因为它几乎无法重用以前的框架，需要重新设计。这种回答不仅不傲慢，反而有理有据，更能打动面试官。

2. 在回答问题时要适当地留有悬念

面试官当然也有好奇的心理。人们往往对好奇的事情更加记忆深刻。因此，应聘者在回答面试官的问题时，记得要说关键点，通过关键点来吸引面试官的注意力，等待他们继续“刨根问底”。

例如，当面试官对简历中一个算法问题感兴趣时，你可以回答：我设计的这种查找算法，可以将大部分的时间复杂度从 $O(n)$降低到 $O(\log n)$，如果您有兴趣，我可以详细给您分析具体的细节。

3. 回答尖锐问题时要展现自己的创造能力

例如，当面试官问“如果我现在告诉你，你的面试技巧糟糕透顶，你会怎么反应？”

这个问题测试的是你如何应对拒绝，或者是面对批评时不屈不挠的勇气以及在强压之下保持镇静的能力。关键在于要保持冷静，控制住自己的情绪和思维。记住，失败是只有在你不能从中学到任何东西时，才能称其为彻底的失败。如果有可能，可以向面试官了解一下哪些方面你可以进一步提高或改善自己。

完美的回答如下：

我是一个专业的工程师，不是一个专业的面试者。如果您告诉我，我的面试技巧很糟糕，那么我会问，哪些部分我没有表现好，从而让自己在下一场面试中能够改善和提高。我相信您已经经历过成百上千场面试，但是，我只是一个业余的面试者。但是，我是一个好学生并且相信您的专业判断和建议。因此，我有兴趣了解您会给我提什么建议，并且有兴趣知道如何提高自己的展示技巧。

1.2.4　如何回答技术性的问题

在面试中，面试官经常会提问一些关于技术性的问题，尤其是程序员的面试。那么如何回答技术性的问题呢？

1. 善于提问

面试官提出的问题，有时候可能过于抽象，让应聘者不知所措。因此，对于面试中的疑惑，应聘者要勇敢地提出来，多向面试官提问。善于提问会产生两方面的积极影响：一方面，提问可以让面试官知道应聘者在思考，也可以给面试官留下一个心思缜密的好印象；另一方面，方便后续自己对问题的解答。

例如，面试官提出一个问题：设计一个高效的排序算法。应聘者可能没有头绪，排序对象是链表还是数组？数据类型是整型、浮点型、字符型还是结构体类型？数据基本有序还是杂乱无序？

2. 高效设计

对技术性问题，完成基本功能是必需的，但还应该考虑更多的内容。以排序算法为例：时间是否高效？空间是否高效？数据量不大时也许没有问题，如果是海量数据呢？如果是网站设计，是否考虑了大规模数据访问的情况？是否需要考虑分布式系统架构？是否考虑了开源框架的使用？

3. 伪代码

有时候实际代码会比较复杂，上手就写很有可能会漏洞百出、条理混乱，所以应聘者可以征求面试官同意，在写实际代码前，写一个伪代码。

4. 控制答题时间

回答问题的节奏最好不要太慢，也不要太快，如果实在是完成得比较快，也不要急于提交给面试官，最好能够利用剩余的时间，认真检查些边界情况、异常情况及极性情况等，看是否也能满足要求。

5. 规范编码

回答技术性问题时，应聘者要严格遵循编码规范：函数变量名、换行缩进、语句嵌套和代码布局等。同时，代码设计应该具有完整性，保证代码能够完成基本功能，输入边界值能够得到正确的输出，对各种不合规范的非法输入能够做出合理的错误处理。

6. 测试

任何软件都有漏洞（bug），但不能因为如此就纵容自己的代码，允许错误百出。尤其在面试过程中，实现功能也许并不十分困难，困难的是在有限的时间内设计出的算法，各种异常是否都得到了有效的处理，各种边界值是否都在算法设计的范围内。

测试代码是让代码变得完备的高效方式之一，也是一名优秀程序员必备的素质之一。所以，在编写代码前，应聘者最好能够了解一些基本的测试知识，做一些基本的单元测试、功能测试、边界测试以及异常测试。

☆**注意**☆　*在回答技术性问题时，千万不要一句话都不说。面试官面试的时间是有限的，他们希望在有限的时间内尽可能地多了解应聘者。如果应聘者坐在那里一句话不说，不仅会让面试官觉得其技术水平不行，而且会认为其思考问题能力以及沟通能力可能都存在问题。*

1.2.5　如何应对自己不会的题

俗话说“知之为知之，不知为不知”。在面试的过程中，由于处于紧张的环境中，对面试官提出的问题，应聘者并不是都能回答出来。面试过程中遇到自己不会回答的问题时，错误的做法是保持沉默或者支支吾吾、不懂装懂，硬着头皮胡乱说一通，这样无疑是为自己挖了一个坑。

其实应聘者在面试过程中遇到不会的问题是一件很正常的事情，即使对自己的专业有相当的研究与认识，也可能会在面试中遇到不知道如何回答的问题。在面试中遇到不懂或不会回答的问题时，正确的做法是本着实事求是的原则，态度诚恳，告诉面试官不知道答案。例如，“对不起，不好意思，这个问题我回答不出来，我能向您请教吗?”

征求面试官的意见时可以说说自己的个人想法，回答时要谦逊有礼，切不可说起来没完没了。然后应聘者应该虚心地向面试官请教，表现出强烈的学习欲望。

1.2.6 如何回答非技术性的问题

在 IT 企业招聘过程的笔试、面试环节中，并非所有的内容都是 C/C++、Java、数据结构与算法及操作系统等专业知识，也包括其他一些非技术类的知识。技术水平测试可以考查一个应聘者的专业素养，而非技术类测试则更强调应聘者的综合素质。

笔试中的答题技巧如下。

（1）合理有效的时间管理。由于题目的难易不同，答题要分清轻重缓急，最好的做法是不按顺序答题。不同的人擅长的题型是不一样的，因此应该首先回答自己最擅长的问题。

（2）做题要集中精力、全神贯注，才能将自己的水平最大限度地发挥出来。

（3）学会关键字查找，通过关键字查找，能够提高做题效率。

（4）提高估算能力，有很多时候，估算能够极大地提高做题速度，同时保证正确性。

面试中的答题技巧如下。

（1）你一直为自己的成功付出了最大的努力吗？

这是一个简单又狡猾的问题，诚恳回答这个问题，并且向面试官展示，一直以来你是如何坚持不懈地试图提高自己的表现和业绩的。我们都是正常人，因此偶尔的松懈或拖延是正常的现象。

标准回答如下：

我一直都在尽自己最大的努力，试图做到最好。但是，前提是我也是个正常人，而人不可能时时刻刻都保持 100%付出的状态。我一直努力地去提高自己人生的方方面面，只要我一直坚持努力地去自我提高，我觉得我已经尽力了。

（2）当我可以从公司内部提拔一个员工的时候，为什么还要招聘你这样一个外部人员呢？

提问这个问题时，面试官的真正意图是询问你为什么觉得自己能够胜任这份工作。因为如果有可能直接从公司内部招聘员工来担任这份工作，不要怀疑，大多数公司会直接这么做的。很显然，这是一项不可能完成的任务，因为它们公开招聘了。在回答的时候，根据招聘公司的需求，陈述自己的关键技术能力和资格，并推销自己。

标准回答如下：

在很多情况下，一个团队可以通过招聘外来的人员，利用其优势来提升团队的业绩或成就，这让经验丰富的员工能够从一个全新的角度来看待项目或工作任务。我有五年的企业再造的成功经验可供贵公司利用，我有建立一个强大团队的能力、增加产量的能力以及消减成本的能力，可以帮助贵公司迎接新世纪带来的全球性挑战。

1.2.7 当与面试官对某个问题持有不同观点时，应如何应对

在面试的过程中，对于同一个问题，面试官和应聘者的观点不可能完全一致，当与面试官持有不同观点时，应聘者如果直接反驳面试官，可能会显得没有礼貌，也会导致面试官心里不高兴，最终的结果很可能会失去这份工作。

如果与面试官持有不一样的观点，应聘者应该委婉地表达自己的真实想法。由于应聘者并不了解面试官的性情，因此应该先赞同面试官的观点，给对方一个台阶下，再说明自己的观点，尽量使用“同

时”“而且”类型的词进行过渡，如果使用“但是”这类型的词就很容易把自己放到面试官的对立面。

如果面试官的心胸比较豁达，他不会和应聘者计较这种事情。万一碰到了“小心眼”的面试官，他和应聘者较真起来，吃亏的还是自己。

1.2.8 如何向面试官提问

提问不仅能显示出应聘者对空缺职位的兴趣，而且还能展示自己对招聘公司及其所处行业的了解，最重要的是，提问也能够向面试官强调自己为什么才是最佳的候选人。

因此，应聘者需要仔细选择自己的问题，而且需要根据面试官的不同而对提出的问题进行调整和设计。另外，还有一些问题在面试的初期是应该避免提出的，不管面试官是什么身份或来自什么部门，都不要提出关于薪水、假期、退休福利计划或任何其他可能让你看起来对薪资福利待遇的兴趣大过于对公司的兴趣的问题。

提问题的原则就是只问那些对你来说真正重要的问题或信息，可以从以下方面来提问。

1. 真实的问题

真实的问题就是你很想知道答案的问题。例如：

（1）在整个团队中，测试人员、开发人员和项目经理的比例是多少？

（2）对于这个职位，除了在公司官网上看到的职位描述之外，还有什么其他信息可以提供？

2. 技术性问题

有见地的技术性问题可以充分反映出应聘者的知识水平和技术功底。例如：

（1）我了解到你们正在使用 XX 技术，想问一下它是怎么来处理 Y 问题的呢？

（2）为什么你们的项目选择使用 XX 技术而并不是 YY 技术？

3. 热爱学习

在面试中，应聘者可以向面试官展示自己对技术的热爱，让他了解你比较热衷于学习，将来能为公司的发展做出贡献。例如：

（1）我对这门技术的延伸性比较感兴趣，请问有没有机会可以学习这方面的知识？

（2）我对 XX 技术不是特别了解，您能多给我讲讲它的工作原理吗？

1.2.9 明人“暗语”

在面试中，听懂面试官的“暗语”是非常重要的。“暗语”已成为一种测试应聘者心理素质、探索应聘者内心真实想法的有效手段。理解面试中的“暗语”对应聘者来说也是必须掌握的一门学问。

常见“暗语”总结如下。

（1）简历先放在这吧，有消息我们会通知你的。

当面试官说出这句话时，表示他对你并不感兴趣。因此，应聘者不要一厢情愿地等待通知，这种情况下，一般是不会有任何消息通知的。

（2）你好，请坐。

“你好，请坐”看似简单的一句话，但从面试官口中说出来的含义就不一样了。一般情况下，面试官说出此话，应聘者回答“你好”或“您好”不重要，主要考验应聘者能否“礼貌回应”和“坐不坐”。

通过问候语，可以体现一个人的基本素质和修养，直接影响其在面试官心目中的第一印象。因此，正确的回答方法是“您好，谢谢”，然后坐下来。

（3）你是从哪里了解到我们的招聘信息的？

面试官提出这种问题，一方面是在评估招聘渠道的有效性，另一方面是想知道应聘者是否有熟人介绍。一般而言，熟人介绍总体上会有加分，但是也不全是如此。如果是一个在单位里表现不佳或者其推荐的历史记录不良的熟人介绍，则会起到相反的效果。大多数面试官主要是为了评估自己企业发布招聘广告的有效性。

（4）你有没有去其他公司面试？

此问题是在了解应聘者的职业生涯规划，同时评估其被其他公司录用或淘汰的可能性。当面试官对应聘者提出这种问题时，表明面试官对应聘者是基本肯定的，只是还不能下决定是否最终录用。如果应聘者还应聘过其他公司，最好选择相关联的岗位或行业回答。一般而言，如果应聘过其他公司，一定要说自己拿到了其他公司的录用通知。如果其他公司的行业影响力高于现在面试的公司，无疑可以加大应聘者自身的筹码，有时甚至可以因此拿到该公司的顶级录用通知；如果其他公司的行业影响力低于现在面试的公司，应聘者回答没有拿到录用通知，则会给面试官一种误导：连这家公司都没有给录用通知，我们如果给录用通知了，岂不是说明我们的实力不如这家公司。

（5）结束面试的暗语。

在面试过程中，一般应聘者进行自我介绍之后，面试官会相应地提出各类问题，然后转向谈工作。面试官通常会把工作的内容和职责大致介绍一遍，接着让应聘者谈谈今后工作的打算，再谈及福利待遇问题。谈完之后应聘者就应该主动做出告辞的姿态，不要故意拖延时间。

面试官认为面试结束时，往往会用暗示的话语来提醒应聘者。

- 我很感谢你对我们公司这项工作的关注。
- 真难为你了，跑了这么远路，多谢了。
- 谢谢你对我们招聘工作的关心，我们一旦做出决定就会立即通知你。
- 你的情况我们已经了解。

此时，应聘者应该主动站起身来，露出微笑，和面试官握手并且表示感谢，然后有礼貌地退出面试室。

（6）面试结束后，面试官说“我们有消息会通知你”。

一般而言，面试官让应聘者等通知，有多种可能：

- 对面试者不感兴趣。
- 面试官不是负责人，需要请示领导。
- 对应聘者不是特别满意，希望再多面试一些人，如果没有更好的，就录取该名应聘者。
- 公司需要对面试留下的人进行重新选择，安排第二次面试。

（7）你能否接受调岗？

有些公司招收岗位和人员比较多，在面试中，当听到面试官说出此话时，言外之意是该岗位也许已经满员了，但公司对应聘者很有兴趣，还是希望应聘者能成为企业的一员。面对这种提问，应聘者应该迅速做出反应，如果认为对方是个不错的公司，应聘者对新的岗位又有一定的把握，也可以先进单位再选岗位；如果对方公司状况一般，新岗位又不太适合自己，可以当面拒绝。

（8）你什么时候能到岗？

当面试官问及到岗的时间时，表明面试官已经同意录用你了，此时只是为了确定应聘者是否能够及时到岗并开始工作。如果的确有隐情，应聘者也不要遮遮掩，适当说明情况即可。

1.3 面试结束

面试结束之后，无论结果如何，应聘者都要以平常心来对待。即使没有收到该公司的录用通知也没关系，应聘者需要做的就是好好地准备下一家公司的面试。当多面试几家之后，应聘者自然会明白面试的一些规则和方法，这样也会在无形之中提高面试的通过率。

1.3.1　面试结束后是否会立即收到回复

一般在面试结束后应聘者不会立即收到回复，主要原因是面试公司的招聘流程问题。在许多公司中，人力资源和相关部门组织招聘，在对人员进行初选后，需要高层进行最终的审批签认，才能向面试成功者发送录用通知。

应聘者一般会在 3～7 个工作日收到通知。

首先，公司在结束面试后，会将所有候选人从专业技能、综合素质、稳定性等方面结合起来，进行评估对比，择优选择。

其次，选中候选人之后，还要结合候选人的期望薪资、市场待遇、公司目前薪资水平等因素为候选人定薪，有些公司还会提前制订好试用期考核方案。

最后，薪资确定好之后，公司内部会走签字流程，取得各个相关部门领导的同意。

建议应聘者在等待面试结果的过程中继续寻找下一份工作，下一份工作的确定也需要几天时间，两者并不影响。在招聘公司告知的回复结果时间内没有接到通知，应聘者可以主动打电话去咨询，并明确具体没有通过的原因，然后再做改善。

1.3.2　面试没有通过是否可以再次申请

当然可以，不过通常需要等待 6 个月到 1 年的时间才可以再次申请。

目前有很多公司为了能够在一年一度的招聘季节中，提前将优秀的程序员招入自己的公司，往往会先下手为强。它们通常采取的措施有两种：一是招聘实习生；二是多轮招聘。很多人可能会担心，万一面试时发挥不好，没被公司选中，会不会被公司列入黑名单，从此再也不能给这家公司投递简历。

一般而言，公司是不会“记仇”的，尤其是知名的大公司，对此都会有明确的表示。如果在公司的实习生招聘或在公司以前的招聘中未被录取，一般不会被拉入公司的“黑名单”。在下一次招聘中，和其他应聘者一样，具有相同的竞争机会。上一次面试中的糟糕表现一般不会对新面试有很大的影响。例如：有很多人都被谷歌或微软拒绝过，但他们最后还是拿到了这些公司的录用通知书。

录取被拒绝了，也许是在考验，也许是在等待，也许真的是拒绝。但无论出于什么原因，应聘者此时此刻都不要对自己丧失信心。所以，即使被公司拒绝了也不是什么大事，以后还是有机会的。

1.3.3　怎样处理录用与被拒

面试结束，当收到录取通知时，是接受该公司的录用还是直接拒绝呢？无论是接受还是拒绝都要讲究方法。

1. 录用回复

公司发出的录用通知大部分都有回复期限，一般为 1～4 周。如果这是应聘者心仪的工作，应及时给公司进行回复。但如果应聘者还想要等其他公司的录用通知，可以请求该录用公司延长回复期限，大部分公司都会予以理解。

2. 如何拒绝录用通知

当应聘者发现自己对该公司不感兴趣时，需要礼貌地拒绝该公司的录用通知，并与该公司做好沟通工作。

在拒绝录用通知时，应聘者需要提前准备好一个合乎情理的理由。例如：当应聘者要放弃大公司而选择创业型公司时，应聘者可以说自己认为创业公司是当下最佳的选择。由于这两种公司大不相同，大公司也不可能突然转变为创业型公司，所以他们也不会说什么。

3. 如何处理被拒

当面试被拒时，应聘者也不要气馁，这并不代表你不是一个好的 Java 工程师。有很多公司都明白，面试并不都是完美的，可能会丢失许多优秀的 Java 工程师。因此，有些公司会因为应聘者原先的表现主动进行联系。

当应聘者接到被拒绝的电话时，要礼貌地感谢招聘人员为此付出的时间和精力，表达自己的遗憾和对他们做出决定的理解，并询问什么时间可以重新申请。同时，应聘者还可以让招聘人员给予面试反馈，以在今后的面试中加以改善。

1.3.4 录用后的薪资谈判

在进行薪水谈判时，应聘者最担心的事情莫过于招聘经理会因为薪水谈判而改变录用自己的决定。在大多数情况下，招聘经理不仅不会更改自己的决定，而且会因为你勇于谈判、坚持自己的价值而对你刮目相看，这表示你十分看重这个职位并认真对待这份工作。如果公司选择了另一个薪水较低的人员，或者重新经过招聘、面试的流程来选择合适的人选，那么其需要花费的成本远远要高出你要求的薪酬水平。

在进行薪资谈判时要注意以下几点。

（1）在进行薪资谈判之前，要考虑未来自己的职业发展方向。

（2）在进行薪资谈判之前，要考虑公司的稳定性，毕竟没有人愿意被解雇或下岗。

（3）在雇佣公司没有提出薪水话题之前不要主动进行探讨。

（4）了解该公司中的员工薪资水平，以及同行业其他公司中同行的薪资水平。

（5）可以适当地高估自己的价值，甚至可以把自己当成该公司不可或缺的存在。

（6）在进行薪资谈判时，采取策略，将谈判的重点引向自己的资历和未来的业绩承诺等核心价值的衡量上。

（7）在进行薪资谈判时，将谈判的重点放在福利待遇和补贴上，而不仅仅关注工资的税前总额。

（8）如果可以避免，尽量不要通过电话沟通和协商薪资及福利待遇。

1.3.5 入职准备

入职代表着应聘者的职业生涯的起点，因此，在入职前做好职业规划是非常重要的，它代表着你以后工作的目标。

1. 制订时间表

为了避免出现“温水煮青蛙”的情况，要提前做好规划并定期进行检查。应聘者需要好好想一想，五年之后想干什么？十年之后身处哪个职位？如何一步步地达成目标？另外，应聘者每年都需要总结一下过去的一年里，自己在职业与技能上取得了哪些进步？明年有什么规划？

2. 人际网络

在工作中，应聘者要与经理、同事建立良好的关系。当有人离职时，你们也可以继续保持联络，这样不仅可以拉近你们之间的距离，还可以将同事关系升华为朋友关系。

3. 多向经理学习

大部分经理都愿意帮助下属，所以应聘者可以尽可能地多向经理学习。如果应聘者想以后从事更多的开发工作，可以直接告诉经理；如果想要往管理层发展，可以与经理探讨自己需要做哪些准备。

4. 保持面试的状态

即使应聘者不是真的想要换工作，也要每年制订一个面试目标。这有助于提高面试技能，并让自己胜任各种岗位的工作，获得与自身能力相匹配的薪水。

第2章

HTML 5

本章导读

从本章开始主要带领读者来学习前端的HTML 5的知识以及在面试和笔试中常见的问题。本章首先告诉读者要掌握的重点知识有哪些，然后教会读者应该如何更好地回答这些问题，最后总结了一些企业的面试及笔试中的真题。

知识清单

本章要点（已掌握的在方框中打钩）

- [ ] HTML 5 基础
- [ ] 网页标签
- [ ] 常用超链接
- [ ] 行内元素和块级元素

2.1 HTML 5 基础

本节主要讲解前端内容中HTML 5的基本结构、HTML的发展史、HTML 5的优势以及W3C的标准等基础知识内容。读者需要牢牢掌握这些基础知识，才能在面试及笔试中应对自如。

2.1.1 基本结构

HTML 5的基本结构主要分为头部区域、主体区域以及结束区域。

HTML 5是一个以.html为扩展名的文件，下面是一个HTML 5的基本结构：

```
<!DOCTYPE html>          <!--用于声明、告诉浏览器这是一个 HTML 文档-->
<html lang="zh-cn">      <!--HTML 文档开始 | lang="zh-cn"中文声明-->
<head> </head>           <!--头部区域-->
<body> </body>           <!--主体区域-->
</html>                  <!-- HTML 文档结束-->
```

1. 头部区域

HTML 5的头部区域head用于定义一些网页的初始化工作，如文档编码格式、网页的title标题以及引入CSS和JavaScript文件等。

```
<head>
    <meta charset="utf-8">  <!--文档编码格式-->
    <meta name="description" content="我是一个网页描述:) ">  <!--网页描述-->
    <title>我是标题</title>  <!-- 网页标题 -->
</head>
```

其中，title 标签定义的网页标题显示在浏览器顶部窗口的标签栏，而 meta 中的 name 为 description 定义的是网页描述不可见的，主要用于告诉搜索引擎的爬虫机器人当前页面主要的内容，适当的时候搜索引擎会给出相关词汇的搜索排名，类似的标签还有 meta 中的 keyword 和 author。

2. 主体区域

HTML 5 的主体区域 body 是浏览器的视窗区域，在这个区域写入的任何内容，都会显示在浏览器中。

```
<body>
    <p>当前是一个段落内容</p>
    <span>主体内容</span>
</body>
```

3. 标签形式

每个以< >符号组成的元素都是一个 HTML 5 标签，分为单标签和双标签。

```
<!--双标签-->
<html>  <!--< >标签开始-->
    <head>…</head>    <!--双标签内部可以包含下级标签-->
    <body>…</body>    <!--双标签内部可以包含下级标签-->
</html>  <!--</ >标签结束-->
<!--单标签-->
<br/>  <!--自闭合-->
<hr/>  <!--自闭合-->
```

4. 标签属性

标签的形式除了有单标签和双标签之外，还包括了属性，通常是作为标签功能的补充。

```
<html lang="zh-cn">  <!-- lang=" "就是标签的属性 | 而 zh-cn 称为属性值-->
<!-- 一个标签可以包含多属性 -->
<a href="http://jumooc.com" style="color: red;">聚慕课教程</a>
```

5. 严格类型

HTML 5 并不是严格类型的语言，拥有一定的容错机制，当我们把标签写错的时候，浏览器并不会直接报错不显示了，而是根据自己的理解去解析错误的内容。

```
<hr/>    <!--单标签的自闭合写成<hr>也能正确显示-->
<p </p>  <!--忘记写了一个“>”号可能也会解析正确，也可能段落的内容被错位显示-->
```

6. 代码注释

HTML 5 用于注释标签的是<!--我是注释-->。

```
<!--这是一段注释内容-->
```

2.1.2 HTML 的发展史

HTML 的英文全称是 Hypertext Marked Language，即超文本标记语言。HTML 是由 Web 的发明者 Tim Berners-Lee 和同事 Daniel W. Connolly 于 1990 年创立的一种标记语言，它是标准通用化标记语言 SGML 的应用。用 HTML 编写的超文本文档称为 HTML 文档，它能独立于各种操作系统平台（如 UNIX 和 Windows 等）。使用 HTML 语言，将所需要表达的信息按某种规则写成 HTML 文件，通过专用的浏览器来识别，并将这些 HTML 文件“翻译”成可以识别的信息，即现在所见到的网页。

自 1990 年以来，HTML 就一直被用作 WWW 的信息表示语言，使用 HTML 语言描述的文件需要通过 WWW 浏览器显示出效果。HTML 是一种建立网页文件的语言，通过标记式的指令（Tag），将影像、声音、图片、文字动画、影视等内容显示出来。事实上，每一个 HTML 文档都是一种静态的网页文件，这个文件里面包含了 HTML 指令代码，这些指令代码并不是一种程序语言，只是一种排版网页中资料显示位置的标记结构语言，易学易懂，非常简单。HTML 的普遍应用就是带来了超文本的技术，即通过单击鼠标从一个主题跳转到另一个主题，从一个页面跳转到另一个页面，与世界各地主机的文件链接。超文本传输协议规定了浏览器在运行 HTML 文档时所遵循的规则和进行的操作。HTTP 协议的制定使浏览器在运行超文本时有了统一的规则和标准。

万维网（World Wide Web）上的一个超媒体文档称之为一个页面（page）。作为一个组织或者个人在万维网上放置开始点的页面称为主页（Homepage）或首页，主页中通常包括指向其他相关页面或其他节点的指针（超级链接）。所谓超级链接，就是一种统一资源定位器（Uniform Resource Locator，URL）指针，通过激活（点击）它，可使浏览器方便地获取新的网页。这也是 HTML 获得广泛应用的最重要的原因之一。在逻辑上将视为一个整体的一系列页面的有机集合称为网站（Website 或 Site）。

网页的本质就是超级文本标记语言，通过结合使用其他的 Web 技术（如脚本语言、公共网关接口、组件等），可以创造出功能强大的网页。因而，超级文本标记语言是万维网编程的基础，也就是说万维网是建立在超文本基础之上的。超级文本标记语言之所以称为超文本标记语言，是因为文本中包含了所谓“超级链接”。

HTML 历史上有以下版本。

- HTML 1.0：在 1993 年 6 月作为互联网工程工作小组（IETF）工作草案发布。
- HTML 2.0：1995 年 11 月作为 RFC 1866 发布，在 RFC 2854 于 2000 年 6 月发布之后被宣布已经过时。
- HTML 3.2：1997 年 1 月 14 日，W3C 推荐标准。
- HTML 4.0：1997 年 12 月 18 日，W3C 推荐标准。
- HTML 4.01：1999 年 12 月 24 日，W3C 推荐标准。
- HTML 5：HTML 5 是公认的下一代 Web 语言，极大地提升了 Web 在富媒体、富内容和富应用等方面的能力，被喻为终将改变移动互联网的重要推手。

2.1.3 HTML 5 的优势

学习前端知识都需要学习 HTML 5，并知道使用它的优势是什么。下面将对它的优势进行介绍。

（1）跨平台：跨平台技术在早期大多因为性能问题没有实现，中后期硬件能力增强后又成为主流，因为跨平台确实是适合大众需要的。

（2）成本低：创业者融资并不容易，如何更高效地花钱非常重要。使用原生开发的 App 和使用 HTML 5 开发的 App 没什么区别，但是开发成本会高出一倍。

（3）快速迭代：移动互联网更新速度很快，谁对用户的需求满足得更快，谁的试错成本更低，谁就拥有巨大的优势。

（4）导流入口多：HTML 5 应用导流非常容易，超级 App（如微信朋友圈）、搜索引擎、应用市场、浏览器，到处都是 HTML 5 的流量入口。而原生 App 的流量入口只有应用市场。聪明的 HTML 5 开发者当然会玩转各种流量入口从而取得更强的优势。

（5）开源生态系统发达：HTML 5 前端是开放的正反馈循环生态系统，拥有大量的开源库，开发应用变得更轻松、更敏捷，当然这也体现在了快速迭代和成本下降上。

（6）开放的数据交换：HTML 是以 page 为单元开放代码的，无须专门开发 SDK，只要不混淆，就能与其他应用交互数据。开发者可以让手机搜索引擎很容易地检索到自己的数据，也更容易通过跨应用协作来满足最终用户需求。

（7）持续交付：很多人有这样的体会，一个原生应用上线 Appstore，突然有一个大问题，只好尽快修复，然后静静等待一段时间进行审核。正是因为这段间隔时间，用户可能会大量流失，等新应用被审核上线了，用户可能已经卸载了该应用。但是使用 HTML 5 没有这些问题，可以实时更新，有问题立即响应。

（8）对最终用户的三大优势：大幅降低使用门槛；实时更新、提高体验；跨应用的使用体验。

上文对 HTML 5 开发语言做了详细的介绍和优势说明，希望大家在学习之后可以对 HTML 5 有一个大概认识，未来的开发技术市场将会由 HTML 5 占领。

2.1.4 W3C 标准

W3C 标准主要由 DOCTYPE、名字空间（NameSpace）、定义语言编码、CSS 定义等内容组成。

1. DOCTYPE

DOCTYPE 是 DocumentType（文档类型）的简写，用来说明使用的 XHTML 或者 HTML 是什么版本。其中的 DTD（如 xhtml1-transitional.dtd）叫作文档类型定义，包含文档的规则，浏览器根据定义的 DTD 来解释页面的标识，并展现出来。要建立符合标准的网页，DOCTYPE 声明是必不可少的关键组成部分；除非 XHTML 确定了一个正确的 DOCTYPE，否则标识和 CSS 都不会生效。

在 XHTML 1.0 中提供了三种 DTD 声明可供选择。

- 过渡的（Transitional）：要求非常宽松的 DTD，它允许继续使用 HTML 4.01 的标识（但是要符合 xhtml 的写法）。

完整代码如下所示：

```
<!DOCTYPE html PUBLIC "-//W3C//DTD XHTML 1.0 Transitional//EN"
"http://www.w3.org/TR/xhtml1/DTD/xhtml1-transitional.dtd">
```

- 严格的（Strict）：要求严格的 DTD，不能使用任何表现层的标识和属性。

完整代码如下所示：

```
<!DOCTYPE html PUBLIC "-//W3C//DTD XHTML 1.0 Strict//EN"
"http://www.w3.org/TR/xhtml1/DTD/xhtml1-strict.dtd">
```

- 框架的（Frameset）：专门针对框架页面设计使用的 DTD，如果页面中包含框架，需要采用这种 DTD。

完整代码如下所示：

```
<!DOCTYPE html PUBLIC "-//W3C//DTD XHTML 1.0 Frameset//EN"
"http://www.w3.org/TR/xhtml1/DTD/xhtml1-frameset.dtd">
```

☆**注意**☆　DOCTYPE 声明必须放在每一个 XHTML 文档最顶部，在所有代码和标识之上。

2. 名字空间（NameSpace）

通常在 HTML 4.0 的代码中有“xmlns”。这个“xmlns”是 XHTML NameSpace 的缩写，叫作“名字空间”声明。XHTML 是 HTML 向 XML 过渡的标识语言，它需要符合 XML 文档规则，因此也需要定义名字空间。又因为 XHTML 1.0 不能自定义标识，所以它的名字空间都相同，目前阶段只需要参照它的代码即可。

3. 定义语言编码

为了被浏览器正确解释和通过 W3C 代码校验，所有的 XHTML 文档都必须声明其所使用的编码语言，一般使用 gb2312（简体中文）。制作多国语言页面，也有可能用 Unicode、ISO-8859-1、UTF-8 等，根据所需来进行定义。

☆**注意**☆　如果忘记了定义语言编码，可能就会出现这样的情况：在 DW（dreamweaver）做完一个页面，第二次打开时所有的中文变成了乱码。

4. CSS 定义

为保证各浏览器的兼容性，在写 CSS 时都需要写上数量单位，代码如下所示：

```
错误：.space_10 {padding-left:10}
正确：.space_10 {padding-left:10px}
```

5. 不要在注释内容中使用“--”

“--”只能发生在 XHTML 注释的开头和结束，也就是说，在内容中它们是不起任何作用的。

6. 所有标签的元素和属性的名字都必须使用小写

与 HTML 不一样，XHTML 对大小写是敏感的，所以在书写的时候需要注意大小写。

2.2 网页标签

HTML 是简单的文本标签语言，一个 HTML 网页文件都是由元素构成的，元素由开始标签、结束标签、属性和元素的内容 4 部分构成。下面介绍基本标签、图像标签和链接标签。

2.2.1 基本标签

基本标签是经常使用到的，可以说只要写前端页面就需要和其打交道。

1. <!DOCTYPE>：定义文档类型

<!DOCTYPE html>表示文档是 HTML。

代码如下所示：

```
<!DOCTYPE html>
<html>
<head>
    <title>文档标题</title>
</head>
<body>
    这里书写文档的内容
</body>
</html>
```

2. <html>：定义 HTML 文档

它是 HTML 文档的根元素。但是 HTML 5 可以对它进行省略。浏览器会以特殊的方式来使用标题，并且通常把它放置在浏览器窗口的标题栏或状态栏上。同样，当把文档加入用户的链接列表或收藏夹或书签列表时，标题将成为该文档链接的默认名称。

☆**注意**☆ <title>标签是<head>标签中唯一要求包含的东西。

代码如下所示：

```
<!DOCTYPE HTML>
<html>
<head>
    这是文档的头部
</head>
<body>
    这是文档的主体内容
</body>
</html>
```

3. <head>：定义 HTML 文档的头部

HTML 5 可以省略这个元素。

代码如下所示：

```
<head>
    这是文档的头部
</head>
```

4. <title>：定义 HTML 页面的标题

代码如下所示：

```
<!DOCTYPE HTML>
<html>
<head>
    <title>我的第一个 HTML 页面</title>
</head>
<body>
    <p>这是一个段落</p>
    <h1>这是一级标题</h1>
</body>
</html>
```

5. <body>：定义 HTML 的页面主体部分

该标签可以指定 id、class、style 等核心属性，还可以指定 onload、onunload、onclick 等事件属性。

代码如下所示：

```
<!DOCTYPE HTML>
<html>
<head>
    <title>文档的标题</title>
</head>
<body>
    文档的内容
</body>
</html>
```

6. <style>：定义引用样式

代码如下所示：

```
<!DOCTYPE HTML>
<html>
<head>
    <style type="text/css">
       h1 {color:blue}
       p {color:yellow}
    </style>
</head>
<body>
    <h1>我是蓝色</h1>
    <p>我是黄色</p>
</body>
</html>
```

7. <h1>～<h6>：定义标题 1 到标题 6

代码如下所示：

```
<!DOCTYPE HTML>
<html>
<body>
    <h1>标题 1</h1>
    <h2>标题 2</h2>
```

```
    <h3>标题 3</h3>
    <h4>标题 4</h4>
    <h5>标题 5</h5>
    <h6>标题 6</h6>
    <p>
        请仅仅把标题标签用于标题文本。
        不要仅仅为了产生粗体文本而使用它们。
        请使用其他标签或 CSS 代替。
    </p>
</body>
</html>
```

8. <p>：定义段落

该元素会自动在其前后创建一些空白。浏览器会自动添加这些空间，也可以在样式表中规定。该标签也可以指定 id、class、style 等核心属性。

代码如下所示：

```
<!DOCTYPE HTML>
<html>
<body>
    <p>这是段落。</p>
    <p>这是段落。</p>
    <p>这是段落。</p>
    <p>段落元素由 p 标签定义。</p>
</body>
</html>
```

9.
：插入一个换行

代码如下所示：

```
<!DOCTYPE HTML>
<html>
<body>
    <p>
    我<br />要<br />换<br />行<br />结束。
    </p>
</body>
</html>
```

10. <hr>：定义水平线

代码如下所示：

```
<!DOCTYPE HTML>
<html>
<body>
    <p>标签 hr 定义水平线：</p>
    <hr />
    <p>这是段落。</p>
    <hr />
    <p>这是段落。</p>
    <hr />
    <p>这是段落。</p>
</body>
</html>
```

11. <!--…-->：定义注释

代码如下所示：

```
<!DOCTYPE html>
<html>
<body>
```

```
    <!--这是一段注释，不会在浏览器中显示。-->
    <p>这是一段普通的段落</p>
</body>
</html>
```

12. <div>：定义文档中的 division/section

代码如下所示：

```
<!DOCTYPE html>
<html>
<body>
    <div>
        <p>这是一段普通的段落</p>
        <h1>标题 1…</h1>
    </div>
</body>
</html>
```

13. <span>：与<div>标签基本相似

该标签内容默认不会换行。

代码如下所示：

```
<!DOCTYPE html>
<html>
<body>
    <span>
        <p>这是一段普通的段落</p>
        <h1>标题 1…</h1>
    </span>
</body>
</html>
```

☆**注意**☆ <p>标签是块标签，<div>标签也是块标签，<span>是内联标签。这三个都是容器标签，不同的是<p>标签自带的有段落间距，<span>标签与<div>标签基本相似，该标签内容默认不会换行。

2.2.2 图像标签

图像标签是经常使用的一种标签元素，只要在页面中需要链接图片等都需要使用到图像标签，下面将会介绍图像标签。

1. <img/>：一个闭合的标签，用来定义图像

主要属性如下。

- src：图片的路径，要使用相对路径。
- alt：当图片无法打开时显示的文字。
- title：鼠标指针悬停在图片上时显示的文字。
- width：图片的宽。
- height：图片的高。

宽高可以设置为固定的像素，也可以称为百分比，按电脑屏幕的百分比显示。一般情况下都会设置宽高，避免因图片无法打开造成的错位等问题。

height 和 width 属性有一种隐藏的特性，就是无须指定图像的实际大小，也就是说，这两个值可以比实际的尺寸大一些或小一些。浏览器会自动调整图像，使其适应预留空间的大小。使用这种方法就可以很容易地为大图像创建其缩略图，以及放大很小的图像。

☆**注意**☆ 不管最终显示的尺寸到底是多大，浏览器还是必须要下载整个文件，而且，如果没有保持其原来的宽度和高度比例，图像会发生扭曲。

代码如下所示：

```
<!DOCTYPE html>
<html>
<head>
    <meta charset="UTF-8">
    <title>图像 img 测试</title>
</head>
<body>
    <!--src 图片路径 alt 无法打开时显示的文字，title 鼠标指针悬停时显示的文字，width height 宽
高-->
    <img src="01.jpg" alt="这是一幅画" title="路边开的花" width="600" height="600"/>
</body>
</html>
```

2. <map>：定义图像映射

代码如下所示：

```
<!DOCTYPE html>
<html>
<body>
    <p>请点击图片，将它们放大。</p>
    <img src="01.jpg" border="0" usemap="#planetmap" alt="Planets" />
    <map name="planetmap" id="planetmap">
    <area shape="circle" coords="180,139,14"
        href ="/example/html/venus.html" target ="_blank"alt="Venus" />
    <area shape="circle" coords="129,161,10"
        href ="/example/html/mercur.html" target ="_blank" alt="Mercury" />
    <area shape="rect" coords="0,0,110,260"
    href ="/example/html/sun.html" target ="_blank" alt="Sun" />
</map>
<p>
    <b>注释：</b>img 元素中的"usemap"属性引用 map 元素中的"id"或"name"属性（根据浏览器），
    所以同时向 map 元素添加了"id"和"name"属性。
</p>
</body>
</html>
```

3. <area>：定义图像映射

该属性的使用在上面的案例中已有展现。

4. <canvas>：定义图形

代码如下所示：

```
<!DOCTYPE HTML>
<html>
<body>
    <canvas id="myCanvas">canvas tag</canvas>
    <script type="text/javascript">
        var canvas=document.getElementById('myCanvas');
        var ctx=canvas.getContext('2d');
        ctx.fillStyle='#FF0000';
        ctx.fillRect(0,0,80,100);
    </script>
</body>
</html>
```

5. <figcaption>：定义 figure 元素的标题

代码如下所示：

```
<!DOCTYPE html>
<html>
<body>
    <p>这是一个段落</p>
    <figure>
```

```
        <img src="01.jpg" alt="The Pulpit Rock" width="310" height="228">
        <figcaption>图片</figcaption>
    </figure>
</body>
</html>
```

6. <figure>：定义媒介内容的分组，以及它们的标题

代码如下所示：

```
<!DOCTYPE HTML>
<html>
<body>
    <p>这是一个女孩</p>
    <figure>
        <p>女孩</p>
        <p>拍摄者：聚慕课，拍摄时间：2019 年 10 月</p>
        <img src="01.jpg" width="350" height="234" />
    </figure>
</body>
</html>
```

2.2.3 链接标签

链接标签可以让用户使用链接来链接一个网站、一个图片等。下面对链接标签进行介绍。

1. <a>：定义锚

（1）常用属性如下。

- href：最重要的属性，指定链接的目标。如果不使用 href 属性，则不能使用 hreflang、media、rel、target 以及 type 属性。
- target：规定在何处打开目标 URL，可与 iframe 标签中的 name 属性配合使用（仅在 href 属性存在时使用）。
- type：规定目标 URL 的 mime 类型（仅在 href 属性存在时使用）。
- rel：规定当前文档与目标 URL 之间的关系（仅在 href 属性存在时使用）。

（2）类别：文本级标签。

（3）作用：定义超链接，用于从一个页面链接到另一个页面。

（4）说明：未被访问的链接带有下画线而且是蓝色的，已被访问的链接带有下画线而且是紫色的，活动链接带有下画线而且是红色的。通常在当前浏览器窗口中显示被链接页面，除非规定了其他 target，标签既可以是超链接，也可以是锚。在 HTML 5 中，<a>标签是超链接，但是假如没有 href 属性，它仅仅是超链接的一个占位符。

（5）全局属性：支持。

（6）事件属性：支持。

<a>标签的几种常用用法，代码如下所示：

```
<!--普通超链接-->
<a href="http://www.jumooc.com/" target="_blank" rel="search">点击我</a>
<!--图像超链接-->
<a href="http://www.jumooc.com/" target="_blank" rel="search">
    <img src="XXX.jpg" alt="这张图片可能有问题"/>
</a>
<!--锚点定位-->
<a href="#跳转位置对应标签的 id 值">
<!--返回顶部-->
<a href="#">
<!--
```

```
    失效超链接：
    使用 javascript:void(0)的目的是为了阻止 a 链接的默认行为，方便让 js 绑定事件不受干扰
-->
<a href="javascript:void(0)">失效超链接</a>
```

2. <link>：定义文档与外部资源的关系

（1）常用属性如下。

- href：定义被链接文档的位置。
- type：规定被链接文档的 mime 类型。
- rel：必需的，定义当前文档与被链接文档之间的关系。

（2）作用：定义文档与外部资源的关系。

（3）说明：该标签最常见的用途是链接样式表（CSS），它只能存在于<head>部分，不过它可出现任何次数。

（4）全局属性：支持。

（5）事件属性：支持。

代码如下所示：

```
<!DOCTYPE HTML>
<html>
<head>
    <link rel="stylesheet" type="text/css" href="test.css">
</head>
<body>
    <h1>我通过外部样式表进行格式化。</h1>
    <p>我也是</p>
</body>
</html>
```

3. <nav>：定义导航链接

（1）类别：容器级标签。

（2）作用：定义导航链接的部分。

（3）说明：语义化标签，更有利于代码的阅读和搜索引擎的识别，并不是所有的 HTML 文档都要使用到<nav>标签。<nav>标签只是作为标注一个导航链接的区域（代替 DIV 布局中的<div id="nav">）。

（4）全局属性：支持。

（5）事件属性：支持。

☆**注意**☆　如果文档中有“前后”按钮，则应该把它放到<nav>标签中。

代码如下所示：

```
<!DOCTYPE html>
<html>
<body>
 <nav id="nav">
    <ul>
        <li>标题一</li>
        <li>标题二</li>
        <li>标题三</li>
        <li>标题四</li>
    </ul>
 </nav>
</body>
</html>
```

2.3 常用超链接

根据前面介绍的前端基础知识，本节将介绍一些页面间链接和锚链接。

2.3.1 页面间链接

网页设计中，链接标记<a>用于实现超级链接。<a>标记是成对标记，主要属性如下。

- href：定义链接文件的地址。
- target：定义链接目标的位置。

（1）指向电子邮件的链接。在 HTML 页面中，可以建立 E-mail 链接。当浏览者单击链接后，系统会启动默认的本地邮件服务系统发送邮件。

```
例如：<a href="XXX@qq.com">与我联系</a>。
```

（2）指向站点内部文件的链接。站点内部文件的链接是指在同一个网站内部不同的 HTML 页面之间的链接关系。在建立网站内部文件的链接时，要明确哪个页面是当前页，哪个页面是链接的目标文件。内部链接一般采用相对路径。

```
例如：<a href="index.html">动物森林</a>。
```

（3）指向站点外部文件的链接。站点外部链接是指跳转到当前网站外部，与其他网站中的页面或元素之间的链接关系。这种链接的 URL 地址一般采用绝对路径，要有完整的 URL 地址，包括协议名、主机名、文件所在主机上的位 N 路径及文件名。

```
例如:<a href="http//www.jumooc.com">聚慕课链接<a>。
```

（4）指向本页面中特定部分的链接。一个页面的内容较长，不能在一个窗口中满屏全部显示时，可使用指向页内的超级链接进行跳转，可以先定义锚点，再设置锚点的超级链接，过程如图 2-1 所示。

文章开头
可以在此处设置锚点：
<a name=" begin" >
正文正文正文正文正文正文正文正文正文正文正文正文正文正文正文正文正文正文正
文正文正文正文正文正文正文正文正文正文正文正文正文正文正文正文正文正文正文
正文正文正文正文正文正文正文正文正文正文正文正文正文正文正文正文正文正文正
文正文正文正文正文正文正文正文正文正文正文正文正文正文正文正文正文正文正文
正文正文正文正文正文正文正文正文正文正文正文正文正文正文正文正文正文正文正
return
在此处设置页面内部超级链接：
<a href= "#begin" >return</a>

图 2-1 设置锚点

（5）指向空链接。空链接是指未指定链接对象的链接，可用于向页面中的对象附加行为。

```
例如：<a href="#">首页<a>。
```

2.3.2 锚链接

锚链接实际上就是链接文本，又叫锚文本，可以理解为关键词上带超链接的一种链接方式，且这个词本身可以作为对指向目标页面的内容概述。但是单页站锚链接与锚文本有所不同。

一般来讲，网站页面中增加的锚链接都和页面本身的内容有一定的必然联系。例如，行业网站上一般会增加一些同行网站的链接或者一些做网站建设的知名设计网站的链接。

下面介绍锚链接的几种方式。

1. 图片锚链接

代码语法如下所示：

```
<a href="链接的地址" target="_blank" >
    <img scr="图片地址 url" width="图片宽度" height="图片高度" alt="图片说明" border="0">
</a>
```

2. 文字锚链接

代码语法如下所示：

```
<a href="链接的地址" target="_blank">输入文字</a>
```

3. LOGO 锚链接

代码语法如下所示：

```
<img src="图片 logo 地址" border="0">
```

☆**注意**☆ 把以下代码加在已经存在的面板里（想选哪种方式就加哪段代码，不要全部都加）。

链接的样式代码如下所示：

（1）使链接变色。

```
<style type="text/css">
a { text-decoration: none; color: #51bfe0}
a:hover { color: #3399FF }
</style>
```

（2）使链接字体变粗。

```
<style type="text/css">
a { text-decoration: none; color: #51bfe0}
a:hover {font-weight: bold }
</style>
```

（3）触到链接时出现虚线。

```
<style type="text/css">
a { text-decoration: none; color: #51bfe0}
a:hover {border-bottom:1px dashed #51bfe0 }
</style>
```

（4）超链接的位置移动。

```
<style type="text/css">
a { text-decoration: none; color: #51bfe0}
a:hover { position: relative; left:1px; top:1px; }
</style>
```

（5）给链接添加背景色。

```
<style type="text/css">
a { text-decoration: none; color: #51bfe0}
a:hover { background-color: #CCFFFF;}
</style>
```

锚链接代码如下所示：

```
<!DOCTYPE html>
<html>
<body>
    <p><a href="#">查看链接</a>
    </p>
    <h2>链接 1</h2>
    <p>我是链接 2</p>
    <h2>链接 2</h2>
```

```
</body>
</html>
```

2.4 行内元素和块级元素

在学习或者使用前端框架的时候也会经常遇到行内元素和块级元素，如果不能够详细地了解它们，很容易出现写的代码或者样式没有效果的情况。下面就来了解一下行内元素和块元素之间的定义以及区别。

1. 行内元素

行内元素和其他元素都在一行上。行高及外边距和内边距不可改变。宽度就是其文字或图片的宽度，不可改变。内联元素只能容纳文本或者其他内联元素。

对行内元素，需要注意以下几点。

- 设置宽度 width 无效。
- 设置高度 height 无效，可以通过 line-height 来设置。
- 设置 margin 时，只有左右 margin 有效，上下无效。
- 设置 padding 时，只有左右 padding 有效，上下无效。注意元素范围是增大了，但是对元素周围的内容是没影响的。

通过 display 属性对行内元素和块级元素进行切换，常见的值如表 2-1 所示。

表 2-1　基本数据类型

值	描　述
block	此元素将显示为块级元素，此元素前后会带有换行符
inline	默认。此元素会被显示为内联元素，元素前后没有换行符
inline-block	行内块元素

常见的 HTML 行内元素如表 2-2 所示。

表 2-2　常见的 HTML 行内元素

标　签	描　述	标　签	描　述
<a>	定义锚	<embed>	定义外部交互内容或插件
<abbr>	定义缩写	<i>	定义斜体字
<acronym>	定义只取首字母的缩写	<img>	定义图像
<b>	定义粗体字	<input>	定义输入控件
<bdo>	定义文字方向	<kbd>	定义键盘文本
<big>	定义大号文本	<label>	定义 input 元素的标注
 	定义简单的折行	<map>	定义图像映射
<button>	定义按钮（push button）	<mark>	定义有记号的文本
<cite>	定义引用（citation）	<object>	定义内嵌对象
<code>	定义计算机代码文本	<progress>	定义任何类型的任务的进度
<command>	定义命令按钮	<q>	定义短的引用

续表

标　签	描　述	标　签	描　述
<dfn>	定义项目	<samp>	定义计算机代码样本
<del>	定义被删除文本	<select>	定义选择列表（下拉列表）
<em>	定义强调文本	<small>	定义小号文本
<textarea>	定义多行的文本输入控件	<strong>	定义强调文本
<time>	定义日期/时间	<sup>	定义上标文本
<tt>	定义打字机文本	<sub>	定义下标文本
<var>	定义文本的变量部分	<span>	定义文档中的节
<video>	定义视频	<wbr>	定义可能的换行符

行内元素代码如下所示：

```
<!DOCTYPE html>
<html>
<head>
   <meta charset="utf-8" />
   <title>行内元素案例测试</title>
   <style type="text/css">
     span {
       width: 120px;
       height: 120px;
       margin: 1000px 20px;
       padding: 50px 40px;
       background: lightblue;
       }
   </style>
</head>
<body>
   <i>不会自动换行</i>
   <span>行内元素</span>
</body>
</html>
```

行内元素运行效果如图 2-2 所示。

不会自动换行　行内元素

图 2-2　行内元素运行效果

2. 块级元素

块级元素会占据新的一行。块级元素中可以包含块级元素和行内元素。块级元素可以设置宽高，并且宽度、高度以及外边距、内填充都可随意控制。宽度没有设置时，默认为 100%。

对块级元素，需要注意以下几点。

- 总是在新的一行开始。
- 行高以及外边距和内边距都可控制。
- 宽度缺省时，是它的容器的 100%，除非设定一个宽度。
- 可以容纳内联元素和其他块元素。

常见的 HTML 块级元素如表 2-3 所示。

表 2-3 常见的 HTML 块级元素

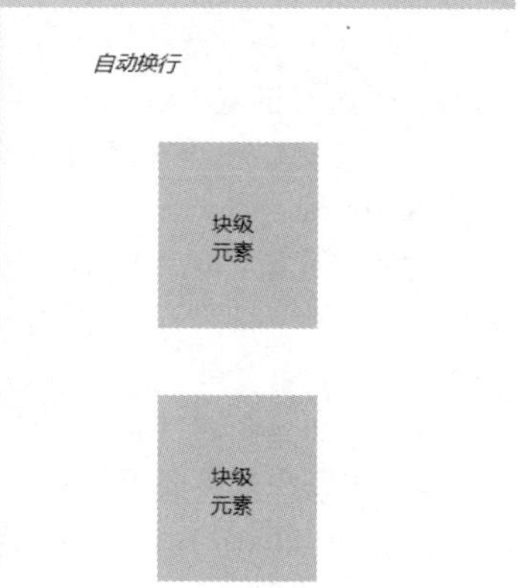

标　签	描　述	标　签	描　述
<address>	定义地址	<dd>	定义列表中项目的描述
<article>	定义文章	<div>	定义文档中的节
<aside>	定义页面内容之外的内容	<dl>	定义列表
<audio>	定义声音内容	<dt>	定义列表中的项目
<blockquote>	定义长的引用	<details>	定义元素的细节
<canvas>	定义图形	<fieldset>	定义围绕表单中元素的边框
<caption>	定义表格标题	<figcaption>	定义 figure 元素的标题
<figure>	定义媒介内容的分组，以及它们的标题	<footer>	定义 section 或 page 的页脚
<form>	定义供用户输入的 HTML 表单	<h1>to<h6>	定义 HTML 标题
<header>	定义 section 或 page 的页眉	<hr>	定义水平线
<legend>	定义 fieldset 元素的标题	<menu>	定义命令的列表或菜单
<li>	定义列表的项目	<meter>	定义预定义范围内的度量
<nav>	定义导航链接	<noframes>	定义针对不支持框架的用户的替代内容
<noscript>	定义针对不支持客户端脚本的用户的替代内容	<ol>	定义有序列表
<output>	定义输出的一些类型	<p>	定义段落
<pre>	定义预格式文本	<section>	定义 section
<table>	定义表格	<tbody>	定义表格中的主体内容
<td>	定义表格中的单元	<tfoot>	定义表格中的表注内容（脚注）
<th>	定义表格中的表头单元格	<thead>	定义表格中的表头内容
<time>	定义日期/时间	<tr>	定义表格中的行
<ul>	定义无序列表		

块级元素代码如下所示：

```
<!DOCTYPE html>
<html>
<head>
   <meta charset="utf-8" />
   <title>块级元素测试案例</title>
   <style type="text/css">
     div {
         width: 120px;
         height: 120px;
         margin: 50px 50px;
         padding: 50px 40px;
         background: lightblue;
       }
   </style>
</head>
<body>
   <i>自动换行</i>
   <div>块级元素</div>
   <div>块级元素</div>
</body>
</html>
```

块级元素运行效果如图 2-3 所示。

自动换行

块级元素

块级元素

图 2-3 块级元素运行效果

下面介绍 HTML 中的行内元素、块状元素和行内块状元素之间的区别。

HTML 可以将元素分类方式分为行内元素、块状元素和行内块状元素三种。它们之间使用 display 可以进行相互转换。

- display:inline，转换为行内元素。
- display:block，转换为块状元素。
- display:inline-block，转换为行内块状元素。

代码如下所示：

```
<!DOCTYPE html>
<html>
<head>
   <meta charset="utf-8" />
   <title>测试案例</title>
   <style type="text/css">
     span {
       display: block;
       width: 120px;
       height: 30px;
       background: red;
     }
     div {
       display: inline;
       width: 120px;
       height: 200px;
       background: green;
     }
     i {
       display: inline-block;
       width: 120px;
       height: 30px;
       background: lightblue;
     }
   </style>
</head>
<body>
   <span>行内转块状</span>
   <div>块状转行内 </div>
   <i>行内转行内块状</i>
</body>
</html>
```

块级元素运行效果如图 2-4 所示。

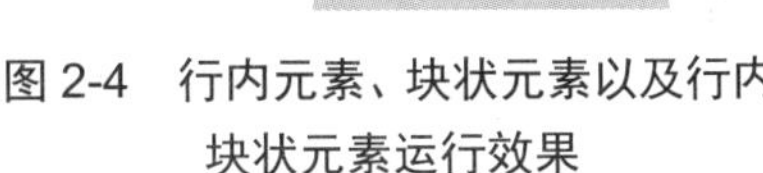

图 2-4　行内元素、块状元素以及行内块状元素运行效果

2.5　面试与笔试试题解析

前端开发是创建 Web 页面或 App 等前端界面呈现给用户的过程，通过 HTML、CSS 和 JavaScript 以及衍生出来的各种技术、框架、解决方案，来实现互联网产品的用户界面交互。它从网页制作演变而来，名称上有很明显的时代特征。随着互联网技术的发展和 HTML 5、CSS 3 的应用，现代网页更加美观，交互效果显著，功能更加强大。下面将会介绍一些精选面试与笔试题解析，可以帮助读者了解和熟悉面试与笔试题类型。

2.5.1　怎样区分 HTML 5、HTML 和 XHTML

题面解析：本题主要考查应聘者对 HTML 5、HTML 和 XHTML 之间的熟练程度。看到此问题，应聘者应该对三者的定义以及使用时的关键注意点来区分它们之间的不同之处。

解析过程：

了解 HTML 5、HTML 和 XHTML 之间的基本概念，然后对三者进行比较。

基本概念如下。

- HTML 5：是 HTML、XHTML 和 HTML DOM 的新标准。HTML 5 是最先由 WHATWG（Web 超文本应用技术工作组）命名的一种超文本标记语言，随后和 W3C 的 xhtml 2.0 相结合，产生现在最新一代的超文本标记语言。可以简单点理解成：HTML 5 = HTML + CSS 3 + html + JavaScript + API。
- HTML：超文本标记语言，是一种基本的 Web 网页设计语言。
- XHTML：可扩展超文本标记语言，是一种置标语言，表现方式与超文本标记语言（HTML）类似，不过语法上更加严格。从本质上来说，XHTML 是一个过渡技术，结合了部分 XML 的强大功能以及大多数 HTML 的简单特性。

特性区别如下。

- HTML 5：①用于绘画的 canvas 元素。②用于媒介回放的 video 和 audio 元素。③对本地离线存储有更好的支持。④新的特殊内容元素，如 article、footer、header、nav、section。⑤新的表单控件，如 calendar、date、time、email、url、search。⑥在语义上有很大的优势，提供了一些新的标签，如<header><article><footer>提供了语义化标签，可以更好地支持搜索引擎的读取，便于 SEO 的蜘蛛的爬行。
- HTML：①标识文本，如定义标题文本、段落文本、列表文本、预定义文本。②建立超链接，便于页面链接的跳转。③创建列表，把信息有序地组织在一起以方便浏览。④在网页中显示图像、声音、视频、动画等多媒体信息，把网页设计得更富冲击力。⑤可以制作表格，以便显示大量数据。⑥可以制作表单，允许在网页内输入文本信息，执行其他用户操作，方便信息互动。⑦没有体现结构语义化的标签，通常都是这样来命名的：<div id="header"></div>，表示网站的头部。
- XHTML：①要求正确嵌套。②所有元素必需关闭。③区分大小写。④属性值要用双引号。⑤用 id 属性代替 name 属性。⑥特殊字符的处理。⑦可以很好地处理各大浏览器的兼容问题。

2.5.2 请阐述你对 W3C 的理解

题面解析：本题是对 W3C 知识点的考查，应聘者在回答该问题时，不能按照定义直接背出来，而是要阐述自己对 W3C 概念的理解。

解析过程：

下面从 Web 的标准规范、脚本语言和样式等来进行阐述。

（1）Web 标准规范要求：书写标签必需闭合、标签小写、不乱嵌套，可提高搜索机器人对网页内容的搜索概率。

（2）建议使用外链 CSS 和 JavaScript 脚本，从而达到结构与行为、结构与表现的分离，提高页面的渲染速度，能更快地显示页面的内容。

（3）不需要变动页面内容，便可提供打印版本而不需要复制内容，提高网站易用性。遵循 W3C 制定的 Web 标准，能够使用户浏览者更方便，使网页开发者之间有更好的交流。

（4）样式与标签的分离，更合理的语义化标签，使内容能被更多的用户所访问和更广泛的设备所访问，使用更少的代码和组件，从而降低维护成本，且改版更为方便。

2.5.3 HTML 文档中的 DOCTYPE 有什么作用

题面解析：本题主要考查应聘者对 HTML 文档中的 DOCTYPE 的作用的了解程度，每次在编写前端页面的时候都会存在 DOCTYPE，细心的读者可能已经了解其作用，那么不了解的读者可以跟着这道面试题进行简单的了解。

解析过程：

（1）DOCTYPE 的定义。DOCTYPE 是 DocumentType 的简写，它并不是 HTML 标签，也没有结束标签。它是一种标记语言的文档类型声明，即告诉浏览器当前 HTML 是用什么版本编写的。

☆**注意**☆ DOCTYPE 的声明必须是 HTML 文档的第一行，位于 HTML 标签之前。大多数 Web 文档的顶部都有 DOCTYPE 声明，它是在新建一个文档时，由 Web 创作软件草率处理的众多细节之一。很少人会去注意 DOCTYPE，但在遵循标准的任何 Web 文档中，它都是一项必需的元素。DOCTYPE 会影响代码验证，并决定了浏览器最终如何显示用户的 Web 文档。

（2）DOCTYPE 的作用。DOCTYPE 在 Web 设计中用来声明文档类型。在所有 HTML 文档中规定 DOCTYPE 是非常重要的，这样浏览器就能了解预期的文档类型，告诉浏览器要通过哪一种规范（DTD）解析文档（如 HTML 或 XHTML 规范）。

2.5.4 DOCTYPE 文档类型有几种

题面解析：本题主要考查在使用页面编写代码时出现的 DOCTYPE 的相关内容，在不同的版本中规定的类型也是不同的。下面简单介绍在 HTML 标签中可以声明的三种类型。

解析过程：

标签可声明三种 DTD 类型，分别表示严格版本（Strict）、过渡版本（Transitional）以及基于框架（Frameset）的 HTML 文档。

HTML 4.01 规定了三种文档类型：Strict、Transitional 以及 Frameset。

XHTML 1.0 规定了三种 XML 文档类型：Strict、Transitional 以及 Frameset。

Standards（标准）模式（也就是严格呈现模式）用于呈现遵循最新标准的网页，Quirks（包容）模式（也就是松散呈现模式或者兼容模式）用于呈现为传统浏览器而设计的网页。

2.5.5 Quirks 模式是什么？它和 Standards 模式的区别

题面解析：本题主要考查 HTML 的 DTD 类型中 Quirks 模式和 Standards 模式，应聘者可以简单介绍 Quirks 和 Standards 的定义是什么，然后再回答两者之间的区别。

解析过程：

（1）Quirks 模式的定义。

在写程序时，程序员会经常遇到这样的问题：如何保证原来的接口不变，又提供更强大的功能，尤其是新功能不兼容旧功能时。IE 6 以前的页面一般都不会去写 DTD，所以 IE 6 就假定如果写了 DTD，就意味着这个页面将采用对 CSS 支持更好的布局，而如果没有，则采用兼容之前的布局方式。这就是 Quirks 模式（怪癖模式，诡异模式，怪异模式）。

（2）区别如下。

- 盒模型：在 W3C 标准中，如果设置一个元素的宽度和高度，指的是元素内容的宽度和高度；在 Quirks 模式下，IE 的宽度和高度还包含了 padding 和 border。
- 设置百分比的高度：在 Standards 模式下，一个元素的高度是由其包含的内容来决定的，如果父元素没有设置百分比的高度，子元素设置一个百分比的高度是无效的。

- 设置行内元素的高宽：在 Standards 模式下，给行内元素设置 width 和 height 都不会生效，而在 Quirks 模式下，则会生效。
- 设置水平居中：使用 margin:0 auto 在 Standards 模式下可以使元素水平居中，但在 Quirks 模式下却会失效。

2.5.6 HTTP 状态码

试题题面：在 HTTP 中，总共有 5 类状态码，请简单介绍一下这 5 类状态码。

题面解析：本题主要考查应聘者对状态码的了解。应聘者可以根据自己在项目练习时遇到的状态码进行回答。

解析过程：

通过 HTTP 状态码可以很方便地了解请求的状态。状态码是面试题中经常出现的，所以很有必要总结一下，对读者今后的面试会很有帮助。

HTTP 状态码分为 5 大类。

（1）以 1 开头：信息状态码，如表 2-4 所示。

表 2-4 信息状态码

状态码	含义	描述
100	继续	初始的请求已经接受，请客户端继续发送剩余部分
101	切换协议	要求服务器切换协议，服务器已确定切换

（2）以 2 开头：成功状态码，如表 2-5 所示。

表 2-5 成功状态码

状态码	含义	描述
200	成功	服务器已成功处理了请求
201	已创建	请求成功并且服务器创建了新的资源
202	已接受	服务器已接受请求，但尚未处理
203	非授权信息	服务器已成功处理请求，但返回的信息可能来自另一个来源
204	无内容	服务器成功处理了请求，但没有返回任何内容
205	重置内容	服务器处理成功，用户终端应重置文档视图
206	部分内容	服务器成功处理了部分 GET 请求

（3）以 3 开头：重定向状态码，如表 2-6 所示。

表 2-6 重定向状态码

状态码	含义	描述
300	多种选择	针对请求，服务器可执行多种操作
301	永久移动	请求的页面已永久跳转到新的 URL
302	临时移动	服务器目前从不同位置的网页响应请求，但请求仍继续使用原有位置来进行以后的请求
303	查看其他位置	请求者应当对不同的位置使用单独的 GET 请求来检索响应时，服务器返回此代码

续表

状 态 码	含 义	描 述
304	未修改	自从上次请求后，请求的网页未修改过
305	使用代理	请求者只能使用代理访问请求的网页
307	临时重定向	服务器目前从不同位置的网页响应请求，但请求者应继续使用原有位置来进行以后的请求

（4）以 4 开头：客户端错误状态码，如表 2-7 所示。

表 2-7 客户端错误状态码

状 态 码	含 义	描 述
400	错误请求	服务器不理解请求的语法
401	未授权	请求要求用户的身份验证
403	禁止	服务器拒绝请求
404	未找到	服务器找不到请求的页面
405	方法禁用	禁用请求中指定的方法
406	不接受	无法使用请求的内容特性响应请求的页面
407	需要代理授权	请求需要代理的身份认证
408	请求超时	服务器等候请求时发生超时
409	冲突	服务器在完成请求时发生冲突
410	已删除	客户端请求的资源已经不存在
411	需要有效长度	服务器不接受不含有效长度表头字段的请求
412	未满足前提条件	服务器未满足请求者在请求中设置的其中一个前提条件
413	请求实体过大	由于请求实体过大，服务器无法处理，因此拒绝请求
414	请求 URL 过长	请求的 URL 过长，服务器无法处理
415	不支持格式	服务器无法处理请求中附带媒体格式
416	范围无效	客户端请求的范围无效
417	未满足期望	服务器无法满足请求表头字段要求

（5）以 5 开头：服务端错误状态码，如表 2-8 所示。

表 2-8 服务端错误状态码

状 态 码	含 义	描 述
500	服务器错误	服务器内部错误，无法完成请求
501	尚未实施	服务器不具备完成请求的功能
502	错误网关	服务器作为网关或代理出现错误
503	服务不可用	服务器目前无法使用
504	网关超时	网关或代理服务器，未及时获取请求
505	不支持版本	服务器不支持请求中使用的 HTTP 协议版本

2.5.7 什么是 IP 地址

题面解析：本题主要考查应聘者是否了解协议，了解计算机，每台计算机都会有一个 IP 地址，甚至通过 IP 地址可以让两台计算机进行连接。

解析过程：

了解 IP 地址之前，先了解 IP 协议。

- IP 协议：了解 IP 地址，先了解 IP 协议。IP 协议是为计算机网络相互连接进行通信而设计的协议。IP 协议中有一个非常重要的内容，那就是给因特网上的每台计算机和其他设备都规定了一个唯一的地址，叫作“IP 地址”。
- IP 地址：IP 地址（Internet Protocol Address）是指互联网协议地址，又译为网际协议地址。IP 地址是 IP 协议提供的一种统一的地址格式，它为互联网上的每一个网络和每一台主机分配一个逻辑地址，以此来屏蔽物理地址的差异。

2.5.8 浏览器内核

试题题面：常见的浏览器内核有哪些？简单介绍一下你对浏览器内核的理解？

题面解析：本题主要考查应聘者对浏览器以及浏览器内核是否了解。建议应聘者可以关注一下这方面的知识点，做到应聘时游刃有余。

解析过程：

浏览器内核的英文是 Rendering Engine，中文翻译有很多种，如排版引擎、解释引擎、渲染引擎，现在流行称为浏览器内核。

浏览器内核就是用来渲染网页内容的，将开发者写的代码转换为用户可以看见的完美页面。由于会牵扯到排版问题，可能会出现排版错位等问题。有的是由于网站本身编写不规范，有的是由于浏览器本身的渲染不标准。现在有几个主流的排版引擎，因为这些排版引擎都有其代表的浏览器，所以常常会把排版引擎的名称和浏览器的名称混用，如常说的 IE 内核、Chrome 内核。因为一个完整的浏览器不会只有一个排版引擎，还有自己的界面框架和其他的功能相辅相成，而排版引擎本身也不可能实现浏览器的所有功能。

下面讲解几款主流的浏览器和浏览器内核，如表 2-9 所示。

表 2-9 主流的浏览器和浏览器内核

浏 览 器	描 述	浏览器内核	描 述
IE 浏览器（Internet Explorer）	诞生于 1994 年夏天，是现在主流的浏览器之一，使用 Trident 内核	Trident 内核	IE 浏览器以 Trident 作为内核引擎（遨游、世界之窗和腾讯 TT 都是 IE）。Trident 内核最慢
Chrome 浏览器	Google Chrome 是一款由 Google 公司开发的网页浏览器，具有速度快、不容易崩溃、灵活、更加安全等特点，同时还有很多各式各样的插件。以前使用 WebKit 内核，现在使用 Blink 内核	Blink 内核	2013 年，谷歌宣布从 WebKit 分支出来，创建了渲染引擎 Blink
Firefox 浏览器（火狐）	Mozilla 公司旗下浏览器，其内核 Gecko 是开源的，因此受到了很大的欢迎	Gecko 内核	开放源代码，以 C++编写的网页排版引擎，是跨平台的。FireFox 基于 Gecko 开发

续表

浏 览 器	描　　述	浏览器内核	描　　述
Safari 浏览器	苹果公司的 Safari 浏览器，使用的是 WebKit 内核	Webkit 内核（Safari 内核，Chrome 内核原型，开源）	WebKit 是一个开源项目，是现在流行的渲染引擎之一，很多浏览器都在使用它，比如苹果的 Safari
Opera 浏览器	Opera 浏览器是挪威 Opera Software ASA 公司制作的支持多页面标签式浏览的网络浏览器，是跨平台浏览器，可以在 Windows、Mac 和 Linux 三个操作系统平台上运行。Opera 浏览器创始于 1995 年 4 月	Blink 内核	Opera 浏览器跟随 Chrome 使用 Blink 内核

浏览器内核的理解：渲染引擎（layout engineer 或 Rendering Engine）和 JavaScript 引擎。

（1）渲染引擎：负责取得网页的内容（HTML、XML、图像等）、整理讯息（如加入 CSS 等），以及计算网页的显示方式，然后会输出至显示器或打印机。浏览器的内核的不同对网页的语法解释会有不同，所以渲染的效果也不相同。所有网页浏览器、电子邮件客户端以及其他需要编辑、显示网络内容的应用程序都需要内核。

（2）JavaScript 引擎：解析和执行 JavaScript 来实现网页的动态效果。一开始，渲染引擎和 Java Script 引擎并没有很明确的区分，后来 JavaScript 引擎越来越独立，内核就倾向于只指渲染引擎。

2.5.9　行内元素和块级元素

试题题面：行内元素有哪些？块级元素有哪些？行内元素和块级元素有什么区别？

题面解析：本题主要考查应聘者对基本的 HTML 语言是否了解，在平时编写前端页面代码的时候都会对行内元素和块级元素进行使用。应聘者在回答之前可以先回答行内元素和块级元素分别常用的有哪些，然后回答它们之间的区别。

解析过程：

行内元素大多数为描述性标记，如表 2-10 所示。

表 2-10　常见的行内元素

标　　签	描　　述	标　　签	描　　述
<span>…</span>	定义文档中的节	<strong>…</strong>	加粗
<a>…</a>	链接	<img>	图片
 	换行	[…]	上标
<b>…</b>	加粗	_…	下标
<i>…</i>	斜体	<em>…</em>	斜体
<del>…</del>	删除线	<u>…</u>	下画线
<input>…</input>	文本框	<textarea>…</textarea>	多行文本
<select>…</select>	下拉列表		

块级元素大多数为结构性标记，如表 2-11 所示。

表 2-11 常见的块级元素

标　签	描　述	标　签	描　述
<address>…</address>	定义地址	<center>…</center>	地址文字
<h1>…</h1>	标题一级	<hr>	水平分割线
<h2>…</h2>	标题二级	<p>…</p>	段落
<h3>…</h3>	标题三级	<pre>…</pre>	预格式化
<h4>…</h4>	标题四级	<blockquote>…</blockquote>	段落缩进前后 5 个字符
<h5>…</h5>	标题五级	<marquee>…</marquee>	滚动文本
<h6>…</h6>	标题六级	<ul>…</ul>	无序列表
<ol>…</ol>	有序列表	<dl>…</dl>	定义列表
<table>…</table>	表格	<form>…</form>	表单
<div>…</div>	定义文档中的节		

行内元素和块级元素之间的区别如下。

- 块级元素会独占一行，其宽度自动填满其父元素宽度。行内元素不会独占一行，相邻的行内元素会排列在同一行里，在一行不能完全排列时，才会换行，其宽度随元素的内容而变化。
- 一般情况下，块级元素可以设置 width 和 height 属性，行内元素设置 width 和 height 无效。块级元素可以设置 margin 和 padding，行内元素的水平方向的 padding-left、padding-right、margin-left 和 margin-right 都产生边距效果，但是竖直方向的 padding-top、padding-bottom、margin-top 和 margin-bottom 都不会产生边距效果（水平方向有效，竖直方向无效）。

☆**注意**☆　块级元素即使设置了宽度，仍然是独占一行的。

2.5.10 link 和@import

试题题面：页面导入样式时，使用 link 和@import 有什么区别？

题面解析：本题主要考查应聘者对前端页面编写时使用链接 link 和导入包 import 之间的区别，应聘者可以先想什么情况下使用 link，什么情况下使用 import，然后从中找出它们之间的不同之处。

解析过程：

link 和@import 的区别有以下几点。

- 从属关系区别：@import 是 CSS 提供的语法规则，只有导入样式表的作用。link 是 HTML 提供的标签，不仅可以加载 CSS 文件，还可以定义 RSS、REL 连接属性等。
- 加载顺序区别：加载页面时，link 标签引入的 CSS 被同时加载，@import 引入的 CSS 将在页面加载完毕后被加载。
- 兼容性区别：@import 是 CSS 2.1 才有的语法，故只可在 IE 5+才能识别，link 标签作为 HTML 元素，不存在兼容性问题。
- DOM 可控性区别：可以通过 JavaScript 操作 DOM，插入 link 标签来改变样式；由于 DOM 方法是基于文档的，无法使用@import 的方式插入样式。

2.5.11 HTML 5 新特性和浏览器兼容

试题题面：HTML 5 中有哪些新特性？如何处理 HTML 5 新标签的浏览器兼容问题？

题面解析：本题主要考查应聘者对 HTML 5 的新特性的了解，以及编写代码时会遇到的浏览器有时不兼容的问题。

解析过程：

HTML 5 新特性有以下几点。

- 离线缓存，可以在关闭浏览器后再次打开时恢复数据，以减少网络流量。
- 音频、视频自由嵌入，多媒体形式更为灵活。
- 地理定位。地理位置定位，让定位和导航不再专属导航软件，地图也不用下载非常大的地图包，可以通过缓存来解决，较为灵活。
- Canvas 绘图，提升移动平台的绘图能力。使用 Canvas API 可以简单绘制热点图收集用户体验资料，支持图片的移动、旋转、缩放等常规编辑。
- 丰富的交互方式。提升互动能力，拖曳、撤销历史操作、文本选择等。
- 开发及维护成本低，这是相对于原生 App 开发来说的。更低的开发及维护成本使页面变得更小，减少了用户不必要的支出；而且，性能更好使耗电量更低。
- CSS 3 视觉设计师的辅助利器的支持。CSS 3 支持了字体的嵌入、版面的排版，以及最令人印象深刻的动画功能。
- HTML 5 调用手机摄像头和手机相册、通讯录等功能。

当在页面中使用 HTML 5 新标签时，可能会得到三种不同的结果。

- 结果 1：新标签被当作错误处理并被忽略，在 DOM 构建时会当作这个标签不存在。
- 结果 2：新标签被当作错误处理，并在 DOM 构建时，这个新标签会被构造成行内元素。
- 结果 3：新标签被识别为 HTML 5 标签，然后用 DOM 节点对其进行替换。

解决办法有以下两种。

方法一：实现标签被识别。

通过 document.createElement（tagName）方法即可让浏览器识别新标签，浏览器支持新标签后，还可以为新标签添加 CSS 样式。

方法二：JavaScript 解决方案。

使用 HTML 5 shim：

在<head>中调用以下代码：

```
<script> src="http://html5shim.googlecode.com/svn/trunk/html5.js"</script>
```

当然也可以直接把这个文件下载到自己的网站上，但这个文件必须在 head 标签中调用。

使用 kill IE 6：

在</body>之前调用以下代码：

```
<script src="http://letskillie6.googlecode.com/svn/trunk/letskillie6.zh_CN.pack.js">
</script>
```

2.5.12 如何实现浏览器内多个标签页之间的通信

题面解析：本题主要考查应聘者对数据库存储的知识是否了解。数据存储有本地和服务器存储两种方式，对前端开发来讲，只需要讲解用本地存储的方式来解决就好。当然如果知道服务器端的方式更好。本题的难易程度一般，只要能够说出思路就可以，至少说出两种解决方法。

解析过程：

实现浏览器内多个标签页之间的通信有以下两种方法。

（1）使用 localStorage：在一个标签页里面使用 localStorage.setItem(key,value)，可监听添加、修改、删除的动作，即可得到 localstorge 存储的值，实现不同标签页之间的通信。

语法代码如下所示：

```
<script type="text/javascript">
    $(function(){
      window.addEventListener("storage", function(event){
        console.log(event.key + "=" + event.newValue);
        });
    });
</script>
```

（2）使用 cookie+setInterval()：将要传递的信息存储在 cookie 中，每隔一定时间读取 cookie 信息，即可随时获取要传递的信息。

语法代码如下所示：

```
<script type="text/javascript">
    $(function(){
      function getCookie(key) {
        return JSON.parse("{\"" + document.cookie.replace(/;\s+/gim,"\",\"").replace
(/=/gim, "\":\"")
        + "\"}")[key];
      }
      setInterval(function(){
        console.log("name=" + getCookie("name"));
      }, 10000);
    });
</script>
```

2.5.13 元素的 alt 和 title 有什么异同

题面解析：本题主要考查应聘者对基本元素 alt 和 title 的使用及功能定义是否完全了解，从而找出它们的相同和不同之处。

解析过程：

（1）alt 和 title 相同之处：都会飘出一个小浮层，显示文本内容。

（2）alt 和 title 不同之处如下。

- alt 是 img 的必要属性，只能用在 img、area 和 input 元素中；title 不是 img 的必要属性，任何元素都可以使用 title 属性。
- alt 只能是元素的属性，而 title 既可以是元素的属性，也可以是标签，如<title>标题</title>。
- 通常容易搞错的是 title 和 alt 这两个属性同时用于 img 标签的时候。在旧版本的 IE 浏览器中，鼠标指针经过图像时显示的提示文字是 alt 的内容，而忽略了 title 属性，这个会发生误导。因此，如果想在 IE 中显示 title 的内容，要么 title 属性和 alt 一致，要么 alt 内容为空（"",空格也不能有）。不过，在新版的 IE（IE 8 及以上）中，已不会出现这种情况了。
- 当 a 标签内嵌套 img 标签时，起作用的是 img 的 title 属性。

2.5.14 CSS 和 JavaScript 的文件和图片

试题题面：如果要制作一个访问量很高的大型网站，如何管理所有的 CSS、JavaScript 文件和图片？

题面解析：本题主要考查应聘者是否接触过大型的项目，是否会有效合理地利用资源，让代码和文件进行合理的布局。

解析过程：

大型网站涉及人手、分工、同步等。

- 团队必需确定好全局样式（globe.css）和编码模式（utf-8）等。
- 编写习惯必需一致（例如都采用继承式的写法，单样式都写成一行）。
- 标注样式编写人，各模块都及时标注（标注关键样式调用的地方）。
- 页面进行标注（如页面、模块、开始和结束）。
- CSS 和 HTML 分文件夹并行存放，命名必须统一（如 index.css）；JavaScript 分文件夹存放命名，以该 JavaScript 功能为准的英文翻译；图片采用整合的 image.png 格式文件，尽量将所有的文件整合在一起，这样方便将来的管理。

2.5.15　网页中的乱码原因

试题题面：网页中的文字出现乱码可能是什么原因造成的？

题面解析：在编写代码的时候常常会遇到乱码的情况，如果遇到这个问题，应聘者可以按照平时出现乱码时，自己如何解决的来回答就可以。

解析过程：

乱码原因有以下几点。

- 不同编码内容混杂：HTML 乱码是由 HTML 编码问题造成的（常见的是 gb2312 与 utf-8 两种编码内容同时存在）。
- 未设置 HTML 编码：<meta http-equiv="Content-Type" content="text/html; charset=utf-8" />未设置，这里设置的是 utf-8。
- 使用记事本编辑 HTML：使用记事本直接编辑 HTML 也容易照成 HTML 编码乱码。
- 浏览器不能自动检测网页编码，造成网页乱码。

2.5.16　在目标窗口中打开超链接页面的两种方式是什么

题面解析：本题主要考查应聘者对超链接的使用是否熟悉，对写过前端代码的应聘者来说，这个问题相对是比较简单的。

解析过程：

在 HTML 文件中，使用标记<a>来定义超链接，具体链接对象通过标记中的 href 属性来设置。定义超链接的语法格式为<a href="url" target="target-windows">链接标题</a>，target 属性指定用于打开链接的目标窗口，默认方式是原窗口。属性值说明 parent 当前窗口的上级窗口，一般在框架中使用 blank 在新窗口中打开 self，和默认值 top 一致在浏览器的整个窗口中打开。

打开超链接有以下两种方式。

（1）直接使用超链接：在这里要用到 iframe 标签，将 target 指向 iframe 的 name 属性。

关键代码如下所示：

```
<a href="index.html" target="mainFrame1">查看第一个</a>
<iframe name="mainFrame1" style="width: 100%; height: 100%;">
```

（2）使用 JavaScript：这种方式不需要使用超链接，而是定义一个标签，然后标签中用 JavaScript 响应鼠标单击事件，在 JavaScript 中通过 window.open()方式打开超链接以及打开的位置。

关键代码如下所示：

```
<li title="index.html" onclick="func(this)" value="1">打开任务 1</li>
  function func(obj){
    var myFrame="mainFrame" + obj.value;
    window.open(obj.title,myFrame);
  }
```

2.6 名企真题解析

本节收集了一些各大企业往年的面试及笔试题，读者可以根据以下题目来做参考，看自己是否已经掌握了基本的知识点。

2.6.1 JavaScript 放在 HTML 的不同位置有什么区别

【选自 MT 笔试题】

题面解析：这道题考查 JavaScript 中的引用。如果应聘者接触过项目开发，或者编写过前端代码，都可以较容易地回答此问题。

解析过程：

JavaScript 代码放在 HTML 中不同位置的区别如下。

- 如果使用 window.函数，将 JavaScript 代码放在其中，则放在哪里都是一样的，因为都是在 body 加载完再执行的。
- 如果不使用 window.函数，放在 head 中的话，代码不会被执行，这是因为 HTML 执行顺序的不同，确切地说是 JavaScript 的执行顺序不同。HTML 从开始运行到进入 index.js 文件，其中被 function 包围起来的代码将不会被运行，直接执行最后一句代码。如果 IITML 页面没有加载完成，所以找不到元素，就会出现报错的情况。

2.6.2 HTML 5 的离线存储资源的管理和加载

【选自 GG 面试题】

试题题面：浏览器是怎么对 HTML 5 的离线存储资源进行管理和加载的？

题面解析：本题主要考查 HTML 5 的新特性，其中一个就是离线缓存，前面也有介绍过 HTML 5 新特性，应聘者可以再深入进行了解。

解析过程：

浏览器对 HTML 5 的离线存储资源的管理和加载如下。

- 浏览器发现 HTML 头部有 manifest 属性，它会请求 manifest 文件，如果是第一次访问 App，那么浏览器就会根据 manifest 文件的内容下载相应的资源并且进行离线存储。
- 如果已经访问过 App 并且资源已经离线存储了，那么浏览器就会使用离线的资源加载页面，然后浏览器会对比新的 manifest 文件与旧的 manifest 文件。
- 如果文件没有发生改变，就不做任何操作；如果文件改变了，那么就会重新下载文件中的资源并进行离线存储。离线情况下，浏览器就直接使用离线存储的资源。

2.6.3 封装一个 isInteger()函数，用于检测传入的值是整数

【选自 BD 面试题】

题面解析：本题也是在大型企业的面试中最常问的问题之一，主要考查应聘者对 isInteger()函数是否熟悉和了解。

解析过程：

将 x 转换为十进制整数，判断是否和自身相等即可。

代码片段如下所示：

```
function isInteger(x){
    return parseInt(x, 10) === x;
```

```
}
console.log('1.2 is an integer?'+isInteger(1.2)); // false
console.log('35 is an integer?'+isInteger(35)); // true
```

2.6.4　使用 CSS 实现水平垂直居中

【选自 TX 面试题】

题面解析：本题也是经常见的问题，当然这也是一个很简单的问题，应聘者在回答时尽量回答全面即可。

解析过程：

在前端开发过程中，盒子居中是常常用到的。居中可以分为水平居中和垂直居中。水平居中是比较容易的，直接设置元素的 margin : 0 auto 就可以实现。但是垂直居中相对来说是比较复杂一些的。下面我们一起来讨论实现垂直居中的方法。

首先，定义一个需要垂直居中的 div 元素，其宽度和高度均为 300px，背景色为橙色。

代码如下所示：

```
<!DOCTYPE html>
<html lang="en">
<head>
  <meta charset="UTF-8">
  <title>居中</title>
  <style>
    .content {
      width: 300px;
      height: 300px;
      background: orange;
      }
  </style>
</head>
<body>
    <div class="content"></div>
</body>
</html>
```

2.6.5　输完网址按 Enter 键，在这个过程中发生了什么

【选自 BD 面试题】

题面解析：如果应聘者不了解整个程序运行原理的流程，可能比较难回答这道题。下面简明扼要地对其进行介绍。

解析过程：

运行项目后，在地址栏输入地址后，在这个过程中大概发生以下流程：

- 域名解析；
- 发起 TCP 的 3 次握手；
- 建立 TCP 连接后发起 HTTP 请求；
- 服务器端响应 HTTP 请求，浏览器得到 HTML 代码；
- 浏览器解析 HTML 代码，并请求 HTML 代码中的资源；
- 浏览器对页面进行渲染并呈现给用户。

第3章

列表、表格、媒体元素和表单

本章导读

本章主要讲述列表、表格、媒体元素和表单等，带领读者学习前端常用的知识内容。本章首先主要讲述了前端中的重点知识，如列表、表格、HTML 5 的媒体元素、HTML 5 的结构元素、表单等；然后介绍面试与笔试试题解析，读者了解如何更好地回答这些问题；最后总结了一些企业面试及笔试中的真题。

知识清单

本章要点（已掌握的在方框中打钩）

- [ ] 列表
- [ ] 表格
- [ ] HTML 5 的媒体元素
- [ ] HTML 5 的结构元素
- [ ] <iframe>内联框架
- [ ] 表单

3.1 列表

本节主要讲解列表定义以及列表的分类，帮助读者更加了解前端列表的知识。读者需要牢牢掌握这些基础知识才能在面试及笔试中应对自如。

3.1.1 认识列表

容器里面装载着文字或图表的一种形式，叫列表。列表最大的特点就是整齐、整洁、有序。

下面介绍列表类以及背景类属性等知识内容。

1. 列表类属性

（1）列表符号样式：list-style-type:disc（实心圆）| circle（空心圆）| square（实心方块）| decimal（数字）| none（去掉列表符号样式）。

（2）使用图片作为列表符号：list-style-image:url（图片路径）。

（3）列表符号位置：list-style-position:outside（默认值，外面）| inside（里面）。

（4）去掉列表符号样式：list-style:none，常用写法是 ol,ul{list-style:none;}。

2. 背景类属性

（1）背景颜色：background-color:颜色数值。

☆**注意**☆　颜色值设置方法同字体颜色。

（2）背景图片：background-image:url（背景图片路径）。

☆**注意**☆　网页中常见的两种图片：img 标签引入图片和背景图片。

- 网页中常进行更换的数据型图片使用 img 标签插入。
- 用来装饰网页，不需要经常更换的图片使用背景图插入。
- 可以在背景图上显示任何的文本和图片。

（3）背景图平铺属性：background-repeat:no-repeat（不平铺）| repeat（平铺）| repeat-x（横向平铺）| repeat-y（纵向平铺）。

（4）背景图位置：background-position:left | center | right | 数值 top | center | bottom | 数值。

☆**注意**☆　①第一个值代表水平方向，第二个值代表垂直方向。②当两个值都为 center 时，可以省略第二个值。③当设置为数值时，水平方向向右为正值，向左为负值；垂直方向向下为正值，向上为负值。

（5）背景属性简写方式：background:背景色 背景图 背景平铺属性 背景图位置。

例如：background:#f00 url(01.jpg) repeat-x left center。

（6）背景图固定：background-attachment:scroll（默认值）| fixed（固定）。

☆**注意**☆　当页面出现滚动条时，背景图不跟随滚动条滚动，设置为 fixed。

（7）背景图显示原则如下：

- 当容器尺寸等于背景图尺寸时，背景图正好显示在容器中。
- 当容器尺寸大于背景图尺寸时，背景图默认平铺，直至铺满整个容器。
- 当容器尺寸小于背景图尺寸时，背景图只能显示容器范围以内的部分。

（8）网页中常见的图片格式如下。

- jpg：适用于色彩数量比较丰富的图片，像素点越多越清晰。
- gif：支持动画，支持透明。
- png：支持透明。

3.1.2　列表的分类

列表主要分为：无序列表、有序列表和自定义列表。

1. 无序列表

无序列表的各个列表项之间没有顺序级别之分，是并列的。

- 使用标签：<ul>，<li>。
- 属性：disc，circle，square。

语法如下所示：

```
<ul>
 <li>列表 1</li>
 <li>列表 2</li>
 <li>列表 3</li>
</ul>
```

☆**注意**☆　①<ul></ul>中只能嵌套<li></li>，直接在<ul></ul>标签中输入其他标签或者文字的做法是不被允许的。②<li>与</li>之间相当于一个容器，可以容纳所有元素。③无序列表会带有自己的样式属性。

2. 有序列表

有序列表即为有排列顺序的列表，其各个列表项按照一定的顺序排列定义。

- 使用标签：<ol>，<li>。
- 属性：A，a，I，i，start。

语法如下所示：

```
<ol>
  <li>列表 1</li>
  <li>列表 2</li>
  <li>列表 3</li>
</ol>
```

☆**注意**☆　ol 同 ul 一样，需要注意三个问题，而且实际中用到的 ul 要比 ol 多。

3. 自定义列表

自定义列表常用于对术语或名词进行解释和描述，定义列表的列表项前没有任何项目符号。

自定义使用标签：<dl>，<dt>，<dd>。

语法如下所示：

```
<dl>                              //自定义列表
  <dt>列表 1</dt>                 //自定义列表标题
    <dd>列表 1.1</dd>             //自定义列表描述信息
    <dd>列表 1.2</dd>
  <dt>列表 2</dt>
    <dd>列表 2.1</dd>
    <dd>列表 2.2</dd>
</dl>
```

代码如下所示：

```
<!DOCTYPE html>
<html lang="en">
<head>
   <meta charset="UTF-8">
   <title>列表的使用</title>
</head>
<body>
 <ol>
   <li>第一</li>
   <li>第二</li>
   <li>第三</li>
 </ol>
 <ul>
   <li>第一</li>
   <li>第二</li>
   <li>第三</li>
 </ul>
 <dl>
   <dt>列表 1</dt>
     <dd>列表 1.1</dd>
     <dd>列表 1.2</dd>
   <dt>列表 2</dt>
     <dd>列表 2.1</dd>
     <dd>列表 2.2</dd>
   </dl>
</body>
```

```
</html>
```

运行效果如图 3-1 所示。

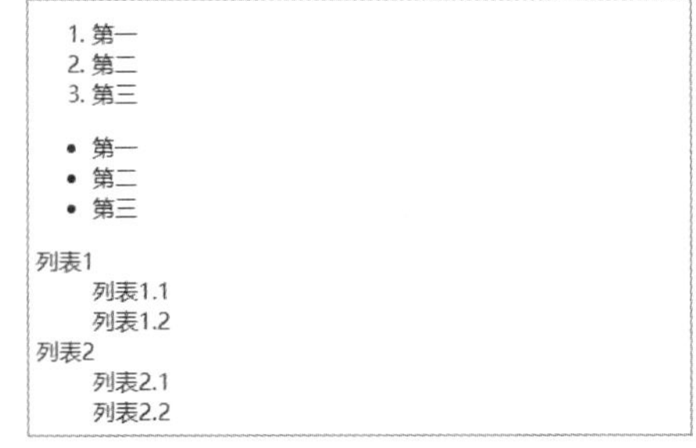

图 3-1　列表案例运行效果

3.2　表格

表格其实就是很多的小单元格很有次序地排列着，有很多行和很多列。表格是<table>标签来定义的。<table>标签中的行就是<tr>标签，列就是<td>标签，必需先定义行才能定义列。因为 HTML 中，每一列是在一行当中的。

3.2.1　基本语法

表格是由几个不同的样式结构组成的，下面将会为大家介绍表格的结构内容。

1. 表格的结构

（1）设置表头样式 thead：用于定义表格最上端表头的样式（一个表只能有一个 thead 元素）。

（2）设置表主体样式 tbody：用于统一设计表主体部分的样式（一个表只能有一个 tbody 元素）。

（3）设置表尾样式 tfoot：用于定义表格最末端表尾的样式（一个表只能有一个 tfoot 元素）。

（4）层标签<div>：

```
<div id=值 align=对齐方式 style=样式 class=应用的样式类></div>
```

2. 表单介绍

（1）表单主要是用来收集客户端提供的相关信息。表单标签为<form>，每个表单元素开始于 form 元素，包含所有的表单控件，还有任何必需的伴随数据。一般情况下，表单的处理程序 action 和传送方法 method 是必不可少的参数。

（2）处理程序 action：真正处理表单的数据脚本或程序是在 action 属性。

```
<form action="表单的处理程序">…</form>
```

在该语法中，表单的处理程序定义的是表单要提交的地址，也就是表单中收集到的资料将要传递的程序地址。

（3）表单名称 name：用于给表单命名。

```
<form name="表单名称">…</form>
```

☆**注意**☆　表单名称中不能包含特殊符号和空格。

（4）传送方法 method：用于定义处理程序从表单中获取信息的方式，可取值为 get 和 post（决定表单中已收集数据是用什么方法发送到服务器）。

```
<form method="传送方法">…</form>
```

（5）编码方式 enctype：用于设置表单信息提交的编码方式。

```
<form enctype="编码方式">…</form>
```

（6）目标显示方式 target：用于指定目标窗口的打开方式。

```
<form target="目标窗口打开方式">…</form>
```

目标窗口打开方式包含_blank、_parent、_self 和_top。

3. 表格基本标签

表格基本标签有 table 标签（表格）、tr 标签（行）和 td 标签（单元格）。<tr>标签和<td>标签都要在表格的开始标签<table>和结束标签</table>之间才有效。

代码如下所示：

```
<table>
 <tr>
   <td>单元格 1</td>
   <td>单元格 2</td>
 </tr>
 <tr>
   <td>单元格 1</td>
   <td>单元格 2</td>
 </tr>
</table>
```

单元格1	单元格2
单元格1	单元格2

图 3-2　表格基本元素效果

效果如图 3-2 所示。

说明：tr 即“table row（表格行）”，td 即“table data cell（表格单元格）”。<table>和</table>标记着表格的开始和结束，<tr>和</tr>标记着行的开始和结束，在表格中包含几组<tr></tr>就表示该表格为几行。<td>和</td>标记着单元格的开始和结束。

代码如下所示：

```
<!DOCTYPE html>
<html>
<head>
 <title>表格基本结构</title>
</head>
<body>
 <table>
   <tr>
     <td>单元格 1</td>
     <td>单元格 2</td>
   </tr>
   <tr>
     <td>单元格 3</td>
     <td>单元格 4</td>
   </tr>
 </table>
</body>
</html>
```

在浏览器预览效果如图 3-3 所示。

单元格1	单元格2
单元格3	单元格4

图 3-3　表格基本元素预览效果

3.2.2　跨行和跨列

一般使用<td>元素的 colspan 属性来实现单元格跨列操作，使用<td>元素的 rowspan 属性来实现单元格的跨行操作。

colspan 属性规定单元格可横跨的列数，所有浏览器都支持 colspan 属性，其取值为 number。

代码如下所示：

```
<!DOCTYPE html>
<html>
<head>
   <title>跨列</title>
</head>
<body>
 <table border="1">
   <tr>
     <th>星期一</th>
     <th>星期二</th>
   </tr>
   <tr>
     <td colspan="2">星期天</td>
```

```
  </tr>
 </table>
</body>
</html>
```

效果如图 3-4 所示。

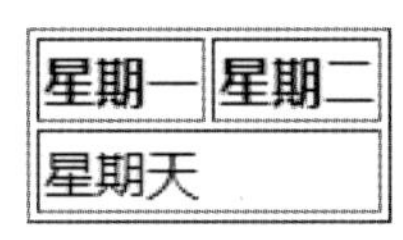

图 3-4　跨列效果

rowspan 属性规定单元格可跨越的行数，所有浏览器都支持 rowspan 属性，其取值为 number。

代码如下所示：

```
<!DOCTYPE html>
<html>
<head>
  <title>跨行</title>
</head>
<body>
 <table border="1">
  <tr>
   <td rowspan="2">星期一</td>
   <td>星期二</td>
  </tr>
  <tr>
   <td>星期三</td>
  </tr>
 </table>
</body>
</html>
```

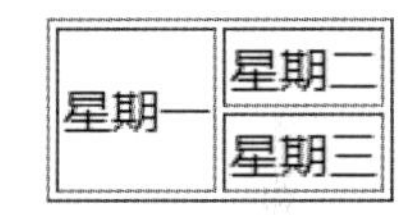

图 3-5　跨行效果

效果如图 3-5 所示。

代码如下所示：

```
<!DOCTYPE html>
<html lang="en"><head>
 <meta charset="UTF-8">
 <title>Title</title></head><body>
 <p align="center">账单</p>
 <table border="1" align="center">
  <tr>
   <td align="center" rowspan="2">名称</td>
   <td align="center" colspan="2"><b>2016-11-22</b></td>
   <td align="center" rowspan="2">小计</td>
  </tr>
  <tr>
   <td align="center">重量</td>
   <td align="center">单价</td>
  </tr>
  <tr>
   <td align="center">梨子</td>
   <td align="center">2 公斤</td>
   <td align="center">4 元/公斤</td>
   <td align="center">6 元</td>
  </tr>
  <tr>
   <td align="center">香蕉</td>
   <td align="center">5 公斤</td>
   <td align="center">3 元/公斤</td>
   <td align="center">8 元</td>
  </tr>
  <tr>
```

```
      <td align="center" colspan="3">总价</td>
      <td align="center">14 元</td>
    </tr>
  </table>
</body>
</html>
```

运行效果如图 3-6 所示。

账单

名称	2016-11-22		小计
	重量	单价	
梨子	2公斤	4元/公斤	6元
香蕉	5公斤	3元/公斤	8元
总价			14元

图 3-6　跨行跨列效果

3.3　HTML 5 的媒体元素

在 HTML 5 中提供了全新的媒体组件，通过对应的标签就可以在界面中嵌入一个音频或者一段视频，非常便于开发人员使用。

媒体元素标签主要有两种：一种是视频媒体元素标签<video>，另一种是音频媒体元素标签<audio>，主要涉及的属性是 src、controls、source、autoplay 等。

- src：表示视频路径。
- controls：表示控制播放器开始、关闭、音量调节等。
- source：也可以输入地址，避免各个浏览器不兼容的问题。
- autoplay：表示自动播放。
- loop：表示循环播放。
- muted：表示静音。

3.3.1　视频元素

视频元素的语法如下所示：

```
<!--此种方式不考虑兼容性问题-->
<video src="视频路径" cotrols></video>
<!--此种方式考虑兼容性问题-->
<video src="路径" cotrols>
   <source src="路径 1"/>
   <source src="路径 2"/>
</video>
```

视频元素代码如下所示：

```
<!DOCTYPE html>
<html>
<head>
   <meta charset="UTF-8">
   <title>视频</title>
</head>
<body>
 <video controls width="600" height="800">
   <source src="两只老虎.mp4">
 </video>
</body>
</html>
```

3.3.2　音频元素

音频元素支持的格式有 mp3、wav 和 ogg 等。

音频元素的语法如下所示：

```
<!--此种方式不考虑兼容性问题-->
<audio src="音频路径" controls></audio>
<!--此种方式考虑兼容性问题-->
<audio controls>
   <source src="路径 1" type="audio/ogg">
   <source src="路径 2" type="audio/mpeg">
</audio>
```

音频元素代码如下所示：

```
<!DOCTYPE html>
<html>
<head>
   <meta charset="UTF-8">
   <title>音频</title>
</head>
<body>
   <audio autoplay="autoplay" loop="loop">
     <source src="口是心非.mp3" type="audio/mpeg">
       您的浏览器不支持 audio 元素
   </audio>
</body>
</html>
```

3.4　HTML 5 的结构元素

在 HTML 5 之前，网页布局一般都用 DIV 元素，但语义化并不好。HTML 5 引入了大量新的块级元素来帮助提升网页的语义，使页面具有逻辑性结构，容易维护，并且对数据挖掘服务更友好。本节将详细介绍 HTML 5 结构元素。

结构元素，又称为区块型元素，是用来定义区块内容范围的元素。在 HTML 5 之前，区块型元素只有<div>一个，HTML 5 新增了 9 个语义化结构元素，包括<nav>、<section>、<header>、<footer>、<article>、<aside>、<progress>、<meter>、<main>等，下面将对它们进行逐一介绍。

1. nav

HTML 导航栏<nav>描绘一个含有多个超链接的区域，这个区域包含转到其他页面，或者页面内部其他部分的链接列表。并不是所有的链接都必须使用<nav>元素，它只用来将一些热门的链接放入导航栏，例如<footer>元素就常用来在页面底部包含一个不常用到且没必要加入<nav>的链接列表。

一个网页也可能含有多个<nav>元素，例如一个是网站内的导航列表，另一个是本页面内的导航列表。

2. section

section 元素表示文档中的一个区域（或节），是区块级通用元素。比如内容中的一个专题组，一般来说会包含一个标题（heading）。一般通过是否包含一个标题<h1>-<h6> element 作为子节点，来辨识每一个<section>。

section 元素强调分块，一般用于页面中具有明显独立的内容。

代码如下所示：

```
<!DOCTYPE html>
<html>
<head>
 <meta charset="UTF-8">
 <title>section</title>
</head>
```

```
<body>
 <article>
   <section>
     <h1>红楼梦简介</h1>
     <p>《红楼梦》，中国古代章回体长篇小说，又名《石头记》等，被列为中国古典四大名著之首，
     一般认为是清代作家曹雪芹所著。小说以贾、史、王、薛四大家族的兴衰为背景，以富贵公子贾
     宝玉为视角，描绘了一批举止见识出于须眉之上的闺阁佳人的人生百态，展现了真正的人性美和
     悲剧美，可以说是一部从各个角度展现女性美以及中国古代社会世态百相的史诗性著作。
     </p>
   </section>
   <section>
     <h1>艺术鉴赏</h1>
     <p>《红楼梦》全面而深刻地反映了封建社会盛极而衰时代的特征。它所描写的不是“洞房花烛、
     金榜题名”的爱情故事；而是写封建贵族青年贾宝玉、林黛玉、薛宝钗之间的恋爱和婚姻悲剧。
     小说的巨大的社会意义在于它不是孤立地去描写这个爱情悲剧，而是以这个恋爱、婚姻悲剧为中
     心，写出了当时具有代表性的贾、王、史、薛四大家族的兴衰，其中又以贾府为中心，揭露了封
     建社会后期的种种黑暗和罪恶，及其不可克服的内在矛盾，对腐朽的封建统治阶级和行将崩溃的
     封建制度作了有力的批判，使读者预感到它必然要走向覆灭的命运。同时小说还通过对贵族叛逆
     者的歌颂，表达了新的朦胧的理想。
     </p>
   </section>
 </article>
</body>
</html>
```

运行效果如图 3-7 所示。

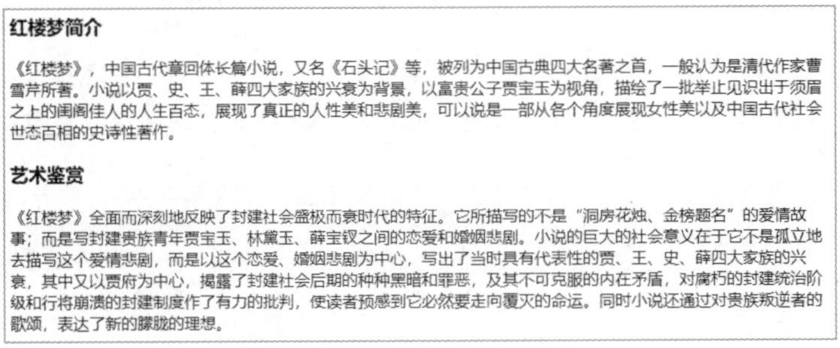

红楼梦简介

《红楼梦》，中国古代章回体长篇小说，又名《石头记》等，被列为中国古典四大名著之首，一般认为是清代作家曹雪芹所著。小说以贾、史、王、薛四大家族的兴衰为背景，以富贵公子贾宝玉为视角，描绘了一批举止见识出于须眉之上的闺阁佳人的人生百态，展现了真正的人性美和悲剧美，可以说是一部从各个角度展现女性美以及中国古代社会世态百相的史诗性著作。

艺术鉴赏

《红楼梦》全面而深刻地反映了封建社会盛极而衰时代的特征。它所描写的不是“洞房花烛、金榜题名”的爱情故事；而是写封建贵族青年贾宝玉、林黛玉、薛宝钗之间的恋爱和婚姻悲剧。小说的巨大的社会意义在于它不是孤立地去描写这个爱情悲剧，而是以这个恋爱、婚姻悲剧为中心，写出了当时具有代表性的贾、王、史、薛四大家族的兴衰，其中又以贾府为中心，揭露了封建社会后期的种种黑暗和罪恶，及其不可克服的内在矛盾，对腐朽的封建统治阶级和行将崩溃的封建制度作了有力的批判，使读者预感到它必然要走向覆灭的命运。同时小说还通过对贵族叛逆者的歌颂，表达了新的朦胧的理想。

图 3-7　section 运行效果

3. header

header 元素表示页面头部或区块头部，用于将介绍内容和区块的辅助导航分组到一起，所以其有可能包含区块的标题元素以及其他的介绍内容（目录、logo 等）。它一般用于网页的头部，定义头部的区域块，也可以定义一块内容，所定义的内容是一块独立的。

代码如下所示：

```
<!DOCTYPE html>
<html>
<head>
 <meta charset="UTF-8">
 <title>header</title>
</head>
<body>
 <header>
   <h1>聚慕课</h1>
   <a href="http://www.jumooc.com">聚慕课</a>
     <nav>
       <ul>
         <li><a href="#">谷歌</a></li>
```

```
          <li><a href="#">火狐</a></li>
          <li><a href="#">360</a></li>
        </ul>
      </nav>
  </header>
</body>
</html>
```

运行效果如图 3-8 所示。

图 3-8　header 运行效果

4. footer

footer 元素表示最近一个章节内容或者根节点（sectioning root）元素的页脚。一个页脚通常包含该章节作者、版权数据或者与文档相关的链接等信息。

footer 与 header 元素基本一致，但是 footer 元素一般定义网页的底部内容。

代码如下所示：

```
<!DOCTYPE html>
<html>
<head>
 <meta charset="UTF-8">
 <title>footer</title>
</head>
<body>
 <footer>
   <ul>
     <li>关于我们</li>
     <li>联系客服</li>
     <li>图书购买</li>
     <li>优惠活动</li>
   </ul>
 </footer>
</body>
</html>
```

运行效果如图 3-9 所示。

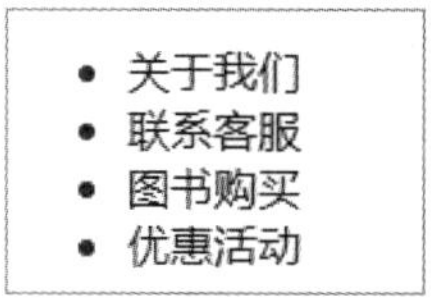

图 3-9　footer 运行效果

5. article

article 元素用于定义一个独立的内容区块，可以是一篇博客、一篇文章或者是独立的插件。另外，article 元素不仅可以嵌套使用，还可以表示插件，类似于 div 元素。

代码如下所示：

```
<!DOCTYPE html>
<html>
<head>
 <meta charset="UTF-8">
 <title>article</title>
</head>
<body>
 <article>
   <header>
     <h2>Article 元素</h2>
     <p>欢迎学习 Article 元素</p>
   </header>
   <footer>
     <p>这是底部</p>
   </footer>
 </article>
 <article>
   <h2>这是一个内嵌页面</h2>
   <object data="#" type="" width="600px" height="600px"></object>
```

```
  </article>
</body>
</html>
```

运行效果如图 3-10 所示。

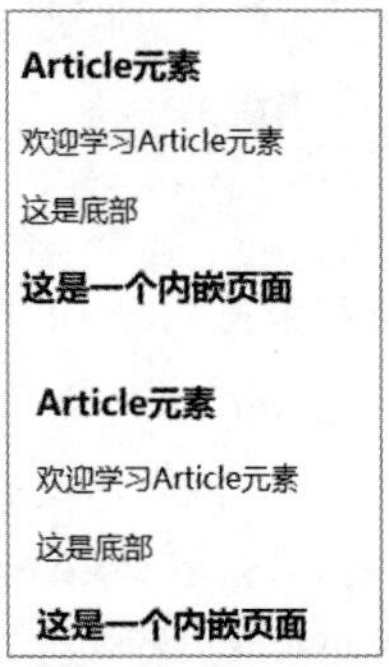

图 3-10 article 运行效果

6. aside

aside 元素通常用来设置侧边栏。它可以嵌套在 article 元素内部使用，作为主要内容的附属信息，如参考资料和名词解释等；也可以定义 article 元素之外的内容，前提是这些内容与 article 元素内容相关联。

代码如下所示：

```
<!DOCTYPE html>
<html>
<head>
 <meta charset="UTF-8">
 <title>aside</title>
</head>
<body>
 <article class="film">
   <header>
     <h2>侏罗纪公园</h2>
   </header>
   <section class="main">
     <p>Dinos were great!</p>
   </section>
   <section class="user">
     <article class="user">
       <p>Way too scary for me.</p>
       <footer>
         <p>Posted on <time datetime="2015-05-16 19:00">May 16</time> by Lisa.</p>
       </footer>
     </article>
     <article class="user">
       <p>I agree, dinos are my favorite.</p>
       <footer>
         <p>Posted on <time datetime="2019-05-17 19:00">May 17</time> by Tom.</p>
       </footer>
     </article>
   </section>
   <footer>
     <p>Posted on <time datetime="2019-05-15 19:00">May 15</time> by Staff.</p>
   </footer>
 </article>
</body>
</html>
```

运行效果如图 3-11 所示。

图 3-11 aside 运行效果

7. progress 和 meter 元素

progress 元素是 HTML 5 新增的元素，用来建立一个进度条，通常与 JavaScript 结合使用，来显示任务的进度。

meter 元素是 HTML 5 新增的元素，用来建立一个度量条，表示度量衡的评定，通常与 JavaScript 结合使用。

代码如下所示：

```
<!DOCTYPE html>
<html>
<head>
 <meta charset="UTF-8">
```

```
 <title>progress 和 meter 元素</title>
</head>
<body>
<form action="">
   <!--max:规定当前进度条的最大值;
   value 属性: 设定进度条当前显示的默认值;
   form: 规定进度条所属的一个或多个表单-->
   <p>当前下载进度: </p>
   <progress value="30" max="100"></progress>
   <meter value="40" max="100" min="10"></meter>
 </form>
</body>
</html>
```

运行效果如图 3-12 所示。

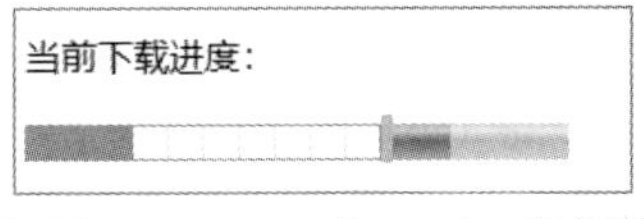

图 3-12　progress 和 meter 运行效果

8. main

main 元素是比较不常用的，最主要的原因是 IE 浏览器不支持它。<main>呈现了文档<body>或应用的主体部分。主体部分由与文档直接相关，或者扩展于文档的中心主题、应用的主要功能部分的内容组成。这部分内容在文档中应当是独一无二的，不包含任何在一系列文档中重复的内容。

<main>标签不能是以下元素的继承，包括<article>、<aside>、<footer>、<header>或<nav>。在一个文档中不能出现一个以上的<main>标签。

代码如下所示：

```
<header></header>
<main>
 <section></section>
 <section></section>
 <section></section>
</main>
<footer></footer>
<!--但现在，一般地使用的布局如下所示-->
<header></header>
<section></section>
<section></section>
<section></section>
<footer></footer>
```

3.5　<iframe>内联框架

iframe 内联框架在代码编写中也是常常可以使用到的，下面将对它进行详细的介绍。

iframe：内联框架标签，用于在网页中任意的位置嵌入另一个网页。

```
<iframe src="url 地址"> </iframe>
```

iframe 标签的常用属性如下。

```
<iframe width="200" height="200" scrolling="no" frameborder="0" src="url" allowtransparency
=true> </iframe>
```

- width 和 height 默认单位为 px，也可以使用%。
- scrolling="no"的意思是禁止使用滚动条。
- frameborder="0"，其中数字 0 代表无边框，1 代表有边框。
- allowtransprency=true 表示透明显示。

默认情况下 iframe 的背景是透明的，如果需要设置 border 的背景颜色，语法如下所示：

```
Background-color: transparency
```

iframe 内联框架代码如下所示：

```
<!DOCTYPE html>
<html lang="en">
<head>
    <meta charset="UTF-8">
    <title>iframe 内联框架</title>
</head>
<body>
    <iframe src="http://www.jumooc.com/" frameborder="0" name="main" width="1000"
height="500">
      聚慕课</iframe>
    <a href="https://www.jumooc.com/" target="search">聚慕课</a>
    <iframe src="https://www.baidu.com/" frameborder="1" name="search" width="1000"
height="500">
    </iframe>
    <h3>后台管理</h3>
      <ul style="float:left">
        <li><a href="#" target="main">用户管理</a></li>
        <li><a href="#" target="main">分类管理</a></li>
        <li><a href="#" target="main">图书管理 </a></li>
        <li><a href="#" target="main">系统设置</a></li>
      </ul>
      <iframe srcdoc="<h3>网站管理后台</h3>" frameborder="0" name="main"
        width="1000" height="500" style="float:left"></iframe>
</body>
</html>
```

运行效果如图 3-13 所示。

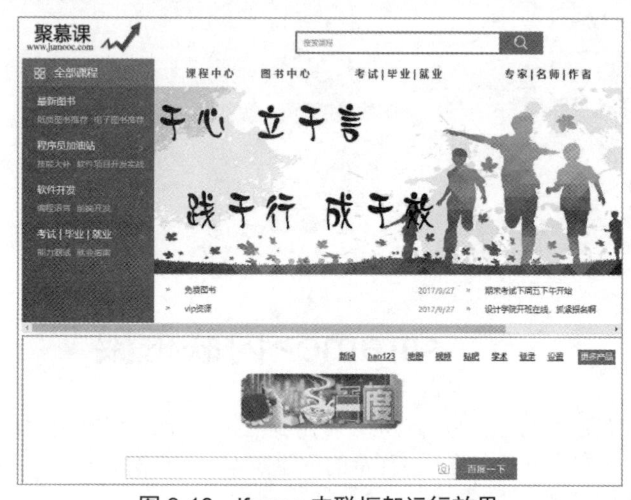

图 3-13 iframe 内联框架运行效果

3.6 表单

HTML 5 表单用于搜集不同类型的用户输入，HTML 5 中的 Input 拥有多个新的表单输入类型，提供了更好的输入控制和验证。

3.6.1　表单和表单元素

在 HTML 中，表单是经常用到的，用来与用户交互并提交数据。表单是一个包含表单元素的区域。表单元素是允许用户在表单中（如文本框、下拉列表、单选框、复选框等）输入信息的元素。表单使用表单标签<form>定义。例如：

```
<form>
<input />
</form>
```

下面将对表单和表单元素进行详细介绍。

1. 表单

- 在一个页面上可以有多个 form 表单，但是向 Web 服务器提交表单的时候，一次只可以提交一个表单。
- 要声明一个表单，只需要使用 form 标记来标明表单的开始和结束，若需要向服务器提交数据，则在 form 标签中需要设置 action 属性（用来设置提交表单的位置）、method 属性（用来定义浏览器将表单中的信息提交给服务器端程序的处理方式）、target 属性（用来指定服务器返回结果所显示的目标窗口或目标框架）。但是对客户端脚本编程来说，并不需要这些属性来帮助提交表单信息，form 标签存在的意义在于方便在脚本中编程的时候进行引用。
- 表单的引用可以利用 from 标签的 name 属性，或者也可以利用 document 的 forms[]数组中调用对应的数组。
- 可以利用 form 表单的 elements[]数组来遍历除了<input type=image >元素之外的所有元素。
- form 表单的 submit()方法用于将表单提交给服务，但单击 submit 按钮时，submit 按钮会相应地调用 onsubmit 事件处理器从而调用 form 对象的 submit 事件。
- 如何在浏览器中使用页面中的信息，我们将其称之为“客户端脚本编程”。而如何把信息提交给 Web 服务，并将数据保存在数据库中，我们通常将其称为“服务器端脚本编程”。
- 在早期，所有可交互的 HTML 元素都应该放在 HTML 表单中，但现在的定义是，需要提交到 Web 服务器的数据，才必须要放在表单内。前一种理解的方式也不是完全错误的，因为一般可以交互的 HTML 元素，都是表单元素（在前期），即：浏览器需要处理的数据都是表单元素，因此需要将其放在 HTML 表单中。

2. 表单元素

- 大部分的表单控件元素都是由<input>标记创建的，<input>标记具有一个 type 属性，该属性决定了<input>标记所创建的表单控件的类型。
- 所有的表单控件对象都具有一个 name 属性，JavaScript 脚本通过 name 属性的值来引用特定的表单控件元素，同时这也是表单提交到服务器时，每个表单控件元素的值 value 所对应的 key 值。
- 绝大部分对象都具有 value 属性，该属性返回当前表单控件的值。
- 所有的表单控件对象都具有一个 form 属性，该属性返回包含当前控件的 form 对象。对一个通用的表单数据检查程序来说，用这个属性来标明哪些控件属于哪个表单。
- 所有的表单元素对象都具有 focus()和 blur()方法，同时所有的表单元素对象还具有 onfocus 和 onblur 事件处理器。

3. 表单元素的分类

1）文本框、密码框

- 文本框通过<input type="text">标签来设定，当用户要在表单中输入字母、数字等内容时，就会用到文本框。

- <input type="submit">定义了提交按钮。
- 当用户单击“确认”按钮时，表单的内容会被传送到另一个文件。<input type="reset">定义了重置按钮。
- 密码框字段通过标签<input type="password">来定义。

代码如下所示：

```
<!--文本框密码框-->
账号：<input type="text" name="username"><br>
密码：<input type="password" value="" name="userkpassword">
<input type="submit" value="提交" name="submit">
<input type="reset" value="重置" name="reset">
```

2）button

- button 元素的创建是<input type="button">，通过声明 type 来定义 input 元素，从而浏览器将为 button 元素创建一个对应的 button 对象。
- button 对象包含 value 属性，通过 value 属性来显示按钮上的文本。
- button 对象包含 onclick 事件、onmouseup 事件、onmousedown 事件。
- submit 按钮具有特定的用途，并且不需要依靠脚本来实现，当 submit 按钮被单击时，按钮所在表单中的数据将自动提交到服务器，并不需要编写任何脚本。
- reset 按钮被单击时，按钮所在的表单中的所有元素都将被清空，或者被设置为元素的默认值（即页面第一次加载时元素所具有的值）。

3）单选、多选

- 单选按钮 type="radio"、复选框 type="checkbox"，可通过设置 type 属性来创建对应的表单元素对象。
- 通过在 input 标签中添加关键字 checked 来设置默认选项，注意 radio 单选按钮只有一个能被选中，若设置多个 checked，只会实现最后一个。
- checkbox 对象和 radio 对象的 value 属性是在 HTML 中预定义的或者是用 JavaScript 定义的，该 value 属性不表示用户与复选框或单选按钮交互的任何信息，无论复选框或单选按钮是否被选中，该 value 属性的值是不变的。另外，当向服务器提交表单时，仅仅是被选中的复选框或者单选框的按钮被提交到服务器，未选中的是不会被提交的。

4）select

- 通过下面的方式来创建 select 下拉列表框对象：

```
<select>
  <option><option>
  <option><option>
<select>
```

- select 对象具有 size（想要展示的选择条数）和 multiple（是否多选）属性。

代码如下所示：

```
<!--显示一条信息的单选：-->
<select>
 <option></option>
 <option></option>
 <option></option>
</select>
<!--显示两条信息的单选：-->
<select size=2>
 <option></option>
 <option></option>
 <option></option>
</select>
<!--显示两条信息的多选：-->
```

```
<select size=2 multiple>
 <option></option>
 <option></option>
 <option></option>
</select>
```

- select 对象具有数组属性 options[]，该数组的元素是 option 对象。
- option 对象具有 index 属性（option 在当前 options[]数组中的索引）、text 属性（返回当前项在列表框中显示的文本标题）、value 属性（返回当前项所定义的值）。
- 要在列表框中添加新的列表项，那么需要 new 一个新的 option 对象，然后把该对象插入 options[]数组中一个空的 options[]数组元素。当在某个已经存在选项的索引位置插入一个新的选项时，注意该索引位置上原来的选项将会被覆盖掉。要在列表框中移除某个列表项，那就是把 options[]数组中该选项所对应的数组元素设置为 null。当移除一个 option 对象时，options[]数组将重新排序，每一个排在被移除选项之后的 option 对象的索引将自动减 1。
- 在 IE 浏览器中添加新的列表项有自己的 add()、remove()方法来添加和引出下拉选项。
- 下拉列表框具有 onblur 事件处理器、onfocus 事件处理器和 onchange 事件处理器。

5）textarea

- textarea 元素允许用户输入多行文本。
- textarea 对象拥有 cols 属性（定义文本区域宽度，单位是单个字符的宽度）、rows 属性（定义文本区域高度，单位是单个字符的高度）。
- textarea 对象还具有一个 wrap 属性，默认值是 soft（自动软回车换行），hard 属性（自动硬回车换行，该行为会将其换行地方同数据一起上传），off（关闭换行）。
- textarea 标签不包含 value 属性，但是 textarea 对象具有 value 属性，其值是包含在 textarea 标签中的内容。

表单元素代码如下所示：

```
<!DOCTYPE html>
<html lang="en">
<head>
  <meta charset="UTF-8">
  <title>首页</title>
</head>
<body>
  <!--下面演示表单元素 -->
  <form action="">
    <!-- 文本框密码框 -->
    账号：<input type="text" name="username"> <br>
    密码：<input type="password" value="" name="userkpassword">
    <input type="submit" value="提交" name="submit">
    <input type="reset" value="重置" name="reset"> <hr>
    <!-- 单选框复选框 -->
    学生：
    男孩<input type="radio" value="boy" name="gender" checked="checked">
    女孩<input type="radio" value="girl" name="gender"> <br>
    爱好：
    篮球<input type="checkbox" value="1" name="1" checked="checked">
    足球<input type="checkbox" value="2" name="2">
    羽毛球<input type="checkbox" value="3" name="3" ><hr>
    <!-- 下拉列表框   -->
    <select name="" id="">
      <option value="">看书</option>
      <option value="">购物</option>
```

```
        <option value="">打游戏</option>
        <option value="" selected="selected">旅游</option>
      </select>
      <hr>
      <!--  文本域 -->
      个人简介 <br>
      <textarea name="" id="" cols="50" rows="10">在这里输入内容...</textarea>
      <br>
      <input type="submit" value="提交">
      <input type="reset" value="重置">
    </form>
  </body>
  </html>
```

运行效果如图 3-14 所示。

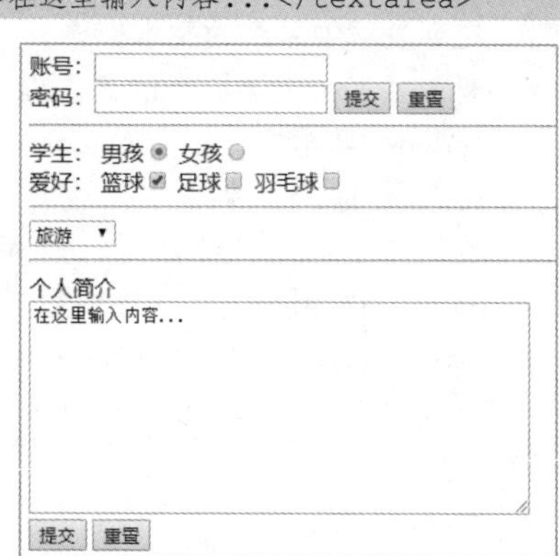

图 3-14　表单元素运行效果

3.6.2　表单校验

表单校验是一套系统，它为终端用户检测无效的数据并标记这些错误，是一种用户体验的优化，让 Web 应用更快地抛出错误。但它仍不能取代服务器端的验证，重要数据还要依赖于服务器端的验证，因为前端验证是可以绕过的。

目前任何表单元素都有 8 种可能的验证约束条件，如表 3-1 所示。

表 3-1　验证约束条件表

名　称	用　途	用　法
valueMissing	确保控件中的值已填写	将 required 属性设为 true，<input type="text"required= "required"/>
typeMismatch	确保控件值与预期类型相匹配	<input type="email"/>
patternMismatch	根据 pattern 的正则表达式判断输入是否为合法格式	<input type="text" pattern="[0-9]{12}"/>
toolong	避免输入过多字符	设置 maxLength，<textarea id="notes" name="notes" maxLength= "100"> </textarea>
rangeUnderflow	限制数值控件的最小值	设置 min，<input type="number" min="0" value="20"/>
rangeOverflow	限制数值控件的最大值	设置 max，<input type="number" max="100" value="20"/>
stepMismatch	确保输入值符合 min、max 和 step 的设置	设 置 max min step ， <input type="number" min="0" max="100" step="10" value="20"/>
customError	处理应用代码明确设置能计算产生错误	例如验证两次输入的密码是否一致

各个浏览器验证行为不一致，需要统一其验证行为，借助 JavaScript 可以统一浏览器的验证行为。下面以 HTML 为基础，加上相关 JavaScript，代码如下所示：

```
  //自定义表单控件验证行为
  var checkvalue = function(e){
    var el = e.target;
    var isvalid = el.checkValidity();
    if(isvalid){
      el.className= "";
      el.parentElement.getElementsByTagName("label")[0].className="";
```

```
        }else{
          el.className= "error";
          el.parentElement.getElementsByTagName("label")[0].className="error";
        }
          e.stopPropagation();
          e.preventDefault();
        }
        //定义表单验证方法
        function invalidHandler(evt) {
          checkvalue(evt);
        }
        function loadDemo() {
          var myform = document.getElementById("register1");
        //注册表单的 oninvlid 事件
        myform.addEventListener("invalid", invalidHandler, true);
        for(var i=0;i< myform.elements.length-1;i++){
          //注册表单元素的 onchange 事件，优化用户体验
          myform.elements[i].addEventListener("change",checkvalue,false);
        }
      }
        //在页面初始化事件（onload）时注册的自定义事件
        window.addEventListener("load", loadDemo, false);
```

输入两次密码匹配的验证，代码如下所示：

```
      <form name="passwordChange">
        <p>
          <label for="password1">New Password:</label>
          <input type="password" id="password1" onchange="checkPasswords()">
        </p>
        <p>
          <label for="password2">Confirm Password:</label>
          <input type="password" id="password2" onchange="checkPasswords()">
        </p>
      </form>
      <button onclick="document.passwordChange.password1.checkValidity()">Check Validity
</button>
      function checkPasswords() {
        var pass1 = document.getElementById("password1");
        var pass2 = document.getElementById("password2");
        if (pass1.value != pass2.value)
          pass1.setCustomValidity("两次输入的密码不匹配");
        else
          pass1.setCustomValidity("");
      }
```

3.6.3 正则表达式

正则表达式（regular expression）描述了一种字符串匹配的模式（pattern），可以用来检查一个串是否含有某种子串、将匹配的子串替换或者从某个串中取出符合某个条件的子串等。

1. 表达式概念

- 一种字符串检索模式。
- 表现为字符串形式的 object 对象。
- 可进行文本搜索和替换。在前端页面中一般用于表单验证。
- 语法。正则表达式：/正则表达式主体/修饰符（可选）。

2. 使用字符串

- search()：用于检索与正则表达式相匹配的子字符串，并返回字符串的起始位置。
- match()：用于在原字符串中匹配第一个指定字符串的信息，例如（["b",index: 8, input: "abcdefghigklmnopqrst"]），如果没有则返回 null。

- 有 g 修饰符时，正则返回所有满足条件的字符串的集合。
- replace：不修改原有字符串。

3. 修饰符

常见的修饰符有以下三种。

- i：忽略大小写。
- g：全局。
- m：换行匹配，对正则中的^$产生影响。

4. 检索模式（[]表示包含其中一个的值，{}代表一个词组）

表达式模式：[abc]、[0-9]、[m|n]，每个内容都代表一类值，而不是字面的意思。

- [abc]：包含 a 或者 b 或者 c，[a][b][c]，包含 abc。
- [0-9]：在指定字符串中检索，查找任何满足 0～9 之间规则的字符或者字符串。该模式对字母也适用，注意结束位置要大于开始位置。
- [m|n]：任何满足以“|”分隔的选项之一，注意要用小括号括起来。

5. 元字符模式（具有特殊含义的字符称为元字符）

- \d：数字，等同于[0-9]。
- \s：表示空格。
- \b：表示边界\0，或以空格和换行隔开的。

6. 量词模式（检索的字符或字符串出现的次数，仅对前面的一个字符有作用）

- n+：一个或者多个。
- n*：包含 0 个或者多个 n（对空格也会起作用，贪婪模式）。
- n？：要么 0 次，要么 1 次。
- .：表示任意字符。

7. RegExp 对象

```
<!--参数均采用字符串的形式-->
var reg = new RegExp(正则表达式的内容,修饰符);
```

8. 初始、末尾字符

- ^：初位字符。
- $：末尾字符。

9. 重复类

- 用{}来匹配字符连续出现的次数。
- {n}恰好 n 次；{n,}至少出现 n 次；{n,m}至少 n 次，至多 m 次。

10. 贪婪模式和懒惰模式

- 贪婪模式（建议少用）：只要符合正则要求的就一直往下匹配（n*）。
- 懒惰模式：一旦匹配到符合正则要求的内容，就立刻结束的行为模式（n？）。

3.7 面试与笔试试题解析

任何与用户直接打交道的操作界面都可以称之为一个前端页面，在学习 HTML 的时候会接触到很多知识点，这其中包括本章讲述的列表、表格、媒体元素、结构元素、内联框架以及 HTML 的表单等知识点，在面试的时候同样也会涉及这些问题。下面就对这些经典题目进行总结。

3.7.1　什么是列表以及列表的分类

题面解析：本题主要考查应聘者对 HTML 中的列表是否熟悉，可以先回想一下自己在编写页面时常使用的列表元素有哪些，再回想一些不常使用的，尽量回答全面，这样会给面试官留下一个好的印象。

解析过程：

1. 列表定义

- 列表就是信息资源的一种展示形式。
- 可以使信息结构化和条理化，并以列表的样式显示出来，以便浏览者能更快捷地获得相应的信息。
- 列表中 ul、ol、dl 不能嵌套其他标签，但是 li 中可以嵌套其他标签。

2. 列表分类

1）有序列表<ol>的特性

- 有顺序，每个<li>标签独占一行（块元素）。
- 一般用于排序类型的列表，如试卷、问卷选项等。
- 默认<li>标签项前面有顺序标记。

2）无序列表<ul>的特性

- 没有顺序，每个<li>标签独占一行（块元素）。
- 一般用于无序类型的列表，如导航、侧边栏新闻、有规律的图文组合模块等。
- 默认<li>标签项前面有个实心小圆点。

3）自定义列表<dl>的特性

- 没有顺序，每个<dt>标签、<dd>标签独占一行（块元素）。
- 一般用于一个标题下有一个或多个列表项的情况。
- 默认没有标记。

3.7.2　常见的表单元素有哪些

题面解析：本题主要考查应聘者对 HTML 中的表单元素是否熟悉，可以先回想一下自己在编写页面时常使用的表单元素有哪些，再回想一些不常使用的，尽量回答全面一点，这样会给面试官留下一个好的印象。

解析过程：

表单元素就是指不同类型的 input 元素。表单最重要的作用是获取用户信息，使用时需要在表单中加入表单项。

语法如下所示：

```
<input type="元素类型名称"/>
```

常用的元素类型 type 如下。

- 单行文本框 text：

```
<input type="text" name="text" value=" "/>
```

- 密码文本框 password：

密码文本框跟文本框类似，但是在里面输入的内容显示为圆点。

```
<input type="password" name="text" value=" "/>
```

- 提交按钮 submit：

当单击“提交”按钮时，浏览器将自动提交表单。

```
<input type="submit" value="提交"/>
```

- 普通按钮 button：

```
<input type="button" value="确认"/>
```

- 单选按钮 radio：

```
男:<input type="radio" name="sex" value="male" /> Male
<br />
女: <input type="radio" name="sex" value="female" /> Female
```

- 复选框 checkbox：

```
<input type="checkbox" name="check" value=" "/>
```

- 重置按钮，重设表单内容 reset：

当单击“重置”按钮时，“重置”按钮所在的表单将全部清空，而其他表单不受影响。

```
<input type="reset" value="重置"/>
```

- 图片按钮 image：

```
<input type="image" src="index.jpg"/>
```

- 隐藏元素 hidden：

隐藏域在浏览器中并不显示，仅仅为保存一些不太重要的资料而存在。

```
<input type="hidden" value="隐藏域"/>
```

- 文件域 file：

```
<input type="file" value="" />
```

- 列表框 select：

```
<select>
  <option value="0">0</option>
  <option value="1">1</option>
  <option value="2">2</option>
</select>
```

属性值有以下 4 个。

- disabled：规定禁用该下拉列表。
- multiple：规定可选择多个选项。
- name：规定下拉列表的名称。
- size/number：规定下拉列表中可见选项的数目。

3.7.3 表单提交的方式

题面解析：应聘者在写项目以及前端页面涉及交互的时候，就可以了解这道题，还是先谈自己熟悉的提交方式，再回想其他的提交方式，不用说太多，大概说一下提交方式有哪些，如何提交即可。

解析过程：

form 表单提交数据的几种方式如下。

1. submit 提交

在 form 标签中添加 action（提交的地址）和 method（post），且有一个 submit 按钮<input type ="submit">就可以进行数据的提交，每一个 input 标签都需要有一个 name 属性，才能进行提交。

```
<form action="http://www.jumooc.com/postValue" method="post">
    <input type="text" name="username"/>
    <input type="password" name="password"/>
    <input type="submit" value="登录"/>
</form>
```

当单击“登录”按钮时，向服务端发生的数据是 username=username&password=password。这种默认的提交方式一般会进行页面的跳转（不成功时跳转到当前页面）。而有时候我们是对弹出框进行数据提交的，希望提交成功则关闭弹出框并刷选父页面，失败则提示失败原因，且弹出框不关闭。此时可以采用 ajax 进行数据提交。

2. ajax 提交 form 表单

```
$('#documentForm').submitForm({
  url: "/Document/SubmitDocumentCreate",
  dataType: "text",
  callback: function (data) {
  endFileUpload();
  data = eval("(" + data + ")");
  alert(data.Content);
  if (data.Result > 0) {
    location.href = data.Redirect;
  }
},
  before: function () {
    startFileUpload();
    var errMsg = "";
  }
}).submit();
```

此时可以在 callback 函数中对请求结果进行判断，然后执行不同的动作（页面跳转或刷选数据、提醒错误都可以）。

3. form 表单提交附件

需要设定 form 的 enctype="multipart/form-data"并且添加<input type="file">，而且附件只能通过 submit 方法进行提交。

通过 easyui 的 form 插件也可以达到上面的目的，代码如下所示：

```
$('#ff').form('submit',{
 url:...,
 onSubmit: function(){
  //进行表单验证
  //如果返回 false 阻止提交
  },
  success:function(data){
  alert(data)
  }
});
```

3.7.4 制作下拉列表需要使用哪些表单元素

题面解析：本题考查下拉列表的同时也考查了表单元素。遇到这个问题时，应聘者先回想下拉列表是如何编写的，再回想其中的表单元素有哪些。本题较为简单，只要在平时使用 HTML 元素编写下拉框便可以对答如流。

解析过程：

下面写一个下拉框就可以清楚地找到表单元素：

```
<form action="" method="get">
  <label>下拉列表菜单</label>
  <select name="list">
    <option value="news">时事新闻</option>
    <option value="sports">体育新闻</option>
    <option value="international">娱乐新闻</option>
  </select>
</form>
```

从上面一个简单的下拉列表可以看到表单元素，如 label、select 等。

3.7.5 如何在页面中使用音频元素和视频元素

题面解析：本题主要考查应聘者对 HTML 5 中的新特性是否熟悉，先在脑海中回想什么元素是音频，什么元素是视频。如果应聘者对新特性不了解，建议可以对其进行熟悉，并简单熟记一下。

解析过程：

HTML 5 使用 audio 和 video 元素来嵌入音频和视频内容。另外还提供了与这两个标签相关的 JavaScript 的 API，这样就可以创建音视频控件，代码如下所示：

```
<!-- 嵌入视频 -->
<video id="player" src="xxx.ogg" poster="movie.jpg" width="400" height="200">
  视频播放器不可用...
</video>
<!-- 嵌入音频 -->
<audio src="xxx.mp3" id="myAudio">
  音频播放器不可用...
</audio>
```

这两个标签都必需包含 src 属性，即要加载的媒体文件地址。width 和 height 属性是指定视频播放器的大小。poster 属性是在加载视频期间会显示的图像。位于开始和结束标签之间的内容是后备内容，即当浏览器不支持这两个标签时会显示这些内容。因为不是所有的浏览器都支持所有的媒体格式，所以可以指定不同的媒体来源。这时会用到``标签，代码如下所示：

```
<!-- 嵌入视频-->
<video id="player">
  <source src="xx.webm" type="video/webm; codecs="vp8, vorbis"">
  <source src="xx.ogv" type="video/ogg; codecs='theora, vorbis'">
  视频播放器不可用...
</video>
  <!-- 嵌入音频-->
<audio id="audio">
  <source src="xx.ogg" type="audio/ogg">
  <source src="xx.mp3" type="audio/mpeg">
  音频播放器不可用...
</audio>
```

3.7.6 定义列表的标签

试题题面：定义列表的标签 dl、dt、dd 分别表示什么意义？其作用是什么？

题面解析：本题主要考查应聘者对定义列表的熟练掌握程度。看到此问题，应聘者需要把定义列表的所有知识在脑海中回忆一下，如对有哪些标签、各代表什么意思等知识点进行梳理，则这个问题将迎刃而解。

解析过程：

在 HTML 中，dl、dd 和 dt 标签的含义如下。

- dl 标签定义了列表（definition list）。
- dd 标签定义列表内部的标题。
- dt 标签定义列表外部的标题。

dt 标签和 dd 标签最外层必需用 dl 标签包裹，即组合标签。

代码如下所示：

```
<!DOCTYPE html>
<html lang="en">
<head>
 <meta charset="UTF-8">
 <title>定义列表</title>
</head>
```

```
<body>
 <h3>水果：</h3>
   <dl>
     <dt>水果</dt>
     <dd>梨子</dd>
     <dd>香蕉</dd>
     <dt>牛奶</dt>
     <dd>花花牛</dd>
     <dd>安慕希</dd>
</dl>
</body>
</html>
```

运行效果如图 3-15 所示。

水果：

水果

梨子
香蕉

牛奶

花花牛
安慕希

图 3-15　定义列表运行效果

3.7.7　为什么使用 HTML 5 结构标签来布局网页

题面解析：本题比较灵活，应聘者可以根据自己的理解来进行回答，尽量回答全面，也可谈及相关内容。

解析过程：

对 HTML 5 来讲，在网页结构上标签定义与使用更加语义化，让搜索引擎以及工程师更加迅速地理解当前网页的整个重心。

HTML 5 页面布局结构如图 3-16 所示。

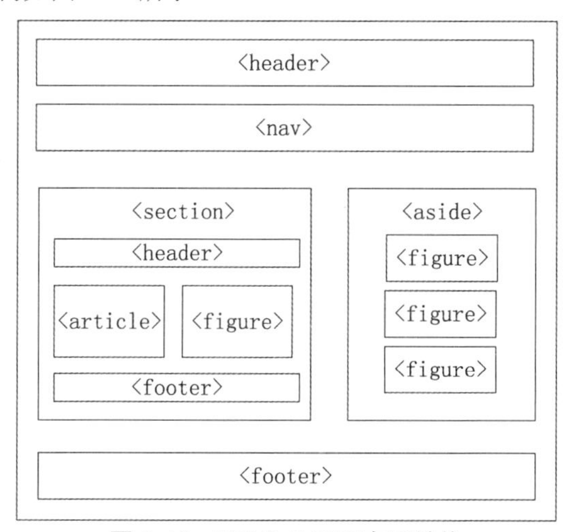

图 3-16　HTML 5 页面布局结构

其中，<section>和<article>最为相似，而且和 nav 标签貌似也有很大相似之处。但看似相似，并不是真的相似，这些标签是为了布局而生的，自然有它们更精确的语义定位，或者说它们更将强调 HTML 的语义。

nav 标签一直是见得最多、用得最多的标签。其本身无任何语义，用作布局以及样式化标签。

section 与 nav 相似，但它有更进一步的语义。section 用作一段有专题性的内容，一般在它里面会带有标题。section 典型的应用场景应该是文章的章节、标签对话框中的标签页或者论文中有编号的部分。

article 是一个特殊的 section 标签，它比 section 具有更明确的语义，代表一个独立的、完整的相关内容块。

nav、section、article，语义是从无到有，逐渐增强的。nav 无任何语义，仅仅用作样式化或者脚本化的标签。对一段主题性的内容，适用 section。而假如这段内容可以脱离上下文，作为完整的独立存在的一段内容，则适用 article。

原则上来说，能使用 article 的时候，也是可以使用 section 的，但是实际上，假如使用 article 更合适，那么就不要使用 section。

3.7.8 使用什么属性可以达到表单的初步验证

题面解析：本题主要考查表单验证相关内容，在本章的前半部分也对验证进行了讲述。应聘者在回答这个问题的时候尽量回答全面，最好准备完整，才会在面试时游刃有余。

解析过程：

下面将介绍表单验证。

1. HTML 5 表单新验证属性

- required：验证当前元素值是否为空。
- pattern：使用正则表达式验证当前元素值是否匹配，不能验证内容是否为 null。
- min 和 max：验证当前元素最大值或最小值，一般使用于 number/range 等元素。
- minlength 和 maxlength：验证当前元素值的最小长度和最大长度。
- validity： HTML 5 表单验证提供一种有效状态，有效状态通过 validityState 对象获取到，validityState 对象可通过 validity 属性得到。

2. HTML 5 表单新验证状态

- validityState 对象提供了一系列的有效状态，通过有效状态进行判断。

☆**注意**☆ 所有验证状态必须配合上述的验证属性使用。

- valueMissing：判断当前元素值是否为空，配合 required 属性使用。
- patternMismatch：判断当前元素值是否匹配正则表达式，配合 pattern 属性使用。
- tooLong：判断当前元素值的长度是否正确，配合 maxlength 属性使用。
- typeMismatch：判断当前元素值的类型是否匹配，配合 email/number/url 等属性使用。
- stepMismatch：判断当前元素值是否与 step 设置相同，配合 step 属性，并不与 min 和 max 属性值比较。
- rangeUnderflow：判断当前元素值是否小于 min 属性值，配合 min 属性使用。
- valid：判断当前元素是否正确，返回 true 表示验证成功，返回 false 表示验证失败。
- customError：配合 setCustomValidity()方法使用。
- setCustomValidity()：设置自定义的错误提示内容，一旦使用该方法修改默认错误提示后，即使输入正确也会有提示。

3.7.9 使用 JavaScript 去除字符串空格

题面解析：本题主要考查正则表达式以及对字符串中的 API 是否了解，应聘者可以进行一一解答。如果应聘者对正则表达式很熟悉，可以多说正则表达式的相关内容，再回忆字符串中如何去除空格。

解析过程：

通过 JavaScript 去除字符串中的空格，可以很快想到两类方法。

方法一：通过正则表达式，以及字符串本身的 replace 方法。

语法如下所示：

```
<!--使用正则表达式-->
var re = /\s+/g;              //去除所有空格
```

```
var re = /\s+/;              //去除开头所有空格
var re = /\s+$/              //去除结尾所有空格
<!--使用字符串 replace-->
var str = "   abc    d     ";
str.replace(re,"");
//输出结果: "abcd"
```

方法二：通过字符串本身的 trim 方法（去除字符串两头空格）。

语法如下所示：

```
var str = "   ac     ";
str.trim();
//输出结果为: "ac"
```

当然使用 trim()有一定局限性，就是无法去除中间的空格。

3.7.10　在 HTML 5 中支持哪几种列表

题面解析：本题主要考查 HTML 5 中的列表有哪些是可以使用的，应聘者使用 HTML 5 编写页面是否使用到列表。应聘者需要把相关内容在脑海中回忆一下，然后做出相应的回答。

解析过程：

在 HTML 5 中使用的列表包括无序列表、有序列表以及自定义列表。

1. 无序列表

无序列表（unodered list）格式如下所示：

```
<ul>
    <li>…</li>
    <li>…</li>
    <li>…</li>
</ul>
```

2. 有序列表

有序列表（odered list）格式如下所示：

```
<ol>
    <li>…</li>
    <li>…</li>
    <li>…</li>
</ol>
```

3. 自定义列表（叙述式列表）

自定义列表（definition list）格式如下所示：

```
<dl>
   <dt>…</dt>
   <dd>…</dd>
   <dd>…</dd>
   <dt>…</dt>
   <dd>…</dd>
   <dd>…</dd>
</dl>
```

自定义标签介绍如下。

- <dl>…</dl>：定义列表的开始/结束。
- <dt>…</dt>：表中的一个项的标题。
- <dd>…</dd>：表中的一个项的内容。

3.7.11 Web 前端开发，如何提高页面性能优化

题面解析：本题主要考查应聘者对页面的优化是否了解。页面性能的优化是较为重要的，可以减少交互、提高用户体验等。

解析过程：

下面将从 4 个方面对页面性能优化进行介绍。

1. 内容方面

- 减少 HTTP 请求。
- 减少 DOM 元素数量。
- 使得 Ajax 可缓存。

2. 针对 CSS

- 把 CSS 放到代码页上端。
- 从页面中剥离 JavaScript 与 CSS。
- 精简 JavaScript 与 CSS。
- 避免 CSS 表达式。

3. 针对 JavaScript

- 脚本放到 HTML 代码页底部。
- 移除重复脚本。
- 精简 JavaScript 与 CSS。
- 从页面中剥离 JavaScript 与 CSS。

4. 面向图片

- 优化图片。
- 不要在 HTML 中使用缩放图片。
- 使用恰当的图片格式。
- 使用 CSS Sprites 技巧对图片优化。

3.7.12 iframe 的优缺点

题面解析：本题主要考查应聘者对 iframe 是否有所了解，iframe 在平时的开发中并不是很常用，在标准的网页中非常少用。把 iframe 解释成“浏览器中的浏览器”是很恰当的。<iframe>也应该是框架的一种形式，它与<frame>不同的是，iframe 可以嵌在网页中的任意部分。应聘者可以简单说一下 iframe 的定义，然后依次回答其优点和缺点。

解析过程：

iframe 的优点如下。

- 解决加载缓慢的第三方内容，如图标和广告等的加载问题。
- iframe 跨域通信。
- iframe 无刷新文件上传。

iframe 的缺点如下。

- iframe 会阻塞主页面的 Onload 事件。
- 无法被一些搜索引擎索引到。
- 会产生很多页面，不容易管理。
- 页面会增加服务器的 http 请求。

3.8　名企真题解析

在本节中收集了一些企业面试时所提出的关于前端知识的试题，对它们进行解析和分析，帮助应聘者总结知识点内容。

3.8.1　JavaScript 的垃圾回收机制

【选自 WR 笔试题】

题面解析：JavaScript 的垃圾回收机制不仅仅在前端面试会问到，在进行后端面试时也是经常考的一道题目。

解析过程：

下面将讲述 JavaScript 的垃圾回收机制。

（1）定义：指一块被分配的内存既不能使用，又不能回收，直到浏览器进程结束。

像 C 语言这样的编程语言，具有低级内存管理原语，如 malloc()和 free()。开发人员使用这些原语显式地对操作系统的内存进行分配和释放。而 JavaScript 在创建对象（对象、字符串等）时会为它们分配内存，不再使用时会“自动”释放内存，这个过程称为垃圾收集。

（2）内存生命周期中的每一个阶段。

- 分配内存：内存是由操作系统分配的，允许程序人员编写的程序使用它。在低级语言（如 C 语言）中，这是一个开发人员需要自己处理的显式执行的操作。然而在高级语言中，系统会自动分配内存。
- 使用内存：这是程序实际使用之前分配的内存，在代码中使用分配的变量时，就会发生读和写操作。
- 释放内存：释放所有不再使用的内存，使之成为自由内存，并可以被重利用。与分配内存操作一样，这一操作在低级语言中也需要显式地执行。

3.8.2　如何制作语义化的表单

【选自 TX 面试题】

题面解析：本题较为简单，回答的内容不需要太多，关键需要应聘者真正了解如何去使用它，需要深入解析。

解析过程：

表单语义化要做到以下几点。

- 符合 W3C 规范。
- 结构合理、代码简洁。
- 语义化的标签。

代码如下所示：

```
<!DOCTYPE html>
<html>
<head>
   <meta charset="utf-8">
   <title>注册</title>
</head>
<body>
<div>
 <form>
   <fieldset>
     <legend>个人注册</legend>
```

```
        <ul>
          <li>
            <label>手机号码：<input type="text" name="Phone"></label>
          </li>
          <li>
            <label>设置密码：<input type="password" name="password"></label>
          </li>
          <li>
            <label>昵称：<input type="text" name="user"></label>
          </li>
          <li>
            <label>姓名：<input type="text" name="name"></label>
          </li>
          <li>
            <label>身份证：<input type="text" name="IDnumber"></label>
          </li>
          <li>
            <label><input type="submit" name="submit" value="立即注册"></label>
          </li>
        </ul>
      </fieldset>
    </form>
  </div>
  </body>
  </html>
```

运行效果如图 3-17 所示。

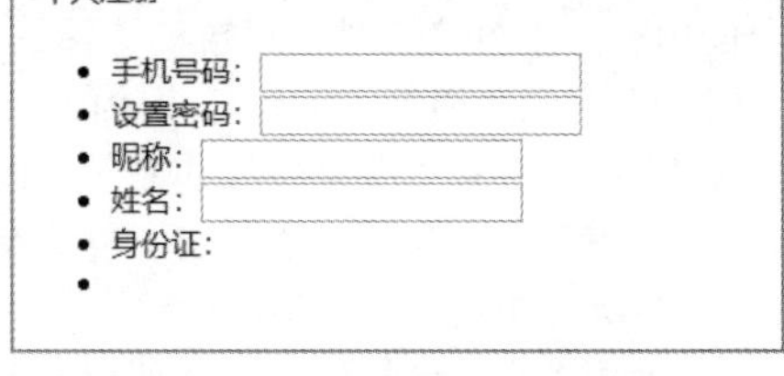

图 3-17 语义化表单运行效果

3.8.3 怎样制作一个调查问卷

【选自 BD 面试题】

题面解析：本题也是在面试中会问到的一道代码题，也可能会在笔试时遇到，这道题还是考查表单等知识内容。下面进行代码的编写。

解析过程：

调查问卷代码如下所示：

```
<!DOCTYPE>
<html>
  <head>
    <meta charset="UTF-8">
    <title>调查问卷</title>
  </head>
<body>
  <table border="1" cellpadding="0" cellspacing="0" align="center">
    <tr>
      <th colspan="2">工作情况</th>
    </tr>
    <tr>
      <td style="width:15px" align="center">1</td>
      <td style="width:525px" align="center">
        <p>你是何时开始工作的：
          <select name="year">
           <option name="2012">2012</option>
           <option name="2011">2011</option>
           <option name="2010">2010</option>
          </select>
          年
          <select name="month">
            <option name="01">01</option>
            <option name="02">02</option>
            <option name="03">03</option>
```

```
          </select>
          月
        </p>
      </td>
    </tr>
    <tr>
      <td style="width:15px" align="center">2</td>
      <td style="width:525px" align="center">
        <p>你现在的工作班是:
          <input type="radio" name="work" value="day">白班
          <input type="radio" name="work" value="night">晚班
        </p>
      </td>
    </tr>
    <tr>
      <td style="width:15px" align="center">3</td>
      <td style="width:525px" align="center">
        <p>你一周工作几小时:
          <input type="text" name="worktime" size="5">小时
        </p>
      </td>
    </tr>
    <tr>
      <td style="width:15px" align="center">4</td>
      <td style="width:525px" align="center">
        <p>你现在的工作压力来源于（可多选）:
          <form>
            <input type="checkbox" name="work_pressure">工作考试
            <input type="checkbox" name="work_pressure">同事关系
            <input type="checkbox" name="work_pressure">个人私事
          </form>
        </p>
      </td>
    </tr>
  </table>
</body>
</html>
```

运行效果如图 3-18 所示。

工作情况	
1	你是何时开始工作的: 2012 ▾ 年 01 ▾ 月
2	你现在的工作班是: ○白班 ○晚班
3	你一周工作几小时: 小时
4	你现在的工作压力来源于（可多选）: ☐工作考试 ☐同事关系 ☐个人私事

图 3-18　调查问卷运行效果

3.8.4　如何使用表格制作流量查询表

【选自 WR 面试题】

题面解析：本题主要考查应聘者是否可以熟练使用表格中的元素，可以先回想在练习时如何使用代码编写一个表格，然后大概描述一下查询表是如何制作的。

解析过程：

下面将通过一个案例来介绍如何制作流量查询表，在面试时不用把代码完全描述一遍，说出使用了哪些元素以及主要中心部分即可。

```
<!DOCTYPE html>
```

```
<html>
<head lang="en">
  <meta charset="utf-8"/>
  <title>流量调查表</title>
</head>
<body>
  <table border="1">
    <h2>流量调查表</h2>
    <tr>
      <th>总页面流量</th>
      <th>共计来访</th>
      <th>会员</th>
      <th>游客</th>
    </tr>
    <tr>
      <td>9756488</td>
      <td>97656</td>
      <td>7538087</td>
      <td>43364677</td>
    </tr>
    <tr>
      <td>46776686</td>
      <td>85544</td>
      <td>69357</td>
      <td>568787</td>
    </tr>
    <tr>
      <td>7538087</td>
      <td>546774</td>
      <td>476897</td>
      <td>334545</td>
    </tr>
    <tr>
      <td>平均每人浏览</td>
      <td colspan="3">1.58</td>
    </tr>
  </table>
</body>
</html>
```

运行效果如图 3-19 所示。

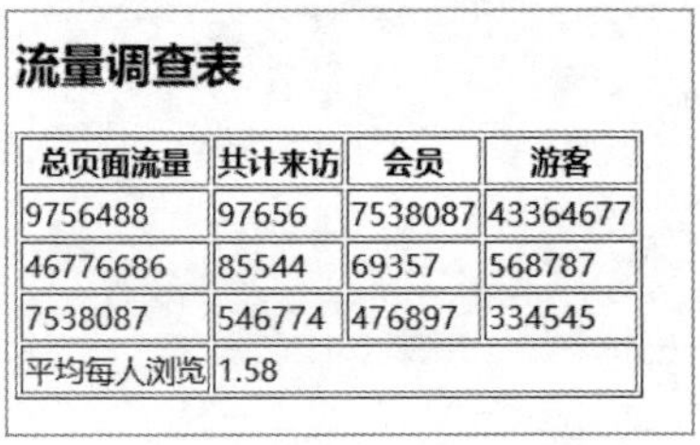

流量调查表

总页面流量	共计来访	会员	游客
9756488	97656	7538087	43364677
46776686	85544	69357	568787
7538087	546774	476897	334545
平均每人浏览	1.58		

图 3-19　使用表格制作流量查询表运行效果

3.8.5　请说出几种减少页面加载时间的方法

【选自 TX 面试题】

题面解析：本题也是在大型企业的面试中最常问的问题之一，主要针对如何优化页面，提高用户体验进行提问。

解析过程：

减少页面加载时间有以下 6 种方法。

（1）尽量减少页面中重复的 HTTP 请求数量。

（2）使用多域名负载网页内的多个文件、图片。

（3）CSS 样式的定义放置在文件头部。

（4）JavaScript 脚本放在文件末尾。

（5）压缩合并 JavaScript、CSS 代码。

（6）服务器开启 gzip 压缩。

第 4 章

认识 CSS

本章导读

本章主要学习层叠样式表（cascading style sheets），它是一种用来表现 HTML（标准通用标记语言的一个应用）或 XML（标准通用标记语言的一个子集）等文件样式的计算机语言，简称为 CSS。CSS 不仅可以静态地修饰网页，还可以配合各种脚本语言动态地对网页各元素进行格式化。CSS 能够对网页中元素位置的排版进行像素级精确控制，支持几乎所有的字体字号样式，拥有对网页对象和模型样式编辑的能力。本章首先对 CSS 知识点进行总结，然后主要讲解常见的面试与笔试试题解析等。

知识清单

本章要点（已掌握的在方框中打钩）

- ☐ CSS 简介
- ☐ CSS 的基本语法
- ☐ HTML 中引入 CSS 样式
- ☐ CSS 样式优先级
- ☐ 基本选择器
- ☐ 高级选择器

4.1 CSS 简介

CSS 指层叠样式表样式，定义如何显示 HTML 元素样式，通常存储在样式表中。把样式添加到 HTML 中，是为了解决内容与表现分离的问题。外部样式表可以极大提高工作效率。外部样式表通常存储在 CSS 文件中，多个样式定义可层叠为一。

CSS 主要用于设置 HTML 页面中的文本内容（字体、大小、对齐方式等）、图片的外形（宽高、边框样式、边距等）以及版面的布局等外观显示样式。

CSS 以 HTML 为基础，提供了丰富的功能（如字体、颜色、背景的控制以及整体排版等），还可以针对不同的浏览器设置不同的样式。

4.2　CSS 的基本语法

CSS 也是前端页面组成中的重要部分，可以让页面更加美化，还可以方便管理页面的布局样式等。

CSS 基本语法如下。

（1）CSS 规则由两个主要的部分构成：选择器，以及一条或多条声明。

```
selector {declaration1; declaration2; ... declarationN }
```

选择器通常是需要改变样式的 HTML 元素。每条声明由一个属性和一个值组成。

☆**注意**☆　如果要定义不止一个声明，则需要用分号将每个声明分开。

语法如下所示：

```
p{
  text-align:center;
  color:black;
  font-family:arial;
}
```

（2）属性。

属性（property）可以用来设置样式属性（style attribute）。每个属性有一个值，属性和值被冒号分开。

语法如下所示：

```
selector{property:value}
```

（3）值。

当值为颜色值时，有不同写法：

```
p {color: #ff0000;}
p {color: #f00;}
p {color: rgb(255,0,0);}
p {color: rgb(100%,0%,0%);
```

当值为若干单词，则要给值加冒号“:”，语法如下所示：

```
p {font-family:"sans serif";}
```

4.3　HTML 中引入 CSS 样式

4.3.1　行内样式表

行内样式表适合于样式较少的情况。

- 行内样式表：就是代码写在具体网页中的一个元素内。例如：

```
<div style="color:#f00"></div>
```

- 内嵌式：就是在</head>前面写。例如：

```
<style type="text/css">.div{color:#F00}</style>
```

- 外部式：就是引用外部 css 文件。例如：

```
<link href="css.css"type="text/css" rel="stylesheet"/>
```

行内样式表语法如下所示：

```
<标签名 style="属性 1:属性值 1;属性 2:属性值 2;属性 3:属性值 3;">内容</标签名>
```

例如：

```
<div style="color:red;font-size: 20px;">Today is a good day...</div>
```

代码如下所示：

```
<!DOCTYPE html>
<html>
<head>
 <meta charset="UTF-8">
 <title>css 行内样式</title>
</head>
<body>
  <div style="width:100px;height:100px;background:red;"></div>
</body>
</html>
```

运行效果如图 4-1 所示。

图 4-1　行内样式表运行效果

4.3.2　内部样式表

内嵌式是将 CSS 代码集中写在 HTML 文档的 head 头部中，并且用 style 标签定义，基本语法如下：

```
<head>
  <style type="text/CSS">
    选择器{属性 1:属性值 1;属性 2:属性值 2;属性 3:属性值 3;}
  </style>
</head>
```

语法中，style 标签一般位于 head 标签中 title 标签之后，也可以放在 HTML 文档的任何地方。

☆**注意**☆　type="text/CSS"在 HTML 5 中可以省略。

代码如下所示：

```
<!DOCTYPE html>
<html>
<head>
  <meta charset="UTF-8">
  <title>css 内部样式表</title>
  <style type="text/css">
    p{
      font-size:32pt;
      color:red;
      }
  </style>
</head>
<body>
  <div class="div">
    <p>你好</p>
  </div>
</body>
</html>
```

运行效果如图 4-2 所示。

你好

图 4-2　内部样式表运行效果

4.3.3 链入外部样式表

外部样式表：链接式，将一个独立的.css 文件引入 HTML 文件中，使用<link>标记写在<head></head>标记中。样式代码存放在独立的.css 文件中，通常用于多个 page 页面共享样式，如论坛帖子的排版。

```
<head>
  <link href="My.css" rel="stylesheet" type="text/css">
</head>
```

外部样式表的作用：设置一个外部样式表，在 HTML 页面的 head 中添加，通过 link 标签标记。

- rel：指定其样式为 stylesheet。
- type：指定其格式为 text/css。
- herf：指定到应用的 CSS 样式文件，则此样式表应用于当前整个页面效果。

代码如下所示：

```
<!--HTML 代码-->
<!DOCTYPE html>
<html>
  <head>
    <title>css 外部样式表</title>
    <!--通过 herf 连接到 index.css 文件  -->
    <link rel="stylesheet" type="text/css" herf="index.css">
  </head>
<body>
  <h1>外部样式表的学习</h1>
</body>
</html>
```

index.css 代码如下所示：

```
h1{color:red;}
h1{text-align:center;}
```

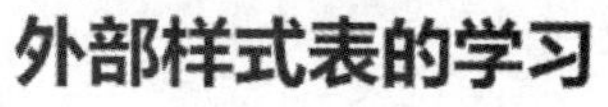

外部样式表的学习

图 4-3 链入外部样式表运行效果

运行效果如图 4-3 所示。

在 HTML 中引入 CSS 的方法之间的对比如表 4-1 所示。

表 4-1 行内、内部以及外部三种方法的对比

样 式 表	优 点	缺 点	使 用 情 况
行内样式表	书写方便、权重高	没有实现样式和结构分离	较少使用
内部样式表	部分结构和样式分离	没有彻底分离	较多使用
外部样式表	完全实现结构和样式分离	需要进行引入	最多使用，强烈建议使用

4.3.4 导入外部样式表

链式样式的语法：

```
<link rel="stylesheet" href="css/index.css">
```

导入式样式的语法：

```
@import "css/index.css";
```

链入外部样式表和导入外部样式表的异同点如下：

（1）相同点：两者最先实现的结果是一样的，都是将独立的 CSS 文件引入网页文件中。

（2）不同点如下。

- link 是将 CSS 布局文件先加载入网页文件中；@import 则是先将网页文件加载，再加载布局文件，会出现没有布局的网页效果。
- @import 是等 HTML 加载完成后进行加载；link 是执行到该语句就加载。

- 所有的浏览器都支持 link；部分版本低的 IE 不支持@import。
- @import 不支持 JavaScript 动态修改。

4.4　CSS 样式优先级

当外部样式、内部样式和行内样式同时应用于同一个元素时，就是使用多重样式的情况。一般情况下，优先级如下所示：

```
行内样式（Inline style）>内部样式（Internal style sheet）>外部样式（External style sheet）
```

但是也会出现例外的情况，就是如果外部样式放在内部样式的后面，则外部样式将覆盖内部样式。

CSS 的三个特征如下。

（1）继承性：子元素可以使用父元素的部分属性。

- 只能继承 color/font-开头/text-开头/line-开头这些属性。
- 不仅仅儿子元素可以继承，所有的后代元素都可以继承。
- a 标签文字颜色和下画线是不能继承的，h1-6 字体的大小不会继承。

（2）层叠性：通过不同的选择器可以多次指向同一个元素。如果作用的属性不同，则全部生效；如果相同，则依据优先级进行控制。

（3）优先级。

- 是否直接选中，继承属于间接选中，此时直接选中的生效。
- 如果是相同选择器，后执行的生效。
- 不同选择器：id>类>标签名>继承>默认效果。

4.5　基本选择器

基本选择器也是 HTML 中常用的一种，可分为标签选择器、ID 选择器以及类选择器等。

4.5.1　标签选择器

标签选择器：选择器的名字代表 HTML 页面上的标签。标签选择器选择的是页面上所有这种类型的标签，所以经常描述“共性”，无法描述某一个元素的“个性”。

代码如下所示：

```
<style type="text/css">
 p{
   font-size:14px;
 }
</style>
<body>
 <p>css</p>
</body>
```

再比如，让“学完了 Java，继续学习前端哦”这句话中的“学习前端”四个字变为红色字体，那么可以用<span>标签把“学习前端”这四个字围起来，然后给<span>标签加一个标签选择器。

代码如下所示：

```
<!DOCTYPE html>
<html lang="en">
```

```
  <head>
    <meta charset="UTF-8">
    <title>Document</title>
    <style type="text/css">
      span {
        color: red;
        }
    </style>
  </head>
 <body>
  <p>学完了 Java，继续<span>学习前端</span>哦</p>
 </body>
 </html>
```

学完了Java，继续学习前端哦

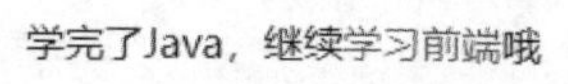

图 4-4　标签选择器运行效果

运行效果如图 4-4 所示。

☆**注意**☆　①所有的标签，都可以是选择器，如 ul、li、label、dt、dl、input、div 等。②无论这个标签隐藏得多深，一定能够被选择上。③选择的是所有，而不是一个。

4.5.2　ID 选择器

CSS 中的 ID 选择器以“#”来定义。但是单个文件中 ID 值要保持唯一，一组中只设置一个 ID。代码如下所示：

```
<head>
  <title>Document</title>
  <style type="text/css">
    #title{
      border:3px;
      color:green;
      }
  </style>
</head>
```

然后在 body 处进行引用：

```
<body>
  <h1 id="title">你好</h1>
</body>
```

任何的 HTML 标签都可以有 id 属性。标签的名字可以任取，但是需要注意以下几点。

（1）只能有字母、数字、下画线。

（2）必须以字母开头。

（3）不能和标签同名。例如，id 不能叫作 body、img、a 等。

（4）大小写严格区分，也就是说 aa 和 AA 是两个不同的 id。

☆**注意**☆　HTML 页面不能出现相同的 id，哪怕不是一个类型。例如，页面上有一个 id 为 bb 的 b，一个 id 为 bb 的 div，是不允许的。

4.5.3　类选择器

类选择器：通过标签的 class 属性选中元素。可以给任何元素添加类名，不区分标签。

语法如下所示：

```
点+类名（.类名）
```

类选择器的特点如下。

（1）类选择器可以被多种标签使用。

（2）同一个标签可以使用多个类选择器，用空格隔开，例如：

```
<h1 class="classone classtwo">这是 h1</h1>
```

而不能写成：

```
<h2 class="title1" class="title2">这是 h2</h2>
```

代码如下所示：

```
<!DOCTYPE html>
<html lang="en">
  <head>
    <meta charset="UTF-8">
    <title>class</title>
    <style type="text/css">
      p {
        color: green
      }
      .title {
        font-size: 50px;
      }
    </style>
  </head>
<body>
  <p class="title">这是一个 class 段落</p>
</body>
</html>
```

这是一个class段落

图 4-5　类选择器运行效果

运行效果如图 4-5 所示。

从上面的代码可以看出，p 标签设置了字体颜色为绿色，类选择器设置了字号，这两个一起作用到了 p 标签的内容上了，两个属性进行了叠加，这就是 CSS 的层叠性。

p 元素通过标签选择设置文字颜色，通过类名设置字号。同一元素不同属性会叠加。CSS 层叠性的体现就是，同一元素不同属性都会出现在页面上，样式进行叠加。

4.6　高级选择器

选择器一般分为基本选择器和高级选择器，高级选择器分为层次选择器、复合选择器和属性选择器。

4.6.1　层次选择器

如果想通过 DOM 元素之间的层次关系来获取特定的元素，如后代选择器、子选择器、相邻兄弟选择器以及通用兄弟选择器等，那么使用层次选择器是一个非常好的选择。

下面简单介绍这几个选择器。

1. 后代选择器

格式：EF{声明;}

应用：获取 E 元素下所有与 F 匹配的元素。

2. 子选择器

格式：E>F{声明;}

应用：只获取 E 元素下与 F 匹配的第一层子元素。

3. 相邻兄弟选择器

格式：E+F{声明;}

应用：

- 前提：用 id 或 class 定位到一个元素 E。
- 功能：获取指定元素 E 的相邻兄弟的与 F 匹配的元素 ，只找下面的兄弟元素，上面的兄弟元素不找。

4. 通用兄弟选择器

格式：E~F{声明;}

应用：

- 前提：定位到一个元素 E。
- 功能：获取指定元素 E 后的所有匹配 F 的元素。

层次选择器规则如表 4-2 所示。

表 4-2　层次选择器

选　择　器	描　　述	返　　回	示　　例
$("ancestor descendant")	选取 ancestor 元素所有的 descendant（后代）元素	集合元素	$("div span")选取<div>里的所有的<span>元素
$("parent>child")	选取 parent 元素下的 child（子）元素	集合元素	$("div>span")选取<div>元素下元素名是<span>的子元素
$("prev+next")	选取紧接在 prev 元素后的 next 元素	集合元素	$(".one+div")选取 class 为 one 的下一个<div>兄弟元素
$("prev~siblings")	选取 prev 元素之后的所有 siblings 元素	集合元素	$("#two~div")选取 id 为 two 的元素后面所有<div>兄弟元素

4.6.2　复合选择器

CSS 复合选择器是以标签选择器、类选择器、ID 选择器这三种基本选择器为基础，通过不同方式将两个或多个选择器组合在一起而形成的选择器。这些复合而成的选择器，能实现更强、更方便的选择功能。复合选择器分为交集选择器、并集选择器和层次选择器。

1. 交集选择器

特点：由两个选择器直接构成，其结果是选中两者各自元素范围的交集。其中，第一个必需是标签选择器，第二个必需是类选择器或者 ID 选择器。两个选择器之间不能有空格（有空格属于层次选择器），必需连接书写。

```
<h3 class="title">标题</h3>
```

上述代码的含义是查找 h3 标签 class 属性为 title 的元素。

☆**注意**☆　这种方式构成的选择器是并且的意思，既……又……的意思，在实际开发过程中使用比较少。

2. 并集选择器

特点：简称集体声明，是各个选择器通过逗号连接而成的。任何形式的选择器（包括标签选择器、类选择器和 ID 选择器等），都可以作为并集选择器的一部分。如果某些选择器定义的样式完全相同，或部分相同，就可以使用并集选择器为它们定义相同的 CSS 样式。

代码如下所示：

```
<!DOCTYPE html>
```

```
<html>
  <head>
    <meta charset="UTF-8">
    <title>复合选择器</title>
    <style type="text/css">
      h3.c3 {
        color: green;
        }
      p#center {
        color: red;
        }
      h1,
      h2,
      h3 {
        color: orange;
        }
    </style>
  </head>
<body>
  <h1>h1 标题</h1>
  <h2>h2 标题</h2>
  <h3 class="title">h3 标题</h3>
  <p id="center">你好</p>
</body>
</html>
```

运行效果如图 4-6 所示。

h1标题

h2标题

h3标题

你好

图 4-6　并集选择器运行效果

3. 层次选择器（后代选择器）

特点：嵌套标签。

格式：EF{声明;}。

应用：获取 E 元素下所有与 F 匹配的元素。

4.6.3　属性选择器

属性选择器可以根据元素的属性及属性值来选择元素。下面简单介绍属性选择器的使用方法。

（1）A[attr]：用于选取带有指定属性的元素。

```
/**意思是选择了.demo 下所有带有 id 属性的 a 元素 **/
.demo a[id] {
}
```

也可以使用多属性进行元素选择。

```
/**选择了.demo 下同时拥有 href 和 title 属性的 a 元素 **/
.demo a[href][title] {
}
```

（2）A[attribute～=value]：用于选取属性值中包含指定词汇的元素。同上面的完全匹配不同，这个只要属性值中有 value 就相匹配。

```
/** 可以匹配到元素 **/
a[class~="links"] {
}
<a href="" class="links item">jumooc.com</a>
```

（3）A[attribute=value]：用于选取带有指定属性和值的元素。当前也可以多个属性一起使用。

```
/**选择了.demo 下 id="one"的 a 元素 **/
.demo a[id="one"] {
}
```

```
/**选择了.demo 下 id="one"，且拥有 title 属性的 a 元素 **/
.demo a[id="one"][title] {
}
```

☆**注意**☆ A[attribute=value]这种属性选择器，属性和属性值必需完全匹配，特别是对属性值是词列表的形式时。

```
/**匹配不到元素**/
a[class="links"] {
}
/** 下面所示案例可以匹配到 **/
a[class="links item"] {
}
<a href="" class="links item">jumooc.com</a>
```

（4）A[attribute^=value]：匹配属性值以指定 value 值开头的每个元素。

```
/** href 属性值以"demo:"开头的所有 a 元素 **/
a[href^="demo:"] {
}
```

（5）A[attribute$=value]：匹配属性值以指定 value 值结尾的每个元素。

```
/** href 属性值以"png"结尾的所有 a 元素 **/
a[href$="png"] {
}
```

（6）A[attribute*=value]：匹配属性值中包含指定 value 值的每个元素。

```
/** title 属性值中只要包含有"demo"的所有 a 元素 **/
a[title*="demo"] {
}
```

（7）A[attribute|=value]：这个选择器会选择 attr 属性值等于 value 或以 value 开头的所有元素。

```
/** 下面 3 个 img 都会被匹配到 **/
img[src|="title"] {
}
<img src="title-0.png" alt="图 1">
<img src="title-1.png" alt="图 1">
<img src="title-2.png" alt="图 1">
```

4.7 面试与笔试试题解析

4.7.1 什么是 CSS

题面解析：本题主要考查应聘者对 CSS 的概念是否了解，这是一道较为简单的题，说出自己对 CSS 的理解就可以，建议尽量对一些简单的问题回答全面，这样面试通过概率才会更高。

解析过程：

CSS 又叫层叠样式表（Cascading Style Sheets），是一种用来表现 HTML（标准通用标记语言的一个应用）或 XML（标准通用标记语言的一个子集）等文件样式的计算机语言。CSS 不仅可以静态地修饰网页，还可以配合各种脚本语言动态地对网页各元素进行格式化。

CSS 能够对网页中元素位置的排版进行像素级精确控制，支持几乎所有的字体字号样式，拥有对网页对象和模型样式编辑的能力。

网页 HTML 中会大量使用 div、span、table 表格等标签布局，要实现漂亮的布局（CSS 宽度、CSS 高度、CSS 背景、CSS 字体大小等样式）就需要 CSS 样式实现。同样的一组 DIV 标签，对应

CSS 样式代码不同，所得到的效果也不同。在日常开发 CSS 时，通常是 HTML 与 CSS 代码同时进行，这样易于开发，且不容易出错。

4.7.2 CSS 优先级算法如何计算

题面解析：本题主要考查应聘者对 CSS 的优先级算法是否熟悉，知道如何去计算，应聘者主要把自己知道的内容，思路清晰、全面地进行回答即可。如果对优先级算法问题不了解，应聘者可以回答 CSS 的优先级，这样可以增加面试通过的概率。

解析过程：

CSS 的 Specificity 特性或非凡性，是衡量 CSS 优先级的一个标准。既然有标准，就有判定规定和计算方式。Specificity 用一个四位数来表示，从左到右划分为四个级别，最左边是最大级，然后依次递减，数位之间没有进制。多个选择符用到同一个元素上时，Specificity 值高的最终获得优先级。

1. CSS Specificity 规则

（1）行内样式优先级 Specificity 值为 1,0,0,0，高于外部定义。例如：

```
<div style="height:60px; width:60px;">div</div>//行内样式
```

外部定义指经由<link>或<style>标签定义的规则。

（2）!important 声明 Specificity 值优先级最高。

（3）按 CSS 代码中出现的顺序决定，后者 CSS 样式居上。

（4）由继承而得到的样式没有 Specificity 的计算，低于一切其他规则。

2. 算法

当遇到多个选择符同时出现时，按选择符得到的 Specificity 值逐位相加（数位之间没有进制，例如：0,0,0,5 + 0,0,0,5 =0,0,0,10 而不是 0,0, 1, 0），就得到最终计算得的 Specificity，然后比较取舍时，按照从左到右的顺序逐位比较。

3. 实例分析

（1）div { font-size:10px;}

分析：一个元素{ div }，Specificity 值为 0, 0, 0, 1。

（2）body div p{color: orange;}

分析：三个元素{ body div p }，Specificity 值为 0, 0, 0, 3。

（3）div .demo{ font-size:20px;}

分析：一个元素{ div }，Specificity 值为 0,0,0,1；一个类选择符{.demo}，Specificity 值为 0, 0, 1, 0；所以最终 Specificity 值为 0, 0, 1, 1。

（4）div # demo{ font-size:20px;}

分析：一个元素{ div }，Specificity 值为 0, 0, 0, 1；一个类选择符{.demo}，Specificity 值为 0, 1, 0, 0；所以最终 Specificity 值为 0, 1, 0, 1。

（5）html > body div [id="title"] ul li > p {color:blue;}

分析：六个元素{ html body div ul li p}，Specificity 值为 0, 0, 0, 6；一个属性选择符{[id="title"] }，Specificity 值为 0, 0, 1, 0；两个其他选择符{ > > }，Specificity 值为 0, 0, 0, 0，所以最终 Specificity 值为 0, 0, 1, 6。

4.7.3 在 HTML 中引入 CSS 样式的方式是什么

题面解析：本题在本章前半部分 CSS 的基本知识简介中进行了介绍，如果应聘者经常编写前端页面，那么引入 CSS 样式并不陌生。应聘者在脑海中回忆并且进行梳理，回想编写代码时 CSS 代码是怎么引用到 HTML 中的。

解析过程：

在 HTML 中引入 CSS 目前主要有 4 种方法。

（1）行内样式表：是在标记的 style 属性中设定 CSS 样式。这种方式没有体现出 CSS 的优势，不推荐使用，就是在标签内写入 style=" "。例如：

```
<!--设置表格左边框的颜色为红色-->
<div style="border-left:red"></div>
```

（2）内部样式表：就是把样式表放到页面的<head></head>标签里。格式如下：

```
<head>
  <style type="text/css">
    此处写 CSS 样式
  </style>
</head>
```

☆**注意**☆　缺点是对一个包含很多网页的网站，在每个网页中使用嵌入式，进行样式修改时非常麻烦。单一网页可以考虑使用嵌入式。

（3）链入外部样式表：就是把样式表保存为一个样式表文件，然后在页面中用<link rel="style sheet" type="text/css" href="XXX.css">链接这个样式表文件。

使用链接式时与导入式不同的是，它会于网页文件主体装载前装载 CSS 文件，因此显示出来的网页从一开始就是带样式的效果的。它不会像导入式那样先显示无样式的网页，再显示有样式的网页，这是链接式的优点。

（4）导入外部样式表：用@import。例如：

```
<style type="text/css">
<!--@import "XX.css"-->
</style>
```

☆**注意**☆　导入式会在整个网页装载完后再装载 CSS 文件，因此这就导致了一个问题，如果网页比较大，则会出现先显示无样式的页面，闪烁一下之后，再出现网页的样式。这是导入式固有的一个缺陷。

4.7.4　CSS 3 新特性有哪些

题面解析：本题主要考查应聘者对 CSS 3 新特性的了解。CSS 3 中的新特性还是比较多的，应聘者回忆一下可以想起来的新特性，不用全部回答出来，说出几个重要的或者在编写代码时经常使用的即可。

解析过程：

CSS 3 新特性简单概括为以下几点。

- 文字阴影（text-shadow）。
- 边框：圆角（border-radius）。
- 边框阴影：box-shadow。
- 盒子模型：box-sizing。
- 渐变：linear-gradient、radial-gradient。
- 颜色：新增 RGBA、HSLA 模式。
- 过渡：transition 可实现动画以及自定义动画。
- 背景：background-size 设置背景图片的尺寸；background-origin 设置背景图片的原点；background-clip 设置背景图片的裁剪区域；以“,”分隔可以设置多背景，用于自适应布局。
- 在 CSS 3 中唯一引入的伪元素是 selection。

4.7.5　为什么要初始化 CSS 样式

题面解析：本题主要考查 CSS 样式中的初始化，应聘者根据自己所了解的知识内容进行回答即可。如果对此问题不清楚，应聘者可以对其进行深入研究。在回答这个问题的时候，应聘者可以回忆 CSS 的样式有哪些以及初始化的作用等内容。

解析过程：

初始化 CSS 样式有以下几点原因。

（1）浏览器差异。因为浏览器的兼容问题，不同浏览器对有些标签的默认值是不同的。如果没对 CSS 初始化，往往会出现浏览器之间的页面显示差异。

（2）提高编码质量。如果不初始化，整个页面比较乱，重复的 CSS 样式很多。

最简单的初始化方法是在 CSS 页面写入以下代码（不建议）：

```
* {padding: 0; margin: 0;}
```

☆**注意**☆　不建议这么书写：因为*（星号）代表通配符，表示了所有的标签。这样的写法是可以的，但会造成所有标签的外部边距和内部边距都变 0 了。例如，<div><h1></div>标签显示在页面上就变得没有间距了，所以一般是不建议这样写。

4.7.6　CSS 3 新增伪类有哪些

题面解析：本题主要考查 CSS 3 新增特性中的伪类，需要应聘者在业余时间对 CSS 3 的新特性进行了解。

解析过程：

CSS 3 的伪类如下所示。

- p:first-of-type：选择属于其父元素的首个<p>元素的每个<p>元素。
- p:only-of-type：选择属于其父元素唯一的<p>元素的每个<p>元素。
- p:only-child：选择属于其父元素的唯一子元素的每个<p>元素。
- p:nth-child(2)：选择属于其父元素的第二个子元素的每个<p>元素。
- p:last-of-type：选择属于其父元素的最后<p>元素的每个<p>元素。
- :enabled、:disabled：控制表单控件的禁用状态。
- :checked：单选框或复选框被选中。

4.7.7　如何使用 CSS 实现一个三角形

题面解析：本题主要考查应聘者的代码编写能力。遇到此类问题，应聘者将中心代码描述出即可。下面将介绍一个三角形代码的编写，以及如何使用多个三角形拼接成正方形的代码编写。

解析过程：

代码如下所示：

```
<!DOCTYPE html>
<html>
 <head>
   <meta charset="UTF-8">
   <title>三角形</title>
   <style>
     /* 多个三角形拼接成正方形*/
     /* div {
         width: 0;
         height: 0;
         border-top: 50px solid pink;
```

```
        border-bottom: 50px solid yellow;
        border-right: 50px solid green;
        border-left: 50px solid orange;
    }*/
    /* 一个三角形 */
    div {
        width: 0;
        height: 0;
        border-top: 50px solid transparent; /*这行去掉也行*/
        border-bottom: 50px solid yellow;
        border-right: 50px solid transparent;
        border-left: 50px solid transparent;
    }
  </style>
 </head>
<body>
 <div></div>
</body>
</html>
```

运行效果如图 4-7 所示。

图 4-7 三角形运行效果

4.7.8 浏览器怎样解析 CSS 选择器

题面解析：本题主要考查应聘者是否了解 CSS 运行的基本原理以及浏览器解析的原理。遇到这个问题，应聘者思路清晰地回答 CSS 的执行顺序，说明一下浏览器解析的规则等内容即可。

解析过程：

1. 浏览器解析加载资源与渲染顺序

（1）浏览器下载的顺序是从上到下，渲染的顺序也是从上到下，下载和渲染是同时进行的。

（2）在渲染到页面的某一部分时，其上面的所有部分都已经下载完成（并不是说所有相关联的元素都已经下载完，如图片）。

（3）如果遇到语义解释性的标签嵌入文件（JavaScript 脚本或 CSS 样式），那么此时 IE 的下载过程会启用单独连接进行下载，并且在下载后进行解析，解析过程中，停止页面所有往下元素的下载。此时渲染会被阻塞，必须等 JavaScript 或 CSS 资源文件加载并解析完成之后才会继续后面的渲染。

（4）样式表在下载完成后，将和以前下载的所有样式表一起进行解析。解析完成后，将对此前所有元素（含以前已经渲染的）重新进行渲染。重新渲染是很耗费性能的，建议尽量把所有的 CSS 样式文件都放在 head 的文件夹中，或者把首屏的 CSS 样式内嵌在页面中，加快首屏显示速度，提升用户体验。

2. 浏览器对 CSS 选择器的解析规则

浏览器对选择器的解析规则是从右到左解析的，如.box .left p，会在页面中找到所有的 p 标签，然后在 p 标签中找其父元素有.left 类的 p 元素，再找祖父元素有.box 的 p 标签。为了提升渲染速度，应注意以下几点。

- 缩小查找范围，也就是标签选择器范围太广，可以直接使用类选择器，如.box .left .text 替代.box .left p。当然 ID 选择器更快，但是这不符合使用原则。
- 减少层级关系。层级嵌套太深不美观，也增加查找成本。

代码如下所示：

```
.mod-nav h1 span {font-size: 20px;}
```

如果理解为从左向右匹配：先找到.mod-nav，然后逐级匹配 h1、span，在这个过程中如果遍历到叶子节点都没有匹配就需要回溯，继续寻找下一个分支。但事实上，CSS 选择器的读取顺序是从右向左，即：先找到所有的 span，沿着 span 的父元素查找 h1，中途找到了符合匹配规则的节点就加入结果集；如果直到根元素 html 都没有匹配，则不再遍历这条路径，从下一个 span 开始重复这个过程（如果有多个最右节点为 span 的话）。

4.7.9　请列举几种隐藏元素的方法

题面解析：本题主要考查应聘者对 CSS 的元素是否有足够的了解。遇到此类问题，应聘者先回答自己熟悉的、经常使用的方法，再回想不常使用的方法，对自己所了解的方法建议多说，从而提高面试的通过率。

解析过程：

隐藏元素有以下几种方法。

- display:none：更改元素显示方式为不显示元素。
- visibility:hidden：这个属性只是简单地隐藏某个元素，但是元素占用的空间仍然存在。
- opacity:0：CSS3 属性设置 0，可以使一个元素完全透明。
- background:transparent：背景透明显示。
- position:absolute：设置一个很大的 left 负值定位，使元素定位在可见区域之外。
- filter:blur(0)：CSS3 属性，将一个元素的模糊度设置为 0，从而使这个元素“消失”在页面中。
- height:0：将元素高度设为 0，并消除边框。

4.7.10　CSS 3 的基本选择器和语法规则

试题题面：CSS3 的基本选择器有哪几种？语法规则是什么？

题面解析：本题在本章前半部分进行了介绍，是较为简单的一道面试题，只要应聘者使用过 HTML 中的 CSS 几乎都可以回答。对此类简单的问题尽量回答全面，先回答基本选择器，再在每个选择器后面讲一下它的语法规则。

解析过程：

CSS 3 的基本选择器以及语法规则如下。

- 标签选择器：div { color:red;}，即页面中的各个标签的 CSS 样式。
- ID 选择器：#myDiv {color:red;}，即页面中的标签的 ID。
- 类选择器：.divClass {color:red;}，即定义的每个标签的 CLASS 中的 CSS 样式。
- 后代选择器（类选择器的后代选择器）：.divClass span { color:blue;}，即多个选择器以空格进行分隔，可以找到指定标签的所有特定后代标签，然后再设置属性。

4.7.11　CSS 3 的选择符有哪些？哪些选择符可以继承

题面解析：本题也是较为简单的一道题，应聘者可以先回答选择符，再回答可以继承的选择符有哪些。

解析过程：

下面介绍 CSS 的选择符和可以继承的选择符。

- CSS 选择符：类选择器、标签选择器、ID 选择器、后代选择器（派生选择器）和群组选择器。
- 可以继承的选择符：类选择器、标签选择器、后代选择器（派生选择器）和群组选择器。

4.7.12　哪种方式可以对一个 DOM 设置其 CSS 样式

题面解析：本题需要应聘者对 DOM 有一定的了解，同时还需要知道在 CSS 中如何设置 DOM 的样式。

解析过程：

下面简单介绍如何对 DOM 设置其 CSS 样式。

- 外部样式表：通过<link>标签引入一个外部 CSS 文件。
- 内部样式表：将 CSS 代码放在<style>标签内部。
- 内联样式：将 CSS 样式直接定义在 HTML 元素内部。

4.7.13 什么是外边距重叠？重叠的结果是什么

题面解析：本题考查应聘者对 CSS 中的外边距的了解。外边距重叠是指两个或多个盒子（可能相邻也可能嵌套）的相邻边界重合在一起而形成一个单一边界。外边距的重叠只产生在普通流的垂直相邻边界间。对于本问题，应聘者可以简单介绍什么是外边距重叠，然后讲述重叠的结果。

解析过程：

外边距重叠就是 margin-collapse。在 CSS 当中，相邻的两个盒子（可能是兄弟关系，也可能是祖先关系）的外边距可以结合成一个单独的外边距。这种合并外边距的方式被称为重叠，而所结合成的外边距称为重叠外边距。

重叠结果遵循下列计算规则；

- 两个相邻的外边距都是正数时，重叠结果是它们两者之间较大的值；
- 两个外边距一正一负时，重叠结果是两者相加的和；
- 两个相邻的外边距都是负数时，重叠结果是两者绝对值的较大值。

4.8 名企真题解析

在本节中收集了一些各大企业往年关于 CSS 的面试及笔试题，读者可以参考以下题目，看自己是否已经掌握了 CSS 的基本知识点。

4.8.1 CSS 的文本替换省略号

【选自 TX 笔试题】

试题题面：如何用 CSS 的方式让超出容器宽度的文本自动替换为省略号？

题面解析：本题题目比较长，有些读者可能觉着很费劲。其实可以换一种方式来想该问题，即如何用 CSS 的方式让超出容器宽度的文本自动替换为省略号？这道题主要还是考查应聘者是否熟练使用 CSS 元素。下面使用一个案例对其进行讲解。

解析过程：

当在 HTML 中的某个地方添加文本内容时，如果内容过长，会希望超过一定长度之后，其余部分可以被截断，后面补充为省略号。实现方式如下所示：

（1）设置 CSS 样式为文本不换行。

（2）为包裹文本的标签指定宽度。

（3）设置超出的文本使用省略号。

（4）设置自动隐藏超出的内容。

```
<!DOCTYPE html>
<html>
 <head>
   <meta charset="UTF-8">
   <title>CSS 的文本替换省略号</title>
   <style>
     body{
```

```
      padding: 20px;
    }
    p {
      width: 200px;
      overflow: hidden;
      font-size: large;
      white-space: nowrap;
      text-overflow: ellipsis;
    }
  </style>
 </head>
<body>
 <div>
   <p>你好，我是来聚慕课学习的！！你呢？</p>
 </div>
</body>
</html>
```

你好，我是来聚慕课学...

图 4-8　CSS 的文本替换省略号运行效果

运行效果如图 4-8 所示。

4.8.2　如何使用 CSS 设置渐变效果

【选自 MT 面试题】

题面解析：本题主要考查 CSS 中的新特性，如文字的渐变使用什么元素？如何设置？在本章的精选面试题中对 CSS 的新特性已经简单进行了介绍，下面通过案例对其进一步了解。

解析过程：

下面通过代码对 CSS 渐变进行了解：

```
<!DOCTYPE html>
<html>
 <head>
   <meta charset="UTF-8">
   <title>css 字体文字渐变</title>
   <style>
     .demo {
       width: 500px;
       height: 200px;
       margin: 50px auto;
       font-size: 20px;
       background-image:
       -webkit-gradient(linear, left 0, right 0, from(rgb(166, 4, 249)), to(rgb(251,
223, 11)));
       /*必须加前缀 -webkit- 才支持这个 text 值 */
       -webkit-background-clip: text;
       -webkit-text-fill-color: transparent;
     }
   </style>
 </head>
<body>
 <div class="demo">CSS 字体文字渐变啦！！！</div>
</body>
</html>
```

CSS字体文字渐变啦！！！

图 4-9　CSS 的文字渐变运行效果

运行效果如图 4-9 所示。

下面对代码中使用到的元素进行讲解。

- background-image：定义用到的渐变颜色范围。
- -webkit-background-clip:text：以区块内的文字作为裁剪区域向外裁剪，文字的背景即为区块的背景，文字之外的区域都将被裁剪掉。
- -webkit-text-fill-color:transparent：检索或设置对象中的文字填充颜色。

☆**注意**☆　由于目前 text-fill-color 属性只有以 webkit 为核心的浏览器支持，所以两个 demo 页面只能在 Chrome 浏览器或 Safari 浏览器下才能看到渐变效果。Firefox 浏览器和 IE 浏览器下显示为纯色。

4.8.3 页面实现等高布局

【选自 JD 面试题】

试题题面：请用多种方法实现等高布局，让页面中每列的高度相等？

题面解析：本题也是在大型企业的面试中最常问的问题之一，主要考查应聘者对页面的布局以及元素的使用是否足够了解。

解析过程：

高度相等列在 Web 页面设计中永远是一个网页设计师的需求。如果所有列都有相同的背景色，高度相等还是不相等都无关紧要，因为只要在这些列的父元素中设置一个背景色就可以了。下面我们就一起来探讨 Web 页面中的多列等高的实现技术。

（1）假等高列。这种方法是实现等高列最早使用的一种方法，就是使用背景图片，在列的父元素上使用这个背景图进行 Y 轴的铺放，从而实现一种等高列的假象。

优点：实现方法简单，兼容性强，不需要太多的 CSS 样式就可以轻松实现。

缺点：不适合流体布局等高列的布局。另外，如果需要更换背景色或实现其他列数的等高列时，都需要重新制作背景图，较为烦琐。

（2）给容器 div 使用单独的背景色（固定布局）。这种方法实现有点复杂，但如果理解其实现过程也是比较简单的。这种方法给每一列的背景设在单独的<div>元素上。实现原则：任何<div>元素的最大高度来撑起其他的<div>容器高度。

优点：不需要借助其他东西（JavaScript、背景图等），而是纯 CSS 和 HTML 实现的等高列布局，能兼容所有浏览器（包括 IE 6），并且可以很容易创建任意列数。

缺点：不像其他方法一样简单明了，会给理解带来一定难度，但是只要理解清楚，将能创建任意列数的等高布局效果。

（3）给容器 div 使用单独的背景色（流体布局）。这种布局和第二种布局方法类似，只是这里是一种多列的流体等高列的布局方法，其实现原理就是给每一列添加相对应用的容器，进行相互嵌套，并在每个容器中设置背景色。

优点：兼容各浏览器，可以制作流体等高列，无列数限制。

缺点：标签使用较多，结构过于复杂，不易于理解，不过掌握了其原理也就简单了。

（4）创建带边框的等高列布局。

```
Html Code
    <div id="wrapper">
        <div id="sidebar">
            ...
        </div>
        <div id="main">
            ...
        </div>
    </div>
CSS Code:
    <style type="text/css">
        html {
           background: #45473f;
           height: auto;
        }
        body {
           width: 960px;
           margin: 20px auto;
           background: #ffe3a6;
           border: 1px solid #efefef;
        }
```

```
        #wrapper {
            display: inline-block;
            border-left: 200px solid #d4c376;
            position: relative;
            vertical-align: bottom;
        }
        #sidebar {
            float: left;
            width: 200px;
            margin-left: -200px;
            margin-right: -1px;
            border-right: 1px solid #888;
            position: relative;
        }
        #main {
            float: left;
            border-left: 1px solid #888;
      }
        #maing,
        #sidebar{
            padding-bottom: 2em;
        }
            </style>
```

平常在制作中，我们需要制作两列的等高效果，并且有一条边框效果。

优点：可以制作带有边框的两列等高布局，并能兼容所有浏览器，结构简单明了。

缺点：不适合于更多列的应用，如三列以上，这样的方法就行不通。

（5）使用正 padding 和负 margin 对冲实现多列布局方法。这种方法很简单，就是在所有列中使用正的上、下 padding 和负的上、下 margin，在所有列外面加上一个容器，并设置 overflow:hiden 把溢出背景切掉。

优点：能实现多列等高布局，也能实现列与列之间分隔线效果，结构简单，兼容所有浏览器。

缺点：如果要实现每列四周有边框效果，那么每列的底部（或顶部）将无法有边框效果。

（6）使用边框和定位模拟列等高。这种方法是使用边框和绝对定位来实现一个假的高度相等列的效果。假设需要实现一个两列等高布局，侧栏高度要和主内容高度相等。

优点：结构简单，兼容各浏览器，容易掌握。

缺点：无法单独给主内容列设置背景色，并且实现多列效果不佳。

4.8.4　如何使用 CSS 设置背景样式

【选自 BD 面试题】

题面解析：本题主要考查应聘者对 CSS 的元素是否熟练使用。本题是较为简单的，只要应聘者使用 CSS 编写代码，应该都能回答。下面对 CSS 设置背景样式进行简单介绍。

解析过程：

CSS 可以添加背景颜色和背景图片，也可以对图片进行设置。设置的样式如表 4-3 所示。

表 4-3　CSS 设置颜色以及图片样式表

元　素	描　述
background-color	背景颜色
background-image	背景图片
background-repeat	是否平铺
background-position	背景位置
background-attachment	背景是固定还是滚动

颜色设置三种方式：red、#f00、rgb(255,0,0)。

☆**注意**☆ CSS 3 中使用 rgba(R,G,B,A)，其中 A 代表透明度，属性值取值范围为 0 ~ 1，0 为透明，1 为不透明。

设置颜色代码如下所示：

```
<!DOCTYPE html>
<html>
<head>
 <meta charset="utf-8">
 <title>背景颜色</title>
 <style type="text/css">
   body {
     background-color: red;
   }
   </style>
 </head>
<body>
 <p>背景颜色</p>
</body>
</html>
```

运行效果如图 4-10 所示。

背景颜色

图 4-10 CSS 设置颜色运行效果

设置背景图片语法如下所示：

```
background:url(bgimg.gif) no-repeat 5px 5px;
```

这个 CSS 样式设置背景图片不要重复。例如一张大图，如果是一张纯色（或伴有点状/条纹状）的图片，可以让图片平铺（重复）到整个屏幕上，达到全屏效果（repeat-x 是设置横向平铺，repeat-y 是设置竖向平铺）。

设置图片平铺代码如下所示：

```
<!DOCTYPE html>
<html>
 <head>
   <meta charset="UTF-8">
   <title>背景图片设置</title>
   <style>
     .demo{
       width: 800px;
       height: 800px;
       background:url(01.jpg) no-repeat;
     }
     .demo1{
       width: 100%;
       height: 100%;
       background-color: rgba(255,255,255,0.5);
     }
   </style>
 </head>
<body>
 <div class="demo">
   <div class="demo1"></div>
 </div>
</body>
</html>
```

运行效果如图 4-11 所示。

图 4-11 CSS 设置背景图片运行效果

第 5 章

CSS 3 网页制作和美化

本章导读

本章主要讲述了 CSS 3 网页的制作和对网页进行美化的知识。通常在使用 CSS 3 的时候，为了使得页面更加美观，提高用户的使用量，一般都会将页面的布局以及页面的动态效果做到最大合理性。本章首先介绍了 span 标签、文本样式、超链接伪类、设置超链接、渐变以及制作动画等，然后主要讲解常见的面试与笔试试题解析、企业面试及笔试中的真题等。

知识清单

本章要点（已掌握的在方框中打钩）

- ☐ span 标签
- ☐ 文本样式
- ☐ 超链接伪类
- ☐ 使用 CSS 设置超链接
- ☐ CSS 3 渐变
- ☐ CSS 3 属性制作动画

5.1 span 标签

span 标签被用来组合文档中的行内元素。在行内定义一个区域，也就是一行内可以被 span 划分成好几个区域，从而实现某种特定效果。span 本身没有任何属性。

span 作为英文单词有“范围”的意思，那么它作为 HTML 中的标签又充当什么样的角色呢？接下来一起来了解在 HTML 中 span 标签的定义及用法吧！

1. span 标签的定义及用法

在 HTML 中，span 标签被用来组合文档中的行内元素，以便使用样式对它们进行格式化。span 标签本身并没有什么格式表现（如换行等），需要对其应用样式才会有视觉上的变化。

通常使用 span 标签会将文本的一部分或者文档的一部分独立出来，从而对独立出来的内容设置单独的样式。

2. span 标签语法格式

```
<span>内容</span>
```

语法格式说明：span 标签是内联元素，不像块级元素（如 div 标签、p 标签等）拥有换行的效果；如果不对 span 元素应用样式，那么使用 span 标签就会没有任何的显示效果；span 标签可以设置 id 或 class 属性，这样不仅能增加语义，还能更方便地对 span 元素应用样式。

代码如下所示：

```
<!DOCTYPE html>
<html>
 <head>
   <meta charset="UTF-8">
   <title>html 中 span 标签的介绍</title>
 </head>
<body style="background-color: pink;">
 <h3>span 标签演示</h3>
 <p>html 中<span style="color:red;">span 标签</span>的介绍</p>
</body>
</html>
```

运行效果如图 5-1 所示。

图 5-1 span 案例运行效果

5.2 文本样式

CSS 的文本属性可以定义文本的外观。通过文本属性，可以定义文本的颜色、字符间距、对齐文本、装饰文本，以及对文本进行缩进等。

CSS 常用的文本属性如表 5-1 所示。

表 5-1 CSS 常用的文本属性

属　性	描　述
text-indent	首行缩进
text-align	文本对齐
letter-spacing	设置字符间距
line-height	设置行高
letter-spacing	设置字符间隔
text-transform	大小写转换
text-decoration	文本装饰
color	设置文本颜色
direction	设置文本方向
text-shadow	设置文本阴影。CSS 2 包含该属性，但是 CSS 2.1 没有保留该属性
word-spacing	设置字间隔
white-space	设置元素中空白的处理方式

下面详细介绍 CSS 中的文本样式。

1. 文本对齐：text-align

text-align 属性只适用于块级元素和单元格元素，使用后块级标签里的内联元素会整体进行移动，而子块级元素或子单元格则会继承父元素的 text-align 属性。

属性值如下。

- left：把文本排列到左边。
- right：把文本排列到右边。
- center：把文本排列到中间。

代码如下所示：

```
<!DOCTYPE html>
<html lang="en">
<head>
  <meta charset="UTF-8">
  <title>text-align</title>
  <style type="text/css">
    table,td{
      border: solid orange 2px
    }
    table{
      width: 500px;
    }
    span{
      background: orange;
    }
    .center{
      text-align: center;
    }
  </style>
</head>
<body>
  <table>
    <tr class="center">
      <td colspan="2">
        <img src="01.jpg" width="300px" height="300px">
      </td>
    </tr>
    <tr>
      <td class="center"><span>jumooc</span></td>
      <td><span class="center;">聚慕课</span></td>
    </tr>
  </table>
</body>
</html>
```

运行效果如图 5-2 所示。

jumooc 聚慕课

图 5-2　text-align 案例运行效果

2. 行高：line-height

line-height 属性只适用于块级元素和单元格元素，该属性设置行间的距离（行高），它定义了该元素中基线之间的最小距离而不是最大距离。

line-height 与 font-size 的计算值之差（在 CSS 中称为“行间距”）分为两半，分别加到一个文本行内容的顶部和底部。可以包含这些内容的最小框就是行框。

当属性值为数字时，行高就是当前字体的高度和该数字的乘积，后代元素也将继承该数字而不是行高值。

属性值如下。

- normal：默认值。设置合理的行间距。
- number：设置数字，此数字会与当前的字体尺寸相乘来设置行间距。
- length：设置固定的行间距。
- inherit：规定应该从父元素继承 line-height 属性的值。
- %：基于当前字体尺寸的百分比行间距。

例如：

```
<div style="width: 200px; border: solid black 1px; line-height: 30px;">
   line-height 对块级元素有效
</div>
<span style="border: solid red 1px; line-height: 30px;">line-height 对内联元素无效
</span>
```

3. 首行缩进：text-indent

text-indent 属性只适用于块级元素和单元格元素，该属性规定文本块中首行文本的缩进。该属性允许使用负值。如果使用负值，那么首行会被缩进到左边，产生一种“悬挂缩进”的效果。

使用该属性后，块级标签里的内联元素会整体进行缩进，而子块级元素或子单元格则会继承父元素的 text-indent 属性。

属性值如下。

- not specified：默认值。
- inherit：规定应该从父元素继承 text-indent 属性的值。
- length：定义固定的缩进。默认值为 0。
- %：定义基于父元素宽度的百分比的缩进。

代码如下所示：

```
<!DOCTYPE html>
<html lang="en">
  <head>
    <meta charset="UTF-8">
    <title>text-indent</title>
  </head>
<body>
  <div style="width: 100px; border: solid black 1px; margin-left: 50px; text-indent:
-2em;">
    测试 text-indent 为负
  </div>
  <div style="width: 100px; border: solid black 1px; margin-left: 50px; text-indent:
-2em;">
    <img src="01.jpg" width="50px" height="60px">
  </div>
  <div style="width: 100px; border: solid black 1px; margin-left: 50px;">
    <span style="text-indent: -2em">内联元素设置 text-indent 无效</span>
  </div>
</body>
</html>
```

运行效果如图 5-3 所示。

4. 字间隔：word-spacing

word-spacing 属性增加或减少单词(字)间的空白(即字间隔)。默认值 normal 与其设置值为 0 是一样的。应当注意的是，该属性的值是用于增加或减少字间隔的值，而不是定义间隔值为该属性值。

图 5-3 text-indent 案例运行效果

CSS 把“字（word）”定义为任何非空白字符组成的串，并由某种空白字符包围。

属性值如下。

- normal：默认值。定义单词间的标准间隔。
- length：定义单词间的固定间隔。
- inherit：规定应该从父元素继承 word-spacing 属性的值。

代码如下所示：

```
<!DOCTYPE html>
<html lang="en">
<head>
  <meta charset="UTF-8">
  <title>word-spacing</title>
</head>
<body>
```

```
    <p style="word-spacing: 30px;">间隔没有变！ 间 隔 变 了。</p>
  </body>
  </html>
```

运行效果如图 5-4 所示。

图 5-4　word-spacing 案例运行效果

5. 文本装饰：text-decoration

text-decoration 属性用于为文本添加装饰效果。子元素会继承并在自己的 text-decoration 属性上添加父元素的 ext-decoration 属性值。

属性值如下。

- none：默认值，定义的标准文本。
- underline：设置文本的下画线。
- overline：设置文本的上画线。
- line-through：设置文本的删除线。

代码如下所示：

```
<div style="text-decoration: underline;">
 父元素
 <div style="text-decoration: overline; line-height: 40px;">
   <span style="text-decoration: none;">子元素</span>
 </div>
</div>
```

6. 字符间隔：letter-spacing

letter-spacing 属性用于增加或减少字符间的空白（字符间距），与 word-spacing 的区别在于，letter-spacing 修改的是字符或字母或汉字或“空白”之间的间隔。其中“空白”不是编辑器中的空格，而是浏览器中合并空白字符之后的“空白”。

默认值 normal 相当于值为 0。

属性值如下。

- normal：默认值。规定字符间没有额外的间隔。
- length：定义字符间的固定间隔（允许使用负值）。
- inherit：规定应该从父元素继承 letter-spacing 属性的值。

例如：

```
<span>我喜欢学习</span><br>
<span>我 喜 欢 学 习</span><br>
<span style="letter-spacing: 10px;">我喜欢学习</span><br>
<span style="letter-spacing: 10px;">我 喜 欢 学 习</span><br>
<span style="letter-spacing: 10px;">我    喜    欢    学    习</span>
```

7. 大小写转换：text-transform

text-transform 属性用于控制文本的大小写。如果值为 capitalize，则要对某些字母大写，但是并没有明确定义如何确定哪些字母要大写，这取决于用户代理如何识别出各个词。

属性值如下。

- none：默认值。定义带有小写字母和大写字母的标准的文本。
- uppercase：定义仅有大写字母。
- lowercase：定义无大写字母，仅有小写字母。
- capitalize：文本中的每个单词以大写字母开头。
- inherit：规定应该从父元素继承 text-transform 属性的值。

代码如下所示：

```
<span style="text-transform: lowercase;">HTML</span><br>
<span style="text-transform: uppercase;">css</span><br>
<span style="text-transform: capitalize;">today is fine</span>
```

5.3 超链接伪类

在 CSS 中，我们使用超链接伪类来定义超链接在不同时期的不同样式。

语法如下。

- a:link{CSS 样式}：未访问的链接状态。
- a:visited{CSS 样式}：已访问的链接状态。
- a:hover{CSS 样式}：鼠标指针悬停到链接上的状态。
- a:active{CSS 样式}：表示正在单击超链接时刻的状态。

定义这 4 个伪类，必需要按照 link、visited、hover、active 的顺序进行，不然浏览器可能无法正常显示这 4 种样式。

代码如下所示：

```
<!DOCTYPE html>
<html lang="en">
<head>
 <meta charset="UTF-8">
 <title>超链接伪类</title>
 <style type="text/css">
   a.one:link {color: #ff0000}
   a.one:visited {color: #0000ff}
   a.one:hover {color: #ffcc00}
   a.two:link {color: #ff0000}
   a.two:visited {color: #0000ff}
   a.two:hover {font-size: 150%}
   a.three:link {color: #ff0000}
   a.three:visited {color: #0000ff}
   a.three:hover {background: #66ff66}
   a.four:link {color: #ff0000}
   a.four:visited {color: #0000ff}
   a.four:hover {font-family: monospace}
   a.five:link {color: #ff0000; text-decoration: none}
   a.five:visited {color: #0000ff; text-decoration: none}
   a.five:hover {text-decoration: underline}
 </style>
</head>
<body>
 <p>请把鼠标指针移动到这些链接上，以查看效果：</p>
 <p><b><a class="one" href="#" target="_blank">这个链接改变颜色</a></b></p>
 <p><b><a class="two" href="#" target="_blank">这个链接改变字体大小</a></b></p>
 <p><b><a class="three" href="#" target="_blank">这个链接改变背景颜色</a></b></p>
 <p><b><a class="four" href="#" target="_blank">这个链接改变字体系列</a></b></p>
 <p><b><a class="five" href="#" target="_blank">这个链接改变文本装饰</a></b></p>
</body>
</html>
```

超链接改变颜色代码运行效果如图 5-5 所示。

超链接改变字体大小代码运行效果如图 5-6 所示。

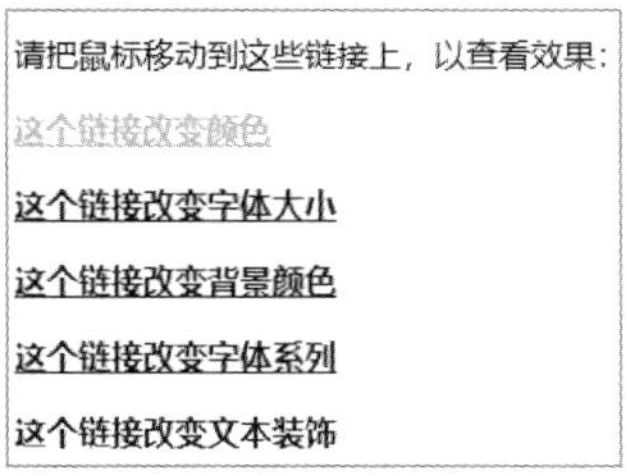

请把鼠标移动到这些链接上，以查看效果：
这个链接改变颜色
这个链接改变字体大小
这个链接改变背景颜色
这个链接改变字体系列
这个链接改变文本装饰

图 5-5　超链接改变颜色案例运行效果

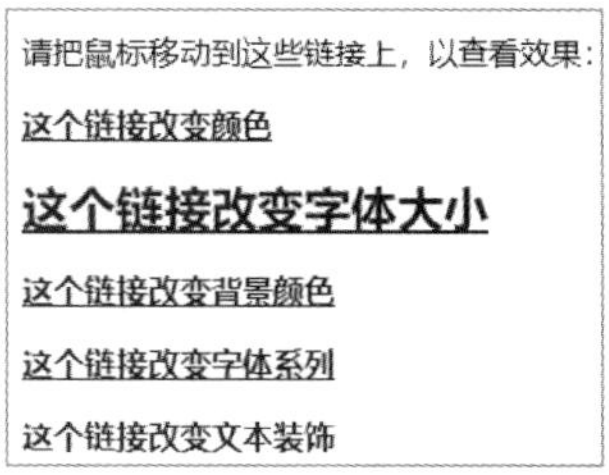

请把鼠标移动到这些链接上，以查看效果：
这个链接改变颜色
这个链接改变字体大小
这个链接改变背景颜色
这个链接改变字体系列
这个链接改变文本装饰

图 5-6　超链接改变字体大小案例运行效果

超链接改变背景颜色代码运行效果如图 5-7 所示。
超链接改变字体系列代码运行效果如图 5-8 所示。
超链接改变文本装饰代码运行效果如图 5-9 所示。

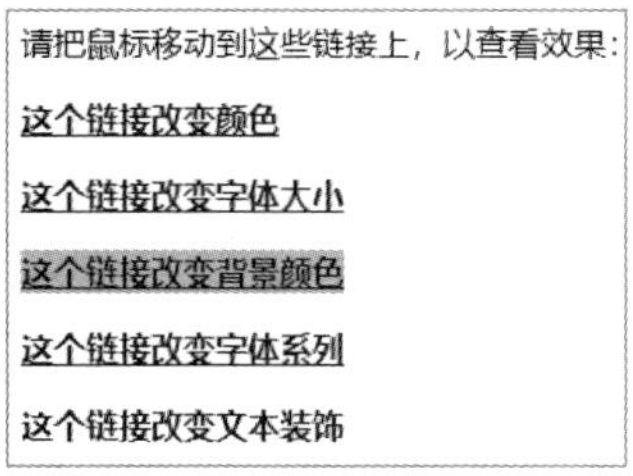

请把鼠标移动到这些链接上，以查看效果：
这个链接改变颜色
这个链接改变字体大小
这个链接改变背景颜色
这个链接改变字体系列
这个链接改变文本装饰

图 5-7　超链接改变背景颜色案例运行效果

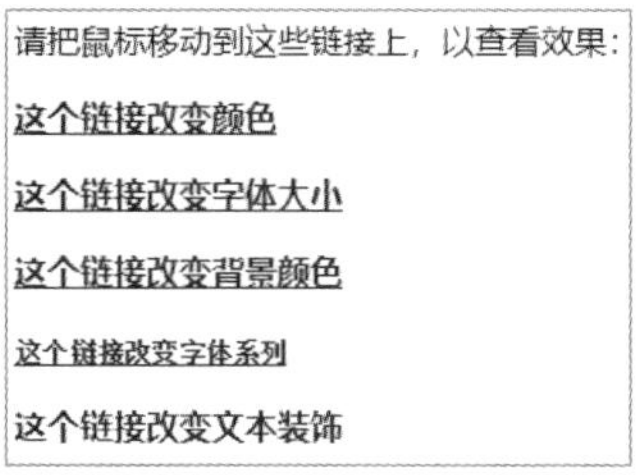

请把鼠标移动到这些链接上，以查看效果：
这个链接改变颜色
这个链接改变字体大小
这个链接改变背景颜色
这个链接改变字体系列
这个链接改变文本装饰

图 5-8　超链接改变字体系列案例运行效果

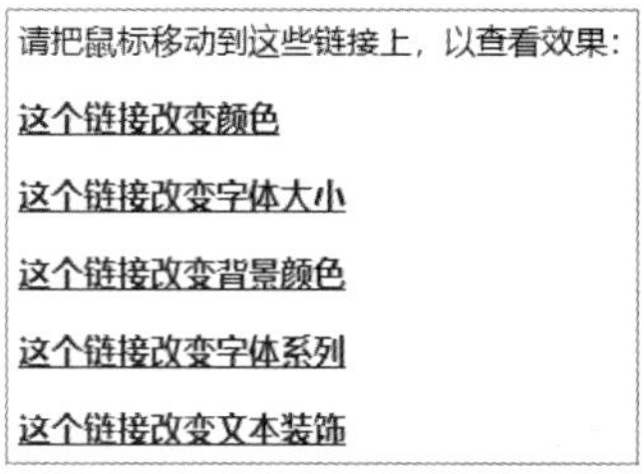

请把鼠标移动到这些链接上，以查看效果：
这个链接改变颜色
这个链接改变字体大小
这个链接改变背景颜色
这个链接改变字体系列
这个链接改变文本装饰

图 5-9　超链接改变文本装饰案例运行效果

深入了解超链接伪类之后会发现，并不一定每一个超链接都必需要定义 4 种状态的样式的。一般情况下，只用到两种状态：未访问状态和鼠标指针经过状态。未访问状态直接在 a 标签定义就行了，没必要使用“a:link”。

语法如下所示：

```
a{CSS 样式}
a:hover{CSS 样式}
```

代码如下所示：

```
<!DOCTYPE html>
<html>
<head>
 <title>超链接伪类</title>
 <style type="text/css">
   #div1{
     width:100px;
     height:30px;
     line-height:30px;
     border:1px solid #CCCCCC;
       text-align:center;
   background-color: #40B20F;
   }
   a{
     text-decoration:none;color:purple
   }
   a:hover{
     color:white
   }
   </style>
</head>
<body>
 <div id="div1">
 <a href="http://www.jumooc.com">聚慕课学习网</a>
```

```
</div>
</body>
</html>
```

运行效果如图 5-10 所示。

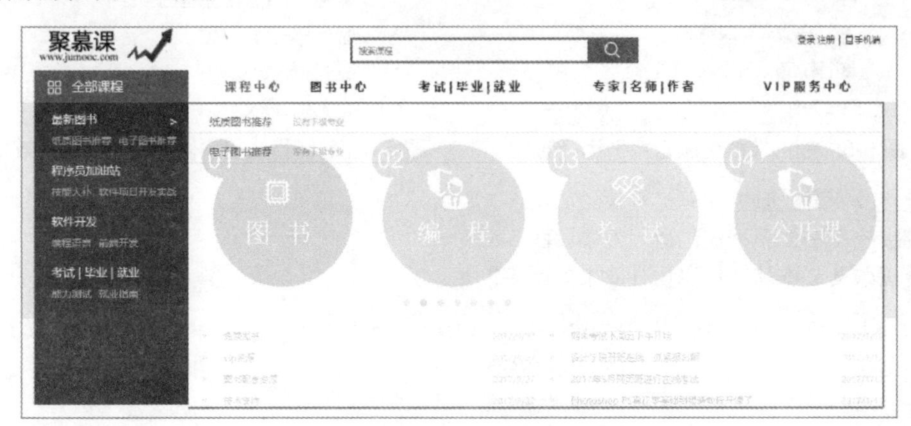

图 5-10　超链接伪类案例运行效果

5.4　使用 CSS 设置超链接

超链接通俗地指从一个网页指向一个目标的连接关系，这个目标可以是另一个网页，也可以是相同网页上的不同位置，还可以是一个图片、一个电子邮件地址、一个文件，甚至是一个应用程序。在一个网页中用来超链接的对象，可以是一段文本或者是一个图片。当浏览者单击已经链接的文字或图片后，链接目标将显示在浏览器上，并且根据目标的类型来打开或运行。

5.4.1　列表样式

CSS 列表属性允许放置、改变列表项标志，或者将图像作为列表项标志。从某种意义上讲，不是描述性文本的任何内容都可以认为是 CSS 列表。

1. 列表类型

要影响列表的样式，最简单（同时支持最充分）的办法就是改变其标志类型。例如，在一个无序列表中，列表项的标志（marker）是出现在各列表项旁边的圆点。在有序列表中，标志可能是字母、数字或另外某种记数体系中的一个符号。

要修改用于列表项的标志类型，可以使用属性：

```
list-style-type: ul {list-style-type : square}
```

属性值如下。

- circle：空心圆。
- disc：实心圆。
- decimal：数字。

例如在 CSS 代码中编写：

```
ul>li{
  list-style-type:circle;
 }
ul>li>ol>li{
  list-style-type:disc;
 }
```

2. 列表项图像

有时候常规的标志是不够的，如果想对各标志使用一个图像，这可以使用 list-style-image 属性：

```
ul li {list-style-image : url(xxx.gif)}
```

只需要简单地使用一个 url()值，就可以使用图像作为标志。

3. 列表标志位置

CSS 可以确定标志出现在列表项内容之外还是内容内部，这是利用 list-style-position 完成的。

属性值如下。

- outside：默认值。保持标记位于文本的左侧。列表项目标记放置在文本以外，且环绕文本不根据标记对齐。
- inside：列表项目标记放置在文本以内，且环绕文本根据标记对齐。
- inherit：规定应该从父元素继承 list-style-position 属性的值。

代码如下所示：

```
ul{
    text-align: center;
    list-style-position:outside;
}
ul>li{
    list-style-type:circle;
}
ul>li>ol>li{
    list-style-type:disc;
}
```

4. 简写列表样式

为简单起见，可以将以上三个列表样式属性合并为一个方便的属性：list-style。例如：

```
li {list-style : url(index.gif) square inside}
```

list-style 的值可以按任何顺序列出，而且这些值都可以忽略。只要提供了一个值，其他的就会填入其默认值。

CSS 列表属性（list）如表 5-2 所示。

表 5-2　CSS 列表属性

属　　性	描　　述
list-style	简写属性。用于把所有用于列表的属性设置于一个声明中
list-style-position	设置列表中列表项标志的位置
list-style-image	将图像设置为列表项标志
list-style-type	设置列表项标志的类型

5.4.2　背景样式

CSS 是级联样式表，用来表现 HTML 等文件样式的语言。CSS 是能够真正做到网页的表现与内容分离的设计语言。也就是说，做好了一款网页，可以通过另一个扩展名是 CSS 的文件修改其中的样式，不过在 HTML 的<head>标签中，需要使用<link>标签来调用 CSS 样式表。

CSS 允许应用纯色作为背景，也允许使用背景图像创建相当复杂的效果。

表 5-3 是 CSS 关于背景的属性。

表 5-3　CSS 的背景属性

属　性	描　述	说　明
background-image url()	把图片设置为背景	url 地址可以是相对地址，也可以是绝对地址。元素的背景占据了元素的全部尺寸，包括内边距和边框，但不包括外边距。默认地，背景图像位于元素的左上角，并在水平和垂直方向上重复。即当设置了背景图片又设置了背景颜色时，背景图片会覆盖背景颜色
background-color	设置元素的背景颜色	transparent 是全透明，颜色值（颜色名/RGB/十六进制）。背景区包括内容、内边距（padding）和边框（border），不包含外边距（margin）
background-repeat	设置背景图片是否及如何重复	background-repeat:repeat/no-repeat/repeat-x/repeat-y，分别是重复、不重复、水平重复、垂直重复
background-position	设置背景图片的起始位置	百分比/px/top/right/bottom/left/center
background-attachment	背景图像是否固定或者随着页面的其余部分滚动	scroll：默认值，随着图片的滚动而滚动。 fixed：当页面的其余部分滚动时，背景图片不会移动

☆**注意**☆　background 可以进行简写属性，如 background:background-color、background-image、background-repeat、background-attachment、[background-position]。

5.5　CSS 3 渐变

CSS 3 渐变是什么？渐变是两种或多种颜色之间的平滑过渡。CSS 3 渐变可以在两个或多个指定的颜色之间显示平稳的过渡。

5.5.1　CSS 3 渐变兼容

在使用 background:linear-gradient(to right,#000,#fff)时，谷歌、360 极速模式、火狐、（最近版本）浏览器都是兼容的，但是 IE 9 不兼容，所以为了使 IE 或其他较低版本浏览器都能够兼容，我们对代码进行了修改。

代码如下所示：

```
.gradient{
width: 973px;
height: 100%;
background: -webkit-gradient(linear, left top, right top,
/* 兼容 Safari4-5, chrome1-9 */
color-stop(0%,#000000), color-stop(100%,#ffffff));
/* firefox */
background: -moz-linear-gradient(right, #000000 0%, #ffffff 100%);
/* chrome */
background: -webkit-linear-gradient(left, #000000 0%,#ffffff 100%);
/* opera */
background: -o-linear-gradient(right, #000000 0%,#ffffff 100%);
/* ie */
background: -ms-linear-gradient(right, #000000 0%,#ffffff 100%);
```

```
/* firefox */
background: linear-gradient(to right, #000000,#ffffff);
/* 兼容 IE8~IE9 */
-ms-filter: "progid:DXImageTransform.Microsoft.gradient
  (startColorstr='#000000', endColorstr='#ffffff',GradientType=1)";
/* 兼容 IE5~IE9 */
filter: progid:DXImageTransform.Microsoft.gradient(
  startColorstr='#000000', endColorstr='#ffffff',GradientType=1 );
}
```

☆**注意**☆　①filter:progid:DXImageTransform.Microsoft.gradient(startColorstr='#000000', endColorstr='#ffffff',GradientType=1);中，GradientType=1 代表水平，GradientType=0 代表从上往下（默认从上往下）。还要特别注意的是，startColorstr='#000000'中的十六进制颜色不能简写为#000，不然也不会被识别。②background:-webkit-linear-gradient(left,#0000000%,#ffffff 100%);中，left 是开始位置，其余都是结束位置。

5.5.2　线性渐变

渐变包含两种：线性渐变和径向渐变，这里主要对线性渐变进行详细的讲解。考虑到浏览器兼容性，线性渐变包含带有内核和不带内核的两种写法，也就导致了语法的多样性。下面会对不同语法进行一个总结。

不同的浏览器有不同的内核，针对不同的浏览器设置一些样式的时候，需要加上其对应的内核，在最后可以加上通用的写法。

首先了解一下带有内核的语法，这里以 webkit 为例，其他的内核都是一样的语法。

1. 线性渐变（带内核）

语法如下所示：

```
-webkit-linear-gradient(方向,颜色 位置,颜色 位置);
```

例如：

```
background:-webkit-linear-gradient(90deg,red 30%,yellow 40%,green 70%);
```

参数解析：位置的百分比指的是颜色结束渐变的位置。

2. 线性渐变的通用写法（不带内核的线性渐变）

语法如下所示：

```
-linear-gradient(方向,颜色 位置,颜色 位置);
```

例如：

```
background: linear-gradient(to top,white 0%,red 100%);
```

参数解析：方向：如果用 left 等英语单词需要加 to，表示到哪里结束。如果采用角度，不需要加 to。

5.6　CSS 3 属性制作动画

为了使页面更加美观，CSS 3 提供了动画功能。动画是使元素从一种样式逐渐变化为另一种样式的效果。可通过设置多个节点来精确控制一个或一组动画，常用来实现复杂的动画效果。0%是动画的开始，100%是动画的完成。

5.6.1 CSS 3 变形

在 CSS 3 中，可以利用 transform 功能来实现文字或图像的旋转、倾斜、缩放和移动 4 种类型的变形处理。下面对 CSS 3 中的 transform 进行讲述。

在 CSS 3 中，通过 transform 属性来使用 transform 功能。

transform 功能分类如下。

1. 旋转

使用 rotate 方法，在参数中加入角度值，角度值后面跟表示角度单位的 deg 文字即可，旋转方向为顺时针旋转。

代码如下所示：

```
<!-- CSS 代码 -->
div{
  width: 300px;
  margin: 150px auto;
  background-color: yellow;
  text-align: center;
  transform: rotate(45deg);
  -webkit-transform: rotate(45deg);
  -moz-transform: rotate(45deg);
  -o-transform: rotate(45deg);
}
<!-- 在 body 中写入下面的代码 -->
<div>示例文字</div>
```

2. 倾斜

使用 skew 方法来实现文字或图像的倾斜处理，在参数中分别指定水平方向上的倾斜角度与垂直方向上的倾斜角度。

代码如下所示：

```
<!-- CSS 代码 -->
div{
  width: 300px;
  margin: 150px auto;
  background-color: yellow;
  text-align: center;
  transform: skew(30deg,30deg);
  -webkit-transform: skew(30deg,30deg);
  -moz-transform: skew(30deg,30deg);
  -o-transform: skew(30deg,30deg);
}
<!-- 在 body 中写入下面的代码 -->
<div>示例文字</div>
```

上面的示例使 div 元素水平方向上倾斜了 30°，垂直方向上倾斜了 30°。另外，skew 方法中的两个参数可以修改成只使用一个参数，省略另一个参数，这种情况下视为只在水平方向上进行倾斜，垂直方向上不倾斜。

3. 缩放

使用 scale 方法来实现文字或图像的缩放处理，在参数中指定缩放倍率。

代码如下所示：

```
<!-- CSS 代码 -->
div{
  width:300px;
  margin:150px auto;
  background-color:yellow;
  text-align:center;
```

```
  transform:scale(0.5);
  -webkit-transform:scale(0.5);
  -moz-transform:scale(0.5);
  -o-transform:scale(0.5);
}
<!-- 在 body 中写入下面的代码 -->
<div>示例文字</div>
```

上面的示例使 div 元素缩小了 50%。另外，可以分别指定元素水平方向的放大倍率与垂直方向的放大倍率，代码如下所示：

```
<!-- CSS 代码 -->
div{
  width:300px;
  margin:150px auto;
  background-color:yellow;
  text-align:center;
  transform:scale(0.5,2);
  -webkit-transform:scale(0.5,2);
  -moz-transform:scale(0.5,2);
  -o-transform:scale(0.5,2);
}
<!-- 在 body 中写入下面的代码 -->
<div>示例文字</div>
```

上面的示例使 div 元素水平方向缩小了 50%，垂直方向放大了一倍。

4. 移动

使用 translate 方法来将文字或图像进行移动，在参数中分别指定水平方向上的移动距离与垂直方向上的移动距离。

代码如下所示：

```
<!-- CSS 代码 -->
div{
  width:300px;
  margin:150px auto;
  background-color:yellow;
  text-align:center;
  transform:translate(50px,50px);
  -webkit-transform:translate(50px,50px);
  -moz-transform:translate(50px,50px);
  -o-transform:translate(50px,50px);
}
<!-- 在 body 中写入下面的代码 -->
<div>示例文字</div>
```

上面的示例把 div 元素水平方向上向右移动了 50px，垂直方向上向上移动了 50px。另外，translate 方法中的两个参数可以修改成只使用一个参数，省略另一个参数，这种情况下视为只在水平方向上进行移动，垂直方向上不移动。

5.6.2 CSS 3 过渡

通过 CSS 3 可以在不使用 Flash 动画或 JavaScript 的情况下，当元素从一种样式变换为另一种样式时为元素添加效果。

过渡就是使 CSS 属性值，在一段时间内平缓变化的效果。

1. 指定过渡属性

属性：transition-property。

取值如下。

- all：能使用过渡的属性，一律用过渡体现。
- 具体属性名：transition-property:background，即当背景的属性在发生变化时用过渡给体现出来；transition-property:border-radius，即当边框倒角在发生改变时用过渡体现出来；transition-property:all。

允许设置过渡效果的属性如下。

- 颜色属性（背景、文字、边框颜色和阴影颜色）。
- 取值为数字的属性（高宽、内外边距等）。
- 转换属性（位移、旋转、缩放、倾斜）。
- 阴影属性。
- 渐变属性。
- visibility 属性（可见度）。

2. 指定过渡时长

作用：指定在多长时间内完成过渡操作。

属性：transition-duration。

取值：以 s 或 ms 为单位的数值，1000ms=1s。

3. 指定过渡速度时间曲线函数

属性：transition-timing-function。

取值如下。

- ease：默认值，慢速开始，快速变快，慢速结束。
- linear：匀速。
- ease-in：慢速开始，加速结束。
- ease-out：快速开始，慢速结束。
- ease-in-out：慢速开始和结束，中间先加速后减速。

4. 指定过渡延迟时间

属性：transition-delay。

取值：以 s 或 ms 为单位的数值。

5. 过渡属性的编写位置

- 将过渡放在元素声明的样式中。
- 既可获取，又可返回。

代码如下所示：

```
<!DOCTYPE html>
<html>
  <head>
  <meta charset="UTF-8">
  <title>过渡</title>
  <style>
    div {
      width: 200px;
      height: 200px;
      position: absolute;
      top: 0;
      left: 0;
    }
    #d1 {
      background: #1b6d85;
    }
```

```
    #d1:hover {
      }
    #d2 {
      background: #f00;
      opacity: 0.7;
      transition-property: all;
      transition-duration: 4s;
      transition-timing-function: linear;
      transition-delay: 2s;
    }
    #d2:hover {
      transform: translate(200px, 200px) scale(1.5);
      background: #00b3ee;
      border-radius: 50%;
    }
  </style>
</head>
<body>
  <div id="d1">item1</div>
  <div id="d2">item2</div>
</body>
</html>
```

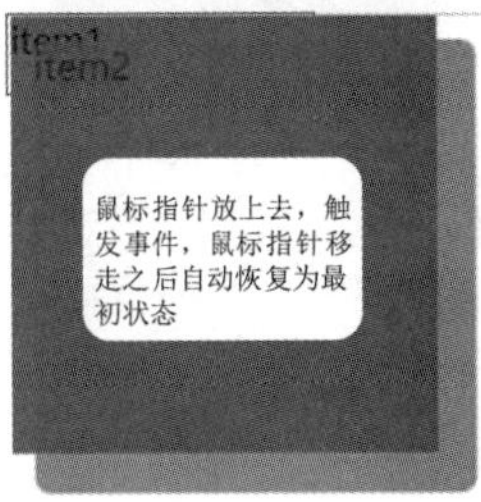

图 5-11　CSS 3 过渡案例运行效果 1

运行效果如图 5-11 所示。

- 将过渡放在触发的操作中（hover），既可获取，不可返回。

代码如下所示：

```
<!DOCTYPE html>
<html lang="en">
  <head>
  <meta charset="UTF-8">
  <title>过渡</title>
  <style>
    div {
      width: 200px;
      height: 200px;
      position: absolute;
      top: 0;
      left: 0;
    }
    #d1
      background: #1b6d85;
    }
    #d1:hover {
    }
    #d2 {
      background: #f00;
      opacity: 0.7;
    }
    #d2:hover {
      transform: translate(200px, 200px) scale(1.5);
      background: #00b3ee;
      border-radius: 50%;
      transition-property: all;
      transition-duration: 4s;
      transition-timing-function: linear;
      transition-delay: 2s;
    }
  </style>
</head>
<body>
  <div id="d1">item1</div>
  <div id="d2">item2</div>
</body>
</html>
```

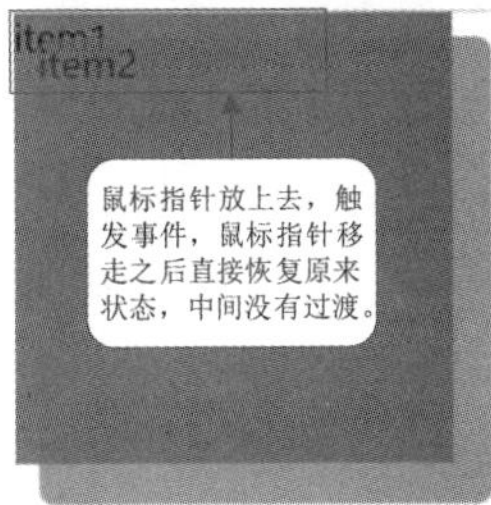

图 5-12　CSS 3 过渡案例运行效果 2

运行效果如图 5-12 所示。

5.6.3 CSS 3 动画

动画是使元素从一种样式逐渐变化为另一种样式的效果。可通过设置多个节点来精确控制一个或一组动画，常用来实现复杂的动画效果。0%是动画的开始，100%是动画的完成。

1. 定义动画轨迹

```
@keyframes 动画名称{
  from{
    动画初始状态
  }
  to{
    动画结束状态
  }
}
//---兼容写法
@-moz-keyframes
@-webkit-keyframes
@-o-keyframes
/* 使用百分比可以实现动画连续执行*/
@keyframes 动画名 {
  0%{
  }
  50%{
  }
  100%{
  }
}
```

2. 调用动画

- animation-name：动画名称。
- animation-timing-function：规定动画的速度曲线。
- animation-duration：完成动画所花费的时间。
- inear：匀速。
- ease：低速/加快/变慢。
- ease-in：低速开始。
- ease-out：低速结束。
- ease-in-out：低速开始和结束。
- animation-delay：动画开始之前的延迟。
- animation-iteration-count：动画应该播放的次数。
- animation-direction：是否应该轮流反向播放动画。
- normal：正常播放。
- reverse 反向播放。
- alternate-reverse：奇数次反向，偶数次正向。
- alternate：奇数次正向，偶数次反向。

3. 创建动画

在@keyframes 中创建动画时，需要把它捆绑到某个选择器，否则不会产生动画效果。通过规定至少两项 CSS 3 动画属性，即可将动画绑定到选择器。

代码如下所示：

```
<!DOCTYPE html>
<html>
<head>
  <style>
   div{
    width:100px;
    height:100px;
    background:red;
    animation:myfirst 5s;
    -moz-animation:myfirst 5s;          /* Firefox */
    -webkit-animation:myfirst 5s;       /* Safari and Chrome */
    -o-animation:myfirst 5s;            /* Opera */
   }
   @keyframes myfirst{
    from {
     background:red;
    }
   to {
    background:yellow;
   }
  }
   @-moz-keyframes myfirst              /* Firefox */{
    from {
     background:red;
    }
    to {
     background:yellow;
    }
   }
   @-webkit-keyframes myfirst           /* Safari and Chrome */{
    from {
     background:red;
    }
    to {
     background:yellow;
    }
   }
   @-o-keyframes myfirst                /* Opera */{
    from {
     background:red;
    }
    to {
     background:yellow;
    }
   }
  </style>
</head>
<body>
  <div></div>
  <p><b>注释：</b>本例在 Internet Explorer 中无效。</p>
</body>
</html>
```

运行效果如图 5-13 所示。

注释：本例在 Internet Explorer 中无效。
运行代码后。颜色自动从红色逐渐向黄色过渡，最后再变为红色
注释：本例在 Internet Explorer 中无效。

图 5-13　CSS 3 动画案例运行效果

5.7 面试与笔试试题解析

本节主要介绍在面试和笔试时经常会遇到的问题，对其进行解析，帮助应聘者学习，以后遇到类似问题可以全面进行回答。

5.7.1 font 属性设置

试题题面：使用 font 属性设置字体类型、风格、大小、粗细时的顺序是什么？

题面解析：本题主要考查应聘者对 CSS 3 中的 font 属性是否熟悉，是否了解 font 属性的使用。看到此问题，应聘者需要把关于 font 属性的内容在脑海中进行回忆，其中包括 font 如何使用、在什么情况下使用等问题，然后依次进行回答。

解析过程：

font:简写方式（变体、字号、行高、字体），它们之间的使用顺序不区分，但一般字号和行高写在一起，中间用斜杠分开，例如：

```
font:italic bold 10px/30px arial,sans-serif;
```

font 属性如下。

- 大小：font-size:x-large;（特大）、xx-small;（极小），一般中文用不到，只要用数值就可以，单位为 px、pt。
- 样式：font-style:italic;（斜体）、oblique;（偏斜体）、normal;（正常）。
- 粗细：font-weight:lighter;（细体）、bold;（粗体）、normal;（正常）。
- 行高：line-height: normal;（正常），单位为 px、pt、em。
- 变体：font-variant:small-caps;（小型大写字母）、normal;（正常）。
- 常用字体（font-family）：Courier New、Courier、monospace、Times New Roman、Times、serif、Arial、Helvetica、sans-serif、Verdana。
- 大小写：text-transform:uppercase;（大写）、lowercase;（小写）、capitalize;（首字母大写）、none;（无）。
- 修饰：text-decoration:underline;（下画线）、line-through;（删除线）、overline;（上画线）、blink;（闪烁）。

5.7.2 在 CSS 中设置文本行高使用哪些属性

题面解析：本题主要考查应聘者对 CSS 中的文本行高的属性以及如何使用是否熟悉。一般，应聘者在平时编写前端页面的时候都会涉及行高的使用，面试时，根据自己使用的情况进行回答即可。

解析过程：

CSS 没有提供一个直接设置行间距的方式，所以只能通过设置行高来间接地设置行间距，行高越大行间距就越大，使用 line-height 来设置行高。

1. 基本介绍

（1）line-height。

- 对于代替元素，line-height 没有影响。
- 对于非代替元素，line-height 才有影响。
- 对于行内元素，line-height 用于计算 line-box 的高度。
- 对于块级元素，line-height 指定了元素内部 line-box 的最小高度。

（2）默认值：normal 可继承。

（3）值。

- <normal>：取决于用户代理。桌面浏览器（包括火狐浏览器）使用默认值，约为 1.2。
- <number>：该属性的应用值是这个无单位数字<number>乘以该元素的字体大小。计算值与指定值相同。大多数情况下，使用这种方法设置 line-height 是首选方法，在继承情况下不会有异常的值。
- <length>：指定<length>用于计算 line-box 的高度。
- <percentage>：与元素自身的字体大小有关。计算值是给定的百分比值乘以元素计算出的字体大小。

（4）行高继承的注意事项。

- 如果父级行高使用的是百分比，则子级继承的是父级百分比计算过后的值。
- 如果父级行高使用的是 number 因子，则子级直接继承的是父级的 number 因子。

（5）定义 line-height。

- line-height 可以被定义为 body{line-height:inherit;}。
- line-height 可以使用一个百分比的值 body{line-height:120%;}。
- line-height 可以被定义为 body{line-height:normal;}。
- line-height 也可以被定义为纯数字 body{line-height:1.2}。
- line-height 可以被定义为一个长度值（px,em 等），body{line-height:25px;}。

以上 5 种 line-height 写法，可以在 font 属性中缩写。line-height 的值紧跟着 font-size 值使用斜杠分开，如下所示：

```
body{font:100%/normal arial;} ,
body{font:100%/120% arial;} ,
body{font:100%/1.2 arial;} ,
body{font:100%/25px arial;}
```

2. 行高、行距、半行距

- 行高是指上下文本行的基线间的垂直距离。
- 行距是指一行底线到下一行顶线的垂直距离，即第一行线和第二行线之间的垂直距离。
- 半行距是行距的一半，半行距计算方式：（行高-字体 size）/2。

5.7.3 全屏滚动的原理以及用到的 CSS 属性

试题题面：全屏滚动的原理是什么？用到了 CSS 的哪些属性？

题面解析：本题主要考查应聘者对 CSS 动态全屏滚动的使用是否了解。遇到这个问题，应聘者可以回忆自己所了解的全屏滚动的知识，然后简单介绍其使用原理以及用到的属性。

解析过程：

全屏滚动原理有点类似于轮播，整体的元素一直排列下去，假设有三个需要展示的全屏页面，那么高度是 300%，只是展示 100%，剩下的可以通过 transform 进行 y 轴定位，也可以通过 margin-top 实现。

使用到的 CSS 属性：

```
overflow: hidden; transition: all 1000ms ease;
```

5.7.4 CSS 优化、提高性能的方法有哪些

题面解析：本题主要考查 CSS 的优化。这个考点较为重要，一般面试时都会涉及优化方面的问题，应聘者根据自己在编写代码时的认识以及所学知识进行简单介绍即可。

解析过程：

优化主要针对网络传输方面和减少不必要的渲染方面进行考虑。

CSS 优化方法如下。

（1）发布前压缩 CSS，减少数据传输量。

（2）合理设计 CSS 布局，注意复用样式，减少渲染上花费的时间。CLASS 和 ID 的选择，减少通配符星号（*）这种全局匹配的使用，合理设置基本样式（如设置 table{}），提高复用。

（3）合并属性，如 margin-left:5px;margin-top:10px 就可以合并成一条。

（4）减少低效代码的使用，如滤镜、express 表达式和!import 引入等。

（5）减少 CSS 嵌套，最好不要套三层以上。

（6）减少对 CSS REST 的使用。可能认为重置样式是规范，但是其实其中有很多的操作是不必要的、不友好的，如果需要使用可以选择 normolize.css。

（7）考虑继承，了解哪些属性是可以通过继承而来的，然后避免对这些属性重复指定规则。

（8）渲染性能：

- 慎重使用高性能属性，如浮动、定位等。
- 尽量减少页面重排、重绘。

5.7.5 CSS 3 的 flexbox（弹性盒布局模型）

试题题面：请解释一下 CSS 3 的 flexbox（弹性盒布局模型）以及适用场景。

题面解析：本题主要考查应聘者对 CSS 3 的 flexbox 使用的熟练程度。应聘者可以根据自己所了解的知识进行回答，简单谈一下 flexbox 的基本定义，然后回答在哪些情况下进行使用。

解析过程：

1. CSS 3 的 flexbox

1）定义

弹性盒模型是 CSS 3 规范的新的布局方式，该布局模型的目的是提供一种更加高效的方式来对容器的条目进行布局、对齐和分配空间。在传统的布局中，block 布局是把块级元素在垂直方向从上向下依次排列的，而 inline 布局则是在水平方向来排列。弹性盒布局没有这样的内在限制，操作比较自由。

2）容器属性

- flex-direction：该属性决定主轴的方向（即项目的排列方向）。
- flex-flow：flex-flow 属性是 flex-direction 属性和 flex-wrap 属性的简写形式，默认值为 row nowrap。
- flex-wrap：如果一条轴线排不下，如何换行，默认情况下，项目都排在一条线（又称“轴线”）上。
- justify-content：定义了项目在主轴上的对齐方式。
- align-content：定义了多根轴线的对齐方式。如果项目只有一根轴线，该属性不起作用。
- align-items：定义项目在交叉轴上如何对齐。

3）项目属性

- order：属性定义项目的排列顺序。数值越小，排列越靠前，默认为 0。
- flex-grow：定义项目的放大比例，默认为 0，即如果存在剩余空间，也不放大。
- flex-basis：定义了在分配多余空间之前，项目占据的主轴空间（main size）。浏览器根据这个属性，计算主轴是否有多余空间。它的默认值为 auto，即项目的本来大小。
- flex：flex 属性是以上三个的简写，默认值为 0/1/auto。后两个属性可以选择。该属性有两个快捷值：auto(1 1 auto) 和 none (0 0 auto)。建议优先使用这个属性，而不是单独写三个分离的属性，因为浏览器会推算相关值。
- flex-shrink：定义了项目的缩小比例，默认为 1，即如果空间不足，该项目将缩小。
- align-self：允许单个项目有与其他项目不一样的对齐方式，可覆盖 align-items 属性。默认值为 auto，表示继承父元素的 align-items 属性。如果没有父元素，则等同于 stretch。

2. 适用场景

flexbox 适用于移动端，在 Android 和 iOS 上也支持。

5.7.6　简单介绍什么是 REST

题面解析：本题主要考查 CSS 中的 REST，这个在前端面试题中也是常见的，应聘者根据自己所了解的知识内容进行有条理的回答。

解析过程：

REST（REpresentation State Transfer）描述了一个架构样式的网络系统，如 Web 应用程序。它首次出现在 2000 年 Roy Fielding 的博士论文中，他是 HTTP 规范的主要编写者之一。

REST 指的是一组架构约束条件和原则。满足这些约束条件和原则的应用程序或设计就是 RESTful。

RESTful 是一种 HTTP 架构风格，而不是具体的协议。RPC 是远程方法调用，服务端和客户端可以是异构的系统，可跨平台。SOAP 是通过 XML 来传输消息以调用 Web 服务的一种协议，消息可以通过 HTTP、SMTP 等网络协议，算是 RPC 的一种 XML 封装形式。

REST 原则是分层系统，这表示组件无法了解它与之交互的中间层以外的组件。通过将系统知识限制在单个层，可以限制整个系统的复杂性，促进了底层的独立性。

当 REST 架构的约束条件作为一个整体应用时，将生成一个可以扩展到大量客户端的应用程序。它还降低了客户端和服务器之间的交互延迟。统一界面简化了整个系统架构，改进了子系统之间交互的可见性。REST 简化了客户端和服务器的实现。

5.7.7　使用 CSS 3 过渡有哪些触发方式

题面解析：本题主要考查 CSS 3 中的过渡知识，在本章的前半部分对过渡进行了简单介绍，看到此问题，应聘者需要对自己所了解的知识内容进行回忆，尽量将自己知道的叙述完整即可。

解析过程：

经常使用的过渡方式最多的就是 transition，transition 是 CSS 3 最简单的动画，当元素的属性发生改变能够以渐变的方式呈现出来。

1. 属性

- transition-duration：指定从一个属性到另一个属性过渡所要花费的时间。默认值为 0，为 0 时，表示变化是瞬时的，看不到过渡效果。
- transition-property：不是所有属性都能过渡，只有属性具有一个中间点值才具备过渡效果。

2. 过渡函数

- ease：首尾变缓。
- linear：线性变化。
- ease-in：开始慢，后面快。
- ease-out：开始快，后面慢。
- ease-in-out：首尾慢，中间快。
- cubic-bezier：三次贝塞尔曲线，自定义。

5.7.8 图片格式 png、jpg 和 gif 的使用

试题题面：解释一下图片格式 png、jpg 和 gif 分别什么时候使用？

题面解析：本题主要考查常见的图片格式，不同的格式代表使用的方法以及作用不同，应聘者根据自己所了解的 png、jpg 以及 gif 进行简单的介绍即可。

解析过程：

- png：是便携式网络图片（portable network graphics），是一种无损数据压缩位图文件格式。优点是压缩比高，色彩好，大多数地方都可以用。
- jpg：支持上百万种颜色，有损压缩，压缩比可达 180∶1，而且质量受损不明显，不支持图形渐进与背景透明，不支持动画。在 www 中，jpg 是被用来储存和传输照片的格式。
- gif：图形交换格式，索引颜色格式，颜色少的情况下产生的文件极小，支持背景透明，动画，图形渐进，无损压缩（适合线条，图标等）。缺点是只有 256 种颜色。它是一种位图文件格式，以 8 位色重现真色彩的图像，可以实现动画效果。

5.7.9 简单阐述图像的预加载和懒加载

题面解析：本题主要考查图像加载的情况。应聘者可先回答预加载，然后回答懒加载，最后介绍它们的区别，回答全面以提高面试通过的概率。

解析过程：

1. 图片预加载

图片预加载就是在网页全部加载之前，提前加载图片。当用户需要查看时可直接从本地缓存中渲染，以提供给用户更好的体验，减少等待的时间。否则，如果一个页面的内容过于庞大，没有使用预加载技术的页面就会长时间地展现为一片空白，这样浏览者可能以为图片预览慢从而没有兴趣浏览，把网页关掉。这时就需要图片预加载。当然这种做法实际上牺牲了服务器的性能换取了更好的用户体验。

总结：预加载就是页面打开，图片加载完成后，优先显示图片。

2. 图片懒加载（缓载）

即延迟加载图片或符合某些条件时才加载某些图片。这样做的好处是减少不必要的访问数据库或延迟访问数据库的次数，因为每次访问数据库都比较耗时，只有真正使用该对象的数据时才会创建。懒加载的主要目的是作为服务器前端的优化，减少请求数或延迟请求数。

总结：延迟加载就是优先显示别的内容，其他内容加载完成后，再加载图片。

3. 图片预加载与懒加载的区别

两者的行为是相反的，一个是提前加载，一个是迟缓甚至不加载。懒加载对服务器前端有一定的缓解压力作用，预载则会增加服务器前端压力。

5.7.10　字号使用奇数还是偶数

试题题面：在网页中应该使用奇数还是偶数的字号？为什么？

题面解析：本题是一道灵活的题目，主要考查应聘者在平时编写代码时是否留心观察。对这个问题，在回答使用某一个奇数或者偶数的时候，说出理由即可。

解析过程：

相信大多数人在开发中，一开始被教导应该使用偶数字号多于奇数字号，但是并不懂其中的缘由，下面就来解释一下。

（1）使用偶数字号比较容易和页面中其他部分的字号构成一个比例关系。例如，使用 14px 作为正文字号，那么其他部分的字号（如标题）就可以使用 14×1.5=21px，或者在一些地方使用 14×0.5=7px 的 padding 或者 margin。如果用 sass 或者 less 编写 CSS，这时候偶数的用处就凸显出来了。

（2）浏览器缘故。其一是低版本的浏览器 IE 6 会把奇数字号强制转化为偶数，即 13px 渲染为 14px。其二是为了平分字号。偶数宽的汉字，如 12px 的汉字，去掉 1px 的字号间距，填充了的字号像素宽度其实就是 11px，这样的汉字中竖线左右是平分的，如“田”子，左右就是 5px 了。

（3）UI 设计师的缘故。大多数设计师用的软件如 PS 提供的字号是偶数，所以前端也用偶数。

（4）一般使用偶数字号。偶数字号相对更容易和 Web 设计的其他部分构成比例关系。Windows 自带的宋体（中易宋体）从 Vista 开始只提供 12px、14px、16px 这三个大小的点阵，而 13px、15px、17px 用的是小一号的点（即每个字占的空间大了 1px，但点阵没变），于是略显稀疏。

5.7.11　undefined 和 null 有哪些异同

题面解析：本题主要考查 undefined 和 null 的区别。应聘者在编写代码时都会使用这两个值，对其有一定的了解。看到此问题，应聘者可以对 undefined 进行介绍，然后介绍 null，说出它们之间的相同和不同之处即可。

解析过程：

常见的数计算机语言中，有且仅有一个表示“空”的值，如 C 语言中的 null，Java 语言中的 null，Python 语言中的 None，Ruby 语言中的 nil 等。

1. 不同点

undefined 是一个表示“无”的原始值，转为数值时为 NaN。

null 是一个表示“无”的对象，转为数值时为 0。

1）undefined

- 变量被声明了，但没有赋值时，就等于 undefined。
- 调用函数时，应该提供的参数没有提供，该参数等于 undefined。
- 函数没有返回值时，默认返回 undefined。
- 对象没有赋值的属性，该属性的值为 undefined。

2）null

- 作为函数的参数，表示该函数的参数不是对象。
- 作为对象原型链的终点。

2. 相同点

它们都表示空，转换为 boolean 后都为 false。但是 null 代表一个对象变量已经被初始化，但未装入对象；undefined 表示未初始化变量。

5.7.12 first-child 和 first-of-type 有什么区别

题面解析：本题主要考查 CSS 中的伪类 first-child 和 first-of-type。应聘者可以对这两个属性先进行回忆，再回答，尽量回答全面。

解析过程：

CSS 中关于元素匹配有两个非常类似却又不尽相同的选择器：伪类 :first-child 和 :first-of-type。

- :first-child：匹配的是某父元素的第一个子元素，可以说是结构上的第一个子元素。
- :first-of-type：匹配的是某父元素下相同类型子元素中的第一个，如 p:first-of-type，就是指所有类型为 p 的子元素中的第一个。这里不再限制是第一个子元素了，只要是该类型元素的第一个就行了。

5.7.13 CSS 中类选择器和 ID 选择器有哪些区别

题面解析：本题主要考查应聘者对类选择器和 ID 选择器之间区别的了解，以及什么情况下可以使用类选择器，什么情况下使用 ID 选择器。

解析过程：

类选择器和 ID 选择器可以应用于任何元素。

它们的不同点如下。

- 在一个 HTML 文档中，ID 选择器只能使用一次，而类选择器可以使用多次。
- 可以为一个元素同时设置多个样式，但只可以用类选择器的方法实现，ID 选择器是不可以的。

简单地说，ID 选择器只能用一次，类选择器可以使用多次。

W3C 标准规定，在同一个页面内，不允许有相同名字的 ID 对象出现，但是允许相同名字的 CLASS。一般网站分为头、体、脚部分，考虑到它们在同一个页面只会出现一次，所以用 ID。例如定义了一个颜色为 red 的类选择器，在同一个页面也许要多次用到，就用 CLASS 定义。另外，当页面中用到 JavaScript 或者要动态调用对象的时候，需要使用 ID 选择器。所以应根据所使用的情况有选择地运用类选择器和 ID 选择器。

5.7.14 CSS 伪类与 CSS 伪对象的区别

题面解析：本题主要考查 CSS 中的伪类和伪对象的区别，应聘者需要了解和熟悉它们的定义、作用以及区别。

解析过程：

CSS 引入伪类和伪元素的概念是为了描述一些现有 CSS 无法描述的东西。

根本区别在于：它们是否创造了新的元素（抽象）。

- 伪类：一开始用来表示一些元素的动态状态，随后在 CSS 2 标准中扩展了其概念范围，使其成了所有逻辑上存在文档树中却无须标识的分类。
- 伪对象：代表了某个元素的子元素，这个子元素虽然在逻辑上存在，但并不实际存在于文档树中。

5.7.15 position 的 absolute 与 fixed 的共同点与不同点

题面解析：本题主要考查 position 中 absolute 与 fixed 元素之间的异同。看到此问题，应聘者需要在脑海中回忆元素的属性定义、如何使用以及相同和不同之处，针对问题进行完整的回答即可。

解析过程：

1. 相同点

- 改变行内元素的呈现方式，display 被置为 block。
- 默认会覆盖到非定位元素上。
- 让元素脱离普通流，不占据空间。

2. 不同点

- absolute 的“根元素”是可以设置的，而 fixed 的“根元素”固定为浏览器窗口。
- 当滚动网页时，fixed 元素与浏览器窗口之间的距离是不变的。

5.8　名企真题解析

在本节中收集了一些各大企业往年的面试与笔试题，主要是偏向编程代码方向的题型，读者参考以下题目，看自己是否已经掌握了编程的基本知识点。

5.8.1　如何制作百度音乐标签页面

【选自 BD 笔试题】

题面解析：本题主要考查网页标签的使用，简单来说就是一个页面，一般会出现在笔试题中。当出现在面试题中时，应聘者简单回答出核心代码，以及如何实现的即可。

解析过程：

下面使用案例的方式制作百度音乐标签页面，代码如下所示：

```
<!DOCTYPE html>
<html>
 <head>
   <meta charset="UTF-8">
   <title>百度音乐标签</title>
   <style type="text/css">
     a {
         color: red;
     }
   </style>
 </head>
<body>
   <h1>全部歌手</h1>
   <p><a>A、</a>北京天使合唱团</p>
   <p><a>B、</a>东城卫 东方传奇</p>
   <p><a>C、</a>古巨基 龚琳娜</p>
   <p><a>D、</a>易烊千玺</p>
   <p><a>E、</a>TFboys</p>
   <p><a>F、</a>肖战</p>
</body>
</html>
```

全部歌手

A、北京天使合唱团

B、东城卫 东方传奇

C、古巨基 龚琳娜

D、易烊千玺

E、TFboys

F、肖战

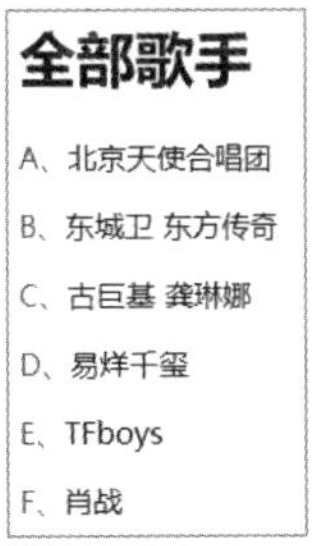

图 5-14　百度音乐标签运行效果

运行效果如图 5-14 所示。

5.8.2　如何制作京东新闻资讯页

【选自 JD 面试题】

题面解析：本题主要考查应聘者在网页前端中是否对标签使用流畅以及做网页的熟练程度。对这种灵活性的编程题，如果不是在笔试题中，说出核心内容以及如何实现即可。

解析过程：

下面使用案例的方式制作京东新闻资讯页面，代码如下所示：

```
<!DOCTYPE html>
<html>
 <head>
   <meta charset="UTF-8">
   <title></title>
   <style type="text/css">
     h1 {
       text-align: center;
     }
     h2 {
       text-align: center;
       color: gray;
     }
     h3 {
       text-align: center;
     }
     span {
       color: red;
     }
     #a1 {
       font-style: italic;
     }
   </style>
 </head>
<body>
   <h1>水浒传</h1>
   <h2>别名《石头记》《金玉缘》</h2>
   <hr />
   <h3>2020 年 01 月 01 日 <span>13:00</span></h3>
   <p id="a1">
    《红楼梦》（又名《石头记》《金玉缘》），中国古典四大名著之首，清代作家曹雪
     芹创作的章回体长篇小说，它也是一部具有世界影响力的人情小说作品，举世公认的中国古典
     小说巅峰之作，中国封建社会的百科全书，传统文化的集大成者。
   </p>
   <h4>神话缘起</h4>
   <p>
    《红楼梦》开篇以神话形式介绍作品的由来，说女娲炼三万六千五百零一块石补天，只用了
     三万六千五百块，剩余一块未用，弃在青埂峰下。剩一石自怨自愧，日夜悲哀。一僧一道见
     它形体可爱，便给它镌上数字，携带下凡。不知过了几世几劫，空空道人路过，见石上刻
     录了一段故事，便受石之托，抄写下来传世。辗转传到曹雪芹手中，经他批阅十载、增删
     五次而成书。
   </p>
   <h4>十二钗聚首</h4>
   <p>
     金陵十二钗，除了贾府本家的几位姑娘、奶奶和丫鬟外，还有亲戚家的女孩，如黛玉、宝钗，
     都寄居于贾府，史湘云也是常客，妙玉则在大观园栊翠庵修行。故事起始于贾敏病逝，贾母怜
     惜黛玉无依傍，又多病，于是接到贾府抚养。黛玉小贾宝玉一岁。后又有王夫人外甥女薛宝钗
     也到贾府，大贾宝玉二岁，长得端方美丽。贾宝玉在孩提之间，性格纯朴，深爱二人无偏心，
     黛玉便有些醋意，宝钗却浑然不觉。贾宝玉与黛玉同在贾母房中坐卧，所以比别的姊妹略熟惯
     些。
   </p>
</body>
</html>
```

运行效果如图 5-15 所示。

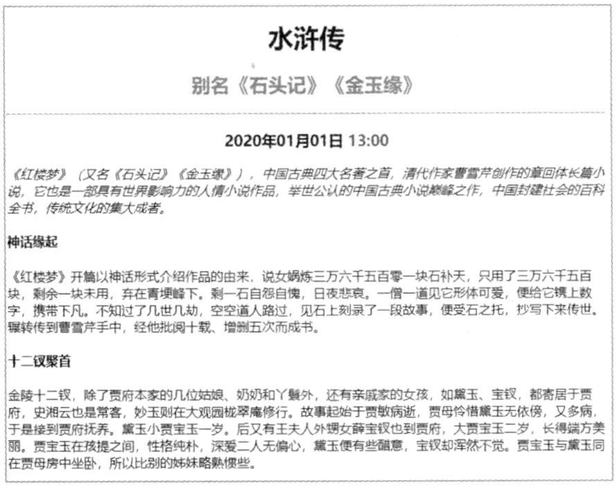

图 5-15　京东新闻资讯页运行效果

5.8.3　display:none 与 visibility:hidden 的区别

【选自 BD 面试题】

题面解析： 本题也是在大型企业的面试中最常问的问题之一，主要考查 display 和 visibility 之间有什么区别。应聘者在面试中遇到回答区别问题的时候，可以先回答它们的定义，然后回答相同和不同点，最后可以对它们的内容进行拓展，尽量做到回答全面。

解析过程：

很多前端的同学认为 visibility:hidden 和 display:none 的区别仅仅在于 display:none 隐藏后的元素不占据任何空间，而 visibility:hidden 隐藏后的元素空间依旧保留，实际上也并不全是这样。

display:none 与 visibility:hidden 的区别如下。

- visibility 具有继承性，给父元素设置 visibility:hidden，则子元素也会继承这个属性。但是如果重新给子元素设置 visibility:visible，则子元素又会显示出来。这与 display:none 有着质的区别。
- visibility:hidden 不会影响计数器的计数。visibility:hidden 虽然可以使一个元素隐藏了，但是其计数器仍在运行。这与 display:none 是不同的。
- CSS 3 的 transition 支持 visibility 属性，但是并不支持 display。由于 transition 可以延迟执行，因此可以配合 visibility 使用纯 CSS 实现 hover 延时显示效果，从而提高用户体验。

简单来说就是：display:none 不显示对应的元素，在文档布局中不再分配空间（回流+重绘）；visibility:hidden 隐藏对应元素，在文档布局中仍保留原来的空间（重绘）。

代码如下所示：

```
<!DOCTYPE html>
<html>
 <head>
   <meta charset="UTF-8">
   <title>display:none 与 visibility: hidden 区别</title>
 </head>
<body>
 <div>
   <strong>给元素设置 visibility:hidden 样式</strong>
   <ol>
     <li>元素 1</li>
```

```
      <li style="visibility:hidden;">元素 2</li>
      <li>元素 3</li>
      <li>元素 4</li>
    </ol>
  </div>
  <div> <strong>给元素设置 display:none 样式</strong>
    <ol>
      <li>元素 1</li>
      <li style="display:none;">元素 2</li>
      <li>元素 3</li>
      <li>元素 4</li>
    </ol>
  </div>
</body>
</html>
```

运行效果如图 5-16 所示。

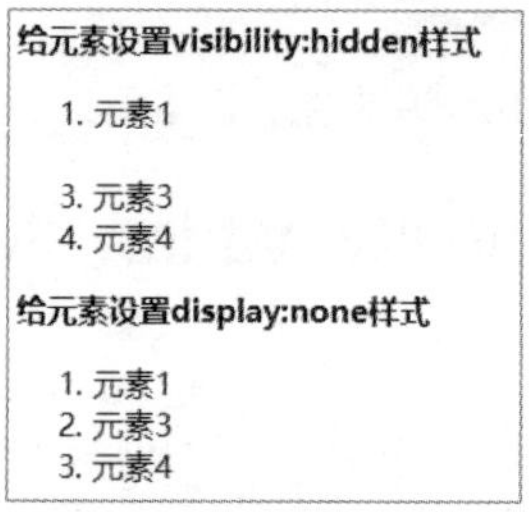

给元素设置visibility:hidden样式

1. 元素1

3. 元素3
4. 元素4

给元素设置display:none样式

1. 元素1
2. 元素3
3. 元素4

图 5-16 display:none 与 visibility:hidden 的区别运行效果

5.8.4 如何制作家用电器商品分类页面

【选自 TX 面试题】

题面解析：本题主要考查应聘者对 HTML 以及 CSS 的编程元素是否熟练使用，以及对网页布局的考查。该题目一般笔试题比较多，但在面试中也会问到代码实现的问题，应聘者说出主要的代码以及网页的布局即可。

解析过程：

制作家用电器商品分类页面的代码如下所示：

```
<!DOCTYPE html>
<html>
 <head>
   <meta charset="UTF-8">
   <title>制作家用电器商品分类</title>
   <style type="text/css">
     h1 {
       background: -webkit-linear-gradient(top, dodgerblue, white);
       font-weight: 900;
       color: white;
     }
     h2 {
       background: rgba(00, 200, 00, 0.2);
       color: pink;
       font-weight: 900;
     }
     p {
       text-indent: 2em;
     }
   </style>
 </head>
```

```
<body>
 <h1>家用电器</h1>
 <h2>生活电器</h2>
 <p>电风扇 吸尘器 净化器</p>
 <p> 冰箱 洗衣机 电话机</p>
 <h2>厨房电器</h2>
 <p>榨汁机 电压力锅 电饭煲</p>
 <p>豆浆机 电磁炉 微波炉</p>
 <h2>家装工具</h2>
 <p>淋浴/水槽 电动工具 手动工具</p>
 <p>仪器仪表 浴霸 电灯</p>
</body>
</html>
```

运行效果如图 5-17 所示。

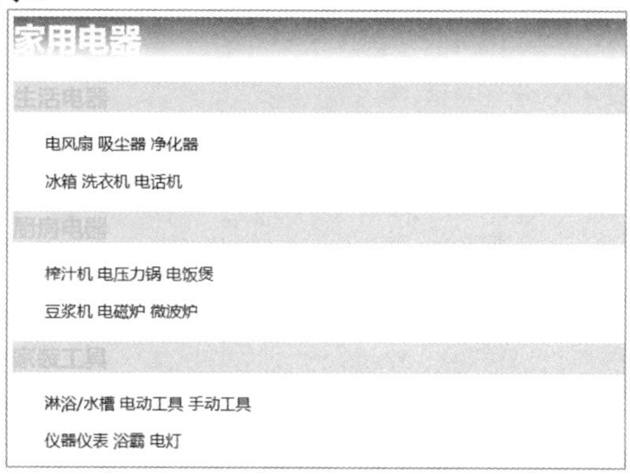

图 5-17　家用电器商品分类页面运行效果

5.8.5　畅销书排行榜页面怎样实现

【选自 DD 面试题】

题面解析：本题在电商企业中会问到。对于代码的问题，应聘者回答出主要核心代码即可。有时面试官可能会对提出的问题深入提问，所以应聘者平时编写代码需仔细，了解更多的知识内容才能对面试题游刃有余。

解析过程：

畅销书排行榜页面的代码如下所示：

```
<!DOCTYPE html>
<html>
 <head>
   <meta charset="utf-8">
   <title>制作畅销书排行榜页面</title>
   <style type="text/css">
     h2 {
       width: 400px;
       text-indent: 1em;
       font-size: 15px;
       color: white;
       line-height: 30px;
       background: green
       }
     body ul {
       width: 260px;
       text-indent: 2em;
       background: linear-gradient(#F9FBCB, #F8F8F3);
```

```
        font-size: 12px;
        line-height: 28px;
      }
      ul li {
        list-style: none;
      }
      a {
        text-decoration: none;
      }
      a:hover {
        text-decoration: underline;
      }
    </style>
  </head>
<body>
  <h2>畅销书排行</h2>
  <ul>
    <li><a href="#">《百年孤独》</a></li>
    <li><a href="#">《活着》</a></li>
    <li><a href="#">《外婆的道歉信》</a></li>
    <li><a href="#">《老人与海》</a></li>
    <li><a href="#">《挪威的森林》</a></li>
    <li><a href="#">《人间词话》</a></li>
    <li><a href="#">《苏菲的世界》</a></li>
    <li><a href="#">《白鹿原》</a></li>
    <li><a href="#">《茶馆》</a></li>
    <li><a href="#">《红高粱》</a></li>
  </ul>
</body>
</html>
```

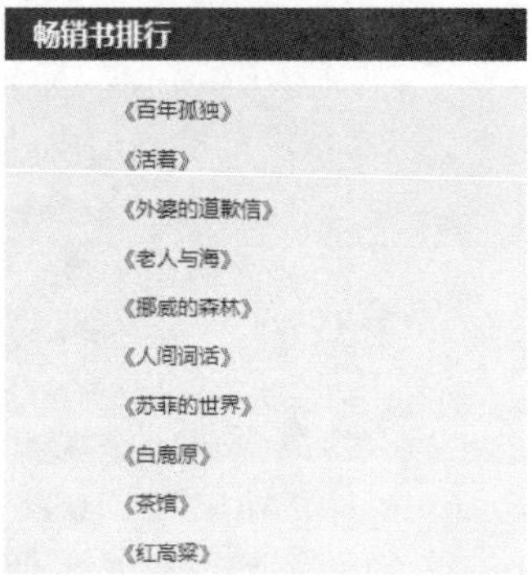

运行效果如图 5-18 所示。

图 5-18　畅销书排行榜页面运行效果

5.8.6　margin 和 padding 分别适合什么场景使用

【选自 BD 面试题】

题面解析：本题主要考查 CSS 中的边距问题，在使用时应聘者可提前了解盒子模型，看看什么地方使用 margin，什么地方使用 padding。这个问题是面试中提问频率较高的一道题。

解析过程：

（1）margin：需要在 border 外侧添加空白，空白处不需要背景色上下相连的两个盒子之间的空白，需要相互抵消时。

（2）padding：需要在 border 内侧添加空白，空白处需要背景颜色上下相连的两个盒子的空白，希望为两者之和。

（3）兼容性的问题：在 IE 5 和 IE 6 中，为 float 的盒子指定 margin 时，左侧的 margin 可能会变成两倍的宽度。通过改变 padding 或者指定盒子的 display:inline 解决。

第 6 章

盒子模式和浮动

本章导读

本章主要带领读者来学习盒子模型的基础知识和使用以及在面试和笔试中常见的问题。本章首先讲解盒子模型的一些基本属性，包括特征、阴影、浮动等，让读者对盒子模型的使用更加灵活；然后收集了一些开发和面试笔试中常常出现的问题，让读者对盒子模型的认识更加深刻，也帮助在面试和笔试中脱颖而出。

知识清单

本章要点（已掌握的在方框中打钩）

- □ 盒子模型
- □ 盒子阴影
- □ 浮动
- □ 盒子模型的定位
- □ 溢出处理
- □ inline-block 和 float 的共性和区别

6.1 盒子模型

网页设计中常用的内容（content）、内边距（padding）、边框（border）和外边距（margin）等属性，CSS 盒子模型都具备。这些属性可以用日常生活中的常见事物——盒子，做一个比喻来理解，所以叫作盒子模型。CSS 盒子模型就是在网页设计中经常用到的 CSS 技术所使用的一种思维模型。

6.1.1 盒子模型的组成

所谓盒子模型（Box Model），就是把 HTML 页面中的元素看作一个矩形的盒子，也就是一个盛装内容的容器。每个矩形都由元素的内容（content）、内边距（padding）、边框（border）和外边距（margin）组成。

所有的文档元素（标签）都会生成一个矩形框，称之为元素框（element box），它描述了一个文档元素在网页布局中所占位置的大小。因此，每个盒子除了有自己大小和位置外，还影响着其他盒子的大小和位置。

1. 盒子边框

border 属性来定义盒子的边框，该属性包含 3 个子属性：border-style（边框样式）、border-color（边框颜色）和 border-width（边框宽度）。

1）定义宽度

- 直接在属性后面指定宽度值。
- 使用关键字（不常用）。
- 单独为某条边设置宽度。
- 使用 border-width 属性定义边框宽度。

2）定义颜色

定义边框颜色可以使用颜色名、RGB 颜色值或十六进制颜色值。

3）定义样式

边框样式是边框显示的基础，CSS 提供了以下几种边框样式，如表 6-1 所示。

表 6-1　边框样式表

属性值	说明
none	默认值，无边框，不受任何指定的 border-width 影响
hidden	隐藏边框，IE 不支持
dotted	定义边框为点线
dashed	定义边框为虚线
solid	定义边框为实线
double	定义边框为双线边框，两条线及其间隔宽度之和等于指定的 border-width 值
groove	根据 border-color 定义 3D 凹槽
ridge	根据 border-color 定义 3D 凸槽
inset	根据 border-color 定义 3D 凹边
outset	根据 border-color 定义 3D 凸边

2. 内边距

padding 属性用于设置内边距，是指边框与内容之间的距离。

- padding-top：上内边距。
- padding-right：右内边距。
- padding-bottom：下内边距。
- padding-left：左内边距。

3. 外边距

margin 属性用于设置外边距。设置外边距会在元素之间创建“空白”，定义了元素与其他相邻元素的距离，这段空白通常不能放置其他内容。

- margin-top：上外边距。
- margin-right：右外边距。
- margin-bottom：下外边距。
- margin-left：左外边距。

4. 内容宽度和高度

使用宽度属性（width）和高度属性（height）可以对盒子的大小进行控制。

width 和 height 的属性值可以是不同单位的数值或相对于父元素的百分比%，实际工作中最常用的是像素值。

大多数浏览器，如 Firefox、IE 6 及以上版本都采用了 W3C 规范，符合 CSS 规范的盒子模型的总宽度和总高度的计算原则如下：

```
/*外盒尺寸计算（元素空间尺寸）*/
Element 空间高度 = content height + padding + border + margin
Element 空间宽度 = content width + padding + border + margin
/*内盒尺寸计算（元素实际大小）*/
Element Height = content height + padding + border （Height 为内容高度）
Element Width = content width + padding + border （Width 为内容宽度）
```

☆**注意**☆ ①宽度属性 width 和高度属性 height 仅适用于块级元素，对行内元素无效（img 标签和 input 除外）。②计算盒子模型的总高度时，还应考虑上下两个盒子垂直外边距合并的情况。③如果一个盒子没有给定宽度/高度或者继承父亲的宽度/高度，则 padding 不会影响本盒子大小。

6.1.2 盒子模型的特征

每个盒子都有内容、内边距、边框和外边距 4 个属性。

每个属性都包括 4 个部分：上、右、下、左。属性的 4 部分可以同时设置，也可以分别设置。

1. 内容

内容是盒子模型的中心，呈现了盒子的主要信息内容。这些内容可以是文本、图片等多种类型。内容有三个属性：width、height 和 overflow。使用 width 和 height 属性可以指定盒子内容区的高度和宽度，当内容信息太多，超出内容所占范围时，可以使用 overflow 溢出属性来指定处理方法。当 overflow 属性值为 hidden 时，溢出部分将不可见；为 visible 时，溢出的内容信息可见，只是被呈现在盒子的外部；当为 scroll 时，滚动条将被自动添加到盒子中，用户可以通过拉动滚动条显示内容信息；当为 auto 时，将由浏览器决定如何处理溢出部分。

2. 内边距

内边距是内容和边框之间的空间。内边距的属性有 5 种，即 padding-top、padding-bottom、padding-left、padding-right 以及综合了以上 4 种方向的快捷填充属性 padding。使用这 5 种属性可以指定信息内容与各方向边框间的距离。设置盒子背景色属性时，可使背景色延伸到该区域。

3. 边框

边框是环绕内容和内边距的边界。边框的属性有 border-style、border-width 和 border-color 以及综合了以上三类属性的快捷边框属性 border。border-style 属性是边框最重要的属性，如果没有指定边框样式，其他的边框属性都会被忽略，边框将不存在。CSS 规定了 dotted（点线）、dashed（虚线）和 solid（实线）等 9 种边框样式。使用 border-width 属性可以指定边框的宽度，其属性值可以是长度计量值，也可以是 CSS 规定的 thin、medium 和 thick。使用 border-color 属性可以为边框指定相应的颜色，其属性值可以是 RGB 值，也可以是 CSS 规定的 17 个颜色名。在设定以上三种边框属性时，既可以进行边框四个方向整体的快捷设置，也可以进行四个方向的专向设置，如 border:2px solid green 或 border-top-style:solid、border-left-color:red 等。设置盒子背景色属性时，在 IE 中背景不会延伸到边框区域，但在 FF 等标准浏览器中，背景颜色可以延伸到边框区域，特别是单边框设置为点线或虚线时能看到效果。

4. 外边距

外边距位于盒子的最外围，是添加在边框外周围的空间。外边距使盒子之间不会紧凑地连接在一起，是 CSS 布局的一个重要手段。空白边的属性有 5 种，即 margin-top、margin-bottom、margin-left、margin-right 以及综合了以上 4 种方向的快捷空白边属性 margin，其具体的设置和使用与内边距属性类似。对于两个相邻的（水平或垂直方向）且设置有外边距值的盒子，它们邻近部分的外边距将不是二者外边距的相加，而是二者的并集。若二者邻近的外边距值大小不等，则取二者中较大的值。同时，CSS 允许给外边距属性指定负数值，当指定负外边距值时，整个盒子将向指定负值方向的相反方向移动，以此可以产生盒子的重叠效果。采用指定外边距正负值的方法可以移动网页中的元素，这是 CSS 布局技术中的一个重要方法。

6.2 盒子阴影

在盒子的组成成分之外，CSS 3 给盒子添加了阴影。盒子的阴影由 box-shadow 属性控制，阴影的轮廓与盒子边界 border 的轮廓一样。

该属性的正规语法如下：

```
none | [inset? && [ <offset-x> <offset-y> <blur-radius>? <spread-radius>? <color>? ] ]
```

- inset：默认阴影在边框外。使用 inset 后，阴影在边框内（即使是透明边框），背景之上内容之下。
- offset-x、offset-y：这是前两个长度值，用来设置阴影偏移量，相对于 border 外边线开始计算。offset-x 设置水平偏移量，如果是负值则阴影位于元素左边。offset-y 设置垂直偏移量，如果是负值则阴影位于元素上面。如果两者都是 0，那么阴影位于元素后面。这时如果设置了 blur-radius 或 spread-radius 则有模糊效果。
- blur-radius：这是第三个长度值。值越大，模糊面积越大，阴影就越大越淡。该值不能为负值。默认为 0，此时阴影边缘锐利。
- spread-radius：这是第四个长度值。取正值时，阴影扩大；取负值时，阴影收缩。默认为 0，此时阴影与元素同样大。
- color：如果没有指定，则由浏览器决定。通常是 color 的值，不过目前 Safari 取透明。

设置多个阴影时，使用逗号将每个阴影的值隔开。前面的阴影会在后面阴影之上，如果上层有透明度较低的部分，会与下层的颜色重叠，合成新的颜色。

6.3 display 属性

display 属性设置一个元素应如何显示，是在前端开发中最常使用的一个属性。

1. 隐藏元素 display:none

display:none 和 visibility:hidden 的主要区别如下。

- display:none：可以隐藏某个元素，且隐藏的元素不会占用任何空间。也就是说，该元素不但被隐藏了，而且该元素原本占用的空间也会从页面布局中消失。
- visibility:hidden：可以隐藏某个元素，但隐藏的元素仍需占用与未隐藏之前一样的空间。也就是说，该元素虽然被隐藏了，但仍然会影响布局。
- visibility:visibility：指定一个元素应可见还是隐藏。

- visibility:visible：默认元素可见。

2. 块元素 display:block

块元素特性如下。

- 块元素的 display 属性值默认为 block。
- 总是以一个块的形式表现出来，占领一整行。若干同级块元素会从上至下依次排列（使用 float 属性除外）。
- 可以设置高度、宽度、各个方向外边距（margin）以及各个方向的内边距（padding）。支持 margin:auto。
- 当宽度（width）缺省时，其宽度是其容器的 100%，除非给它设定了固定的宽度。
- 块元素中可以容纳其他块级元素或行内元素。
- 常见的块元素有<p>、<div>、<h1>、<li>等。

3. 内联元素 display:inline

内联元素特性如下。

- 内联元素的 display 属性值默认为 inline。
- 它不会单独占据一整行，而是只占领自身的宽度和高度所在的空间。若干同级内联元素会从左到右（即某个行内元素可以和其他行内元素共处一行）、从上到下依次排列。
- 内联元素不可以设置高度、宽度，高度一般由其字体的大小来决定，其宽度由内容的长度控制。
- 内联元素只能设置左右的 margin 值和左右的 padding 值，而不能设置上下的 margin 值和上下的 padding 值。因此可以通过设置左右的 padding 值来改变行内元素的宽度。
- 常见的内联元素由<a>、<em>、<img>等。
- 内联元素一般不可以包含块级元素。

通过对一个行内元素设置 display:block，可以将行内元素设置为块级元素，进而设置其宽高和上下左右的 padding 和 margin。

4. 内联块元素 display:inline-block

内联块元素特性如下。

- 不强制换行，没有宽度时，内容撑开宽高。
- 支持宽、高、margin、padding，但不支持 margin:auto。
- 内联块元素居中可使用父容器居中。
- 即使 margin/padding 都设置为 0，代码换行仍然会产生空白符。解决方法：设置父元素字体大小为 0 像素。
- IE 6～IE 7 只支持 inline 元素设置为 inline-block，其他类型元素均不可以。

内联块元素结合了 inline 和 block 的特性于一身，即设置了 inline-block 属性的元素，既具有 block 元素可以设置 width 和 height 属性的特性，又保持了 inline 元素不换行的特性。举例说明，在做横向导航菜单的时候，一般是用 ul li a 组合，然后将 li 设置为 float，这样就可以得到横向的导航标签了。

6.4　浮动

所谓浮动就是让设置的标签产生漂浮效果，脱离原来在页面本应出现的空间位置，不再占用任何文档流空间。元素设置为浮动以后，会生成一个块级元素，而不论它本身是何种元素。且要指明一个宽度，否则它会尽可能变窄。另外，当可供浮动的空间小于浮动元素时，它会跑到下一行，直到拥有足够放下它的空间。

所谓标准文档流就是页面默认的排列规则，如果是块元素则垂直显示，如果是行内元素或行内块元素则在一行显示。

所谓浮动流就是设置了 float 属性的元素会从标准流中脱离出来，在标准流的上方新建一个层，在这个层里所有元素都是在一行显示的。

1. 浮动所带来的影响

- 设置了浮动属性的元素会从标准流中脱离出来，它会失去在标准流中的原有位置，该位置会被标准流中的其他元素占据。
- 在浮动流中所有元素都是在一行显示的，但如果空间不够大，那么元素会自动换行。
- 浮动的元素自动变成块元素。
- 浮动的元素宽度为最小宽度，所以为了方便控制，通常给浮动的元素加 width。
- 浮动的元素会丢失标准流中的原有位置，标准流中的其他元素会占据它的空间，但是文本会对它形成环绕。
- 一个元素在浮动前会分析它前面的元素的类型，如果是块元素，那么这个元素会在块元素的下方显示。
- 元素都向右浮动后，显示顺序为倒叙。

2. 父元素的塌陷

如果父元素没有设置高度，那么此时父元素的高度就是由子元素决定的，如果子元素设置了浮动，那么父元素的高度就会塌陷，父元素的背景色无法显示，也会对周边元素造成影响。

（1）给父元素设置高度。

（2）利用 clear 属性来清除浮动所带来的影响，clear 属性的作用就是清除浮动，属性值为 left/right/both/none。

- left：清除左侧的浮动。
- right：清除右侧浮动。
- both：清除两侧浮动。
- none：默认，不清除浮动。

（3）利用 after 选择器清除浮动。

格式：父元素:after{content:" ";display:block;clear:both;}。

6.5 盒子模型的定位

页面布局中的定位有默认定位、相对定位、绝对定位和固定定位。

- 默认定位：就是默认的标准流。
- 相对定位：相对定位主要以自己为基准点移动位置，但是移动位置后之前的位置还是保留的，与浮动不一样。浮动的目的是为了块级元素在一行展示，浮动之后原来的位置不保留。这种定位方式下元素不脱离文档流，仍然保持其未定位前的形态并且保留它原来所占空间。偏移时以自身位置的左上角作为参照物，通过 left、top、right 和 bottom 四个方向的属性来定义偏移的位置。
- 绝对定位：绝对定位跟浮动一样，脱离标准流，原来的位置不保留，但绝对定位是真正意义的脱离标准，可以覆盖文字图片内容。而浮动只是盒子脱离了，内容还是不会被其他盒子盖住。绝对定位当没有父元素或父元素没有定位，以浏览器当前页面为基准。如果父元素有定位了，那么它以最近的有定位的父元素为基准点进行定位移动。这种定位方式下元素将脱离文档流，不占据空间，文档流中的后续元素将填补它留下的空间。

- 子绝父相：意思是子盒子用绝对定位，父盒子用相对定位。为什么这样？因为父盒子一般可能下面还有其他的盒子，如果父盒子采用绝对定位，那么原来空间就不占有了，这样下面的盒子会上移，产生布局问题。如果父盒子用相对定位，那么占有原来位子，下面的其他盒子按照标准流会继续排列在下面，同时父盒子里的子盒子的绝对定位也会参照父盒子为基准。
- 固定定位：固定定位跟父元素没有关系，只认浏览器。固定定位完全脱离标准流，不占空间，不随着滚动条滚动。IE 6 等低版本浏览器不支持固定定位。跟浮动一样，元素添加了绝对定位和固定定位后，元素自动转换为行内块元素。行内块元素如果没有给宽度，默认宽度就是内容宽度，如果没有内容那么就看起来不显示任何内容。

6.6　溢出处理

在 CSS 中，如果设置了一个盒子的宽度与高度，则盒子中的内容就可能超过盒子本身的宽度或高度。此时，可以使用 overflow 属性来控制内容溢出时的处理方式。

overflow 属性的可选值有 visible | hidden | scroll | auto，除了 body 和 textarea 的默认值为 auto 外，其他元素的默认值为 visible。

如果不设置 overflow 属性，则默认值就是 visible。所以，一般而言，除非想覆盖它在其他地方被设定的值，并没有什么理由把 overflow 属性设置为 visible。

text-overflow 属性用来设置容器内的文本溢出时，如何处理溢出的内容，取值为 clip | ellipsis，默认值为 clip。

clip 表示文本溢出时，简单地把溢出的部分裁剪掉。ellipsis 表示文本溢出时，在溢出的地方显示一个省略标记。

在使用 text-overflow 属性时，一定要给容器定义宽度，否则，文本只会撑开容器，而不会溢出。事实上，text-overflow 属性只能定义文本溢出时的效果，并不具备其他样式功能。所以，无论 text-overflow 属性取值是 clip，还是 ellipsis，要让 text-overflow 属性生效，必须强制文本在一行内显示（white-space: nowrap），同时隐藏溢出的内容（overflow:hidden）。

如果省略 overflow:hidden，文本会横向溢出容器的外面。如果省略 white-space:nowrap，文本在横向到达容器边界时，会自动换行，即便定义了容器的高度，也不会出现省略号，而是把多余的文本裁切掉。如果省略 text-overflow:ellipsis，多余的文本会被裁切掉，就相当于 text-overflow:clip。

6.7　inline-block 和 float 的共性和区别

要把一些块状元素在一行排列显示，通常会用到 float，或许会使用到 inline-block 等。那么，它们有什么共性和区别？适用在什么场景？

1）共性

- inline-block：把一个元素的 display 设置为块状内联元素，意思就是说，让一个元素的容器 inline 展示，并且里面的内容 block 展示。inline 属性使元素内联展示，内联元素设置宽度无效，相邻的 inline 元素会在一行显示不换行，直到本行排满为止。block 的元素始终会独占一行，呈块状显示，可设置宽高。所以 inline-block 的元素就是宽高可设置，相邻的元素会在一行显示，直到本行排满，也就是让元素的容器属性为 block，内容为 inline。

- float：设置元素的浮动为左或者右浮动，当设置元素浮动时，相邻元素会根据自身大小，排满一行，如果父容器宽度不够则会换行。当设置了元素的浮动时，这个元素就脱离了文档流，相邻元素会呈环绕状排列。

两者共同点是都可以实现元素在一行显示，并且可以自由设置元素大小。

2）区别

- inline-block：水平排列一行，即使元素高度不一，也会以高度最大的元素高度为行高，即使高度小的元素周围留空，也不会有第二行元素上浮补位。可以设置默认的垂直对齐基线。
- float：让元素脱离当前文档流，呈环绕状排列，如果遇上行有空白，而当前元素大小可以挤进去，这个元素会在上行补位排列。默认是顶部对齐。

3）场景

- inline-block：当要设置某些元素在一行显示，并且排列方向一致的情况下，尽可能地用 inline-block。因为 inline-block 的元素仍然在当前文档流里面，这样就减少了程序对 DOM 的更改操作，因为 DOM 的每一次更改，浏览器会重绘 DOM 树，理论上会增加性能消耗。这样也不用像 float 那样麻烦，需要清除 float。
- float：即使 inline-block 为布局首选，但是也有 inline-block 所不能涉及的一些业务需求。例如有两个元素，需要一个向左、一个向右排列，这时候就只能用 float 来实现。对于新手来说，会纠结 float 不好调，比较麻烦，想到达到预期效果，需要多次调整，有时候给元素设置了浮动，元素显示的顺序却变了，一时搞不清楚就改变 HTML 中元素的前后顺序等。因为浏览器的解析顺序是逐行解析，当设置两个元素的右浮动时，顺序在前面的元素会先被解析，它是右浮动，那么在前边的元素就先往右浮动占位置，后边的元素依次被解析到以后，才往右排列，这样看到的顺序就是反的，当明白原因之后，调试就比较方便了。

6.8 面试与笔试试题解析

本节总结了一些在面试或笔试过程中经常出现的问题，让读者可以根据这些题目更好地去理解本章内容，也可以让读者掌握一些在面试中回答问题的方法和思路。

6.8.1 position 的定位属性有哪些

题面解析：本题主要考查应聘者对 position 定位的基础概念的掌握程度。回答此类问题时，应聘者首先应回想一下 position 定位属性都有什么并且它们都有什么作用，然后简单介绍它们的特点。

解析过程：

1. position:static

这是默认的属性，意味着不接受位置属性设置（top，right，bottom，left）。

2. position:relative

可设置位移属性“top，right，bottom，left”，这些属性相对于自己原本位置而言，仍然属于自然流，其他元素不会占用相对定位元素原本的位置。其他元素没有进行位置移动时，相对定位元素可能会与之重叠。

一个相对定位元素同时设置了 top 和 bottom，则 top 优先于 bottom。left 和 right 的优先级则取决于页面使用什么语言，英文页面中 left 优先级高。

3. position:absolute

脱离文档流。其位置相对于最近的相对定位的祖先元素，没有的话会相对于页面的主体定位。一个绝对定位的元素有固定的高度和宽度时，同时设置了 top 和 bottom，则 top 优先，left 和 right 的优先级取决于语言。一个绝对定位的元素没有明确指明高度和宽度时，同时使用 top 和 bottom 会使元素高度跨越整个容器，同样 left 和 right 会使元素宽度跨越整个容器。

4. position:fixed

相对于浏览器窗口定位，且不随滚动条滚动。不能在 IE 6 运行。

位移属性的使用与 absolute 一样。

5. 固定页头和页脚

固定定位最常见的一种用途就是在页面中创建一个固定头部或者脚部，或者固定页面的一个侧面。如何设置“left”和“right”两个盒子位移，这使得“页脚”跨越了页面的整个宽度，而不需使用 margin、border 和 padding 来破坏盒模形就做到了收缩自如。

代码如下所示：

```
footer {
   bottom: 0;
   left: 0;
   position: fixed;
   right: 0;
}
```

6. z-index 属性

只有设置了 position 为 relative、absolute、fixed 之一的元素才可以使用 z-index 或者位移属性。z-index 大的在上面，其中 0>auto。

6.8.2　什么叫 Web 安全色

题面解析：本题主要考查应聘者对网页中的 Web 安全色的熟悉程度。在回答此类问题时，应聘者不仅需要知道什么是 Web 安全色，而且还要知道 Web 安全色是怎么产生的以及我们对 Web 安全色的应用。

解析过程：

不同的平台（Mac、PC 等）有不同的调色板，不同的浏览器也有自己的调色板。这就意味着对于一幅图，显示在 Mac 上的 Web 浏览器中的图像，与它在 PC 上相同浏览器中显示的效果可能差别很大。

选择特定的颜色时，浏览器会尽量使用本身所用的调色板中最接近的颜色。如果浏览器中没有所选的颜色，就会通过抖动或者混合自身的颜色来尝试重新产生该颜色。

1. 产生的原因

为了解决 Web 调色板的问题，人们一致通过了一组在所有浏览器中都类似的 Web 安全颜色。

这些颜色使用了一种颜色模型，在该模型中，可以用相应的十六进制值 00、33、66、99、CC 和 FF 来表达三原色（RGB）中的每一种。这种基本的 Web 调色板将作为所有的 Web 浏览器和平台的标准，它包括了这些十六进制值的组合结果。这就意味着，潜在的输出结果包括 6 种红色调、6 种绿色调、6 种蓝色调。6×6×6 的结果就给出了 216 种特定的颜色，这些颜色就可以安全地应用于所有的 Web 中，而不需要担心颜色在不同应用程序之间的变化。

2. 应用

对于我们来说，将某种颜色的十进制值转化为十六进制值不是一件容易的事情，尽管我们可以学会将 RGB 颜色转化为十六进制的数学原理。

而使用大多数图像编辑或者绘画程序中提供的颜色转化工具进行转化更为容易。通过使用滴管工具，可以在任何所需的颜色上单击，然后在颜色的拾取器中查看该颜色的 RGB、HSB、CMYK、LAB 和最终十六进制数值。

在 HTML 中，可以根据个人的意愿，通过编辑编码来修改文字和背景颜色，同时可以通过制订颜色的十六进制数值来完成操作。代码非常简单，在 HTML 文件中的<body>标签之后添加<BGCOLOR="#CC3333">（暗红色代码）代码就可以了。

6.8.3 如何清除一个网页元素的浮动

题面解析：本题是面试中比较常见的题目，也是在网页设计中经常遇到的问题，面试官希望通过这样的面试题来了解应聘者对网页设计的基本功底。应聘者可以先回答在工作上常用的清除方法，并说明为什么使用它，然后讲一些其他的清除方法来展示你的思维广阔、知识丰富的一面。

解析过程：

网页中，经常用浮动的 DIV 来布局，但是会出现父元素因为子元素浮动引起内部高度为 0 的问题。为了解决这个问题，需要清除浮动，下面介绍几种清除浮动的方法。

清除浮动的属性设置，方法如下。

- clear:/left/right/none/inherit：元素某个方向不能有浮动元素。
- clear：左右两侧不允许浮动。

（1）给浮动元素下方添加一个空的 div，给出一系列声明{clear:both;height:0;overflow:hidden}。

（2）给浮动元素的父级设置高度：高度塌陷是因为浮动元素的父级高度是自适应导致的，那么给它设置适当的高度就可以解决这个问题了。缺点：在浮动元素高度不确定的时候不适用。

（3）以浮治浮：就是给浮动元素的父级也添加浮动。缺点就是需要给每个浮动元素的父级添加浮动，浮动多了容易出现问题。

（4）给父级添加 overflow:hidden 清浮动方法。

问题：需要配合宽度或者 zoom 兼容 IE 6、IE 7。

项目中推荐使用的还是万能清除浮动。

选择符：

```
after{
    content:".";
    clear:both;
    display:block;
    height:0;
    overflow:hidden;
    visibility:hidden;
}
```

6.8.4 前端为什么提倡模块化开发

题面解析：面试官主要考查应聘者是否做过比较复杂、庞大的项目，是否具备一定的编程思想。随着前端技术的发展，前端编写的代码量也越来越大，因此需要对代码有很好的管理。目前比较好的开发语言就是 OOP（面向对象编程）编程语言，如 Java 语言、C#语言。从 JavaScript 新的版本来看，要求 JavaScript 具有封装、继承、多态等优点的需求越来越明显。这道题属于编程思想范畴。

解析过程：

所谓的模块化开发就是封装细节，提供使用接口，彼此之间互不影响，每个模块都实现某一特定的功能。模块化开发的基础就是函数。

1. 使用函数封装

```
function func1(){
}
function func2(){
}
```

上面的函数 func1()和 func2()，组成一个模块，使用的时候直接调用就行了。这种做法的缺点很明显："污染"了全局变量，无法保证不与其他模块发生变量名冲突，而且模块成员之间看不出直接关系。

2. 使用对象封装

为了解决上面的缺点，可以把模块写成一个对象，所有的模块成员都放到这个对象里面。

```
var obj={
    age:0,
    func1:function(){
    },
    func2:function(){
    }
}
```

上面的函数 func1()和 func2()都封装在 obj 对象里。使用的时候，就是调用这个对象的属性。

```
obj.func1();
```

这样做也是有问题的，变量可以被外面随意改变而导致不安全，例如，年龄被修改成负数。

```
obj.age=-100;
```

3. 立即执行函数

使用"立即执行函数"（Immediately-Invoked Function Expression，IIFE），可以达到不暴露私有成员的目的。这也是闭包处理的一种方式。

```
var obj=(function(){
    var _age=0;
    var func1=function(){
    };
    var func2=funciton(){
    };
    return {
        m1:func1,
        m2:func2
    }
})();
```

使用上面的写法，外部代码无法读取内部的 age 变量。

```
console.log(obj.age);//undefined
```

4. 放大模式

如果一个模块很大，必须分成几个部分，或者一个模块需要继承另一个模块，这时就有必要采用"放大模式"（augmentation），在原有的基础上扩展更多的方法。

```
var obj=(function(mod){
    mod.func3=function(){
    };
    return mod;  //方便方法连续调用
})(obj)
```

5. 宽放大模式

在浏览器环境中，模块的各个部分通常都是从网上获取的，有时无法知道哪个部分会先被加载。如果采用上面的写法，第一个执行的部分有可能加载一个不存在的空对象，这时就要采用“宽放大模式”。

```
var obj=(function(mod){
    return mod;
})(window.obj||{});  //确保对象不为空
```

与“放大模式”相比，“宽放大模式”就是“立即执行函数”的参数可以是空对象，解决了非空的问题。

6. 输入全局变量

独立性是模块的重要特点，模块内部最好不与程序的其他部分直接交互。为了在模块内部调用全局变量，必须显式地将其他变量输入模块。

```
(function(window,undefined){
    //代码编写...
})(window);
```

这是 jQuery 框架的源码，将 window 对象作为参数传入。这样做除了保证模块的独立性外，还使得模块之间的依赖关系变得明显。

如果没有模块化，前端代码会怎么样？

- 变量和方法不容易维护，容易污染全局作用域。
- 加载资源的方式通过 script 标签从上到下。
- 依赖的环境主观逻辑偏重，代码较多就会比较复杂。
- 大型项目资源难以维护，特别是多人合作的情况下，资源的引入会较为麻烦。

6.8.5 去掉网页中超链接的蓝色边框

试题题面：如何去掉网页中的图片添加超链接的蓝色边框？

题面解析：本题主要考查应聘者在盒子模型遇到问题时如何解决。看到此问题，应聘者可以从最简单的方法直接加上 border="0"入手。但是如果遇到许多图片，就要结合问题本身的具体情况来作答。这时应聘者可以回想一下有没有这样的一种针对 HTML 标签元素的选择符，可以发现也可以用 CSS 语法来控制超链接的形式、颜色变化。

解析过程：

一般的办法是给 img 标签加上 border="0"，虽然能解决问题，但如果这样的图片有 N 个，那就要手工加 N 次 border="0"，效率太低。

其实如果注意到 CSS 的 Selector（选择符）中有一类是针对 HTML 的标签元素，那就方便多了。

```
CODE:
<style>
img{border:0px}
</style>
[Copy to clipboard]
```

我们可以用 CSS 语法来控制超链接的形式、颜色变化。

下面我们做一个这样的链接：未被单击时超链接文字无下画线，显示为蓝色；当鼠标指针在链接上时有下画线，链接文字显示为红色；当单击链接后，链接无下画线，显示为绿色。

实现方法很简单，在源代码的<head>和<head>之间加上如下的 CSS 语法控制：

```
<style type="text/css">
<!--
```

```
a:link { text-decoration: none;color: blue}
a:active { text-decoration:blink}
a:hover { text-decoration:underline;color: red}
a:visited { text-decoration: none;color: green}
-->
</style>
```

其中一些参数含义如下。

- a:link：指正常的未被访问过的链接。
- a:active：指正在点的链接。
- a:hover：指鼠标指针在链接上。
- a:visited：指已经访问过的链接。
- text-decoration：指文字修饰效果。
- none：超链接文字不显示下画线。
- underline：超链接的文字有下画线。

6.8.6　请说说你对元素浮动 float 的理解

题面解析：本题主要考查应聘者对浮动 float 的基本知识的掌握程度。看到此问题，应聘者需要把关于浮动 float 的所有知识在脑海中回忆一下，其中包括 float 浮动规则、float 浮动使用时注意点等，也可以通过一个简单的例子来表示自己对浮动的简单看法。

解析过程：

浮动框脱离了普通的文档流，就好像是飘在普通的文档流之上。

浮动：简单的理解，就是本来两个人（甲、乙）在排队，但是假设给甲加上向左浮动的属性，就相当于他往左边靠。假设乙没加浮动，那么就相当于甲在同一个地点的第二层，乙在第一层，也就是甲浮在乙上面。如果乙也加了浮动，那两个人都在第二层拉着小手，是并在一起的。

float 浮动规则：向指定方向移动，直到碰到包含它的元素或同样 float 元素的边框。如果元素浮动，则不占空间，block 元素浮动会失去 block 属性，变为 inline-block 属性，因为可以设置宽高。但与 absolute 的不占空间不同，float 有时会影响周边元素。

（1）如果 float 元素的前面是非 block 元素，且这些元素在同一行，则浮动会影响它前面的元素，把它前面的非 block 元素挤到边上。

（2）如果它前面的非 block 元素一行放不下了，则去影响它下面的一行。此时可以把它前面的过长的非 block 元素当 block 元素看。即如果 float 元素前面的元素是非 block 元素，那么 float 元素只会影响其下面的元素，不会影响上面的。如果它下面是非 block 元素，则把该元素往边上挤，如 ddd。如果它下面是 block 元素，则会覆盖上该元素，但只是背景的覆盖，依然会把该块状元素的内容挤到边上。

（3）如果浮动元素面积够大，并且下面不出现清理浮动的 CSS，那么下面的元素均会受影响。

（4）如果是非 block 元素则挤到一边，如果是 block 元素则只是覆盖背景，文字依然会被挤到一边。如果下面是<div> <span style="background:goldenrod;float:left;"> c </span> </div>，可以将外面套着的 div 忽视掉，里面 span 所受的影响与外层 div 无关。当然也不是毫无关系，比如外层如果使用了 clear，那么里面这层也不受影响了。

（5）如果我们给 float 元素加上偏移，则 float 会挡住 c，不管 c 是块状还是非块状，同样都是浮动，这个跟正常流的移动位置覆盖到边上元素，没什么区别。

总结：其实对于写在浮动元素上面的元素来说，是否受影响，取决于它们是否能单独占领一行。对于下面的元素来说，其实都是把文字等挤到一边，无非就是会不会覆盖背景的区别。另外，下面元素所受的影响与外面嵌套了多少个正常流并且不包含 clear 的 div 无关。

6.8.7 CSS 中的@font-face 有什么作用

题面解析：本题主要考查应聘者对@font-face 的使用情况。看到此问题，应聘者不仅需要知道它是什么、有什么作用，而且需要知道它是怎么去使用的。

解析过程：

多年以来，人们一直被迫使用一组单调乏味的 Web 安全字体。当网页中需要使用一些优雅的字体时，设计师最常用的办法就是把文字做成图片。但是，由于图片难以修改，也不利于网站 SEO，因此不可能大范围使用该字体。

值得庆幸的是，CSS 3 的@font-face 为设计师打开了一个全新的世界。它提供了一种自定义网页字体的方法，使设计师可以大胆地使用任意自己想要的字体。

事实上，@font-face 规则在 CSS 2 中就已经存在，但随后在 CSS 2.1 中被删除。早在 1998 年，IE 4 就对它提供了部分支持。现在，它已经被重新引入 CSS 3 的字体模块中。

@font-face 是一个 CSS 功能，它允许网页中使用自定义的网络字体，这些自定义的字体被放置在服务器上，从而摆脱对访问者计算机上字体环境的依赖。

简单地说，有了@font-face，只需将字体上传到服务器端，无论访问者计算机上是否安装该字体，网页都能够正确显示。

@font-face 能够加载服务器端的字体，并让浏览器找到对应的字体，得益于一套成熟的语法规则：

```
@font-face {
    font-family: <YourWebFontName>;
    src: <source> [<format>][,<source> [<format>]]*;
    [font-weight: <weight>];
    [font-style: <style>];
}
```

它的取值说明如下：

- Your Web Font Name：此值指的就是自定义的字体名称，最好使用自己下载的默认字体，它将被引用到你的 Web 元素中的 font-family。
- source：此值指的是自定义的字体的存放路径，可以是相对路径，也可以是绝路径。
- format：此值指的是自定义的字体的格式，主要用来帮助浏览器识别。其值主要有以下几种类型：truetype、opentype、truetype-aat、embedded-opentype 和 avg 等。
- weight 和 style：这两个值大家一定很熟悉，weight 定义字体是否为粗体，style 主要定义字体样式，如斜体。

6.8.8 绝对定位 absolute 和浮动 float 有哪些区别

题面解析：本题主要考查绝对定位 absolute 和浮动 float 在不同地方使用时有不同的作用，应聘者应先介绍一下它们的属性和方法的不同，再分析它们在使用时的一些不同之处，如脱离文档流等问题。

解析过程：

其实 float 最初是用来调节包围文字的，position 是用来调节文档流中位置的，float 和 position 这两者并没有孰好孰不好的问题，两者按需使用，各得所需的效果。

float 脱离普通文档流，但是文字会环绕其周围，也就是说文字将不会重叠放置在浮动元素之上。而绝对定位中，其他所有元素都将会放置在绝对定位的元素之上。需要注意的是，使用 float

脱离文档流时，其他盒子会无视这个元素，但其他盒子内的文本依然会为这个元素让出位置，环绕在它周围。而对于使用 absolute positioning 脱离文档流的元素，其他盒子与其他盒子内的文本都会无视它。

float 字面上的意思就是浮动。float 能让元素从文档流中抽出，它并不占文档流的空间，典型的就是图文混排中文字环绕图片的效果了。float 也是目前使用最多的网页布局方式，不过清除浮动是用户需要注意的地方，并且要考虑到 IE 6 之类的浏览器还会有一些 bug。诸如双边距等。

position 顾名思义就是定位。它有以下这几种属性：static（默认）、relative（相对定位）、absolute（绝对定位）和 fixed（固定定位）。其中，static 和 relative 会占据文档流空间，它们并不是脱离文档的。absolute 和 fixed 是脱离文档流的，不会占据文档流空间。

比较可以发现，float 和 position 最大的区别其实是是否占据文档流空间的问题。虽然 position 有 absolute 和 fixed 这两个不会占据文档流的属性，但是这两个属性并不适合被用来给整个网页做布局，因为这样就得为页面上的每一个元素设置坐标来定位。

float 布局就显得灵活多了。但是一些特殊的地方搭配 relative 和 absolute 布局可以实现更好的效果。因为 absolute 是基于父级元素的定位，当父级元素是 relative 的时候，absolute 的元素就会基于它的定位了，例如，可以让一个按钮始终显示在一个元素的右下角。

因此，不推荐用 position 来布局整个页面的大框架，而推荐用 float 或者文档流的默认方式。

6.8.9 有几种方法可以解决父级边框塌陷

题面解析：本题主要考查应聘者对父元素的熟练掌握程度。回答此问题很简单，应聘者把相关的解决方法一一展示出来即可。父元素是一个没有样式的 div/ul/等其他类 block 元素，子元素里面设置浮动，父元素就会发生塌陷问题。这个现象是在页面设计过程中发生的十分经典的情况。

解析过程：

父级边框塌陷的原因：在进行网页布局时，会用到 float 浮动属性，只要父级元素下的子元素浮动了，肯定会影响父级元素的边框。如果父元素只包含浮动元素，且父元素未设置高度和宽度，那么其高度就会塌缩为零，也就是所谓的“高度塌陷”。如果父级元素包含背景或者边框，那么溢出的元素就不像父级元素的一部分了。

解决父级边框塌陷的方法有以下几种。

（1）使用伪类，操作简单，兼容性高，并且推荐使用一个公共的类名.clearFix 来设置。需要清除塌陷父元素，只要调用这个伪类就够了，会减少代码的冗余度。

```
//在父元素里添加这个类
.clearFix: after{
    content:" ";          //设置为空
    display:block;        //将伪元素转化成块元素
    clear: both;          //清除浮动
}
```

（2）给父元素设置高度。例如：

```
height: 100px;
```

（3）给后面的元素设置 clear 属性，浮动在哪一边就设哪一边的 clear。例如：

```
clear: left/right/both;
```

（4）在子元素后面添加一个空的 div（不会影响到其他元素），设置清除两边浮动。例如：

```
<div>
    <div class="class">
```

```
        这里是内容，这个区域被浮动了。
    </div>
    <div style="clear:both;"></div>
</div>
```

（5）设置溢出清除 overflow:hidden;，只要不是 visible 就行。例如：

```
<div style="overflow: hidden;">
    <div class="class">
        这里是内容，这个区域被浮动了。
    </div>
</div>
```

（6）为父元素设置透明边框。例如：

```
<div style="border:1px solid transparent;">
    <div class="class">
        这里是内容，这个区域被浮动了。
    </div>
</div>
```

（7）为父元素设置 padding，只设置一个也可以。例如：

```
<div style="padding-top:1px;">
    <div class="class">
        这里是内容，这个区域被浮动了。
    </div>
</div>
```

（8）使用 BFC（Block Formatting Context）块级格式上下文解决问题（前面的 overflow 方法已经使用了这个思想）。BFC 就好像一个城池的围墙，如果给父元素加上一个围墙（BFC），那么就能够让里面的元素无法逃脱父元素的区域，在表现形式上就可以达到清除浮动的效果。

- 使用 inline-block 触发 BFC，当元素不是行内块元素时，可以通过 display:inline-block 的样式代码使之转化为行内块元素来触发 BFC。例如：

```
<div style="display:inline-block;">  //父元素设置成行内块元素
    <div class="class">
        这里是内容，这个区域被浮动了。
    </div>
</div>
```

- 给父元素设置成浮动来触发 BFC。例如：

```
<div style="float:left/right;">  //父元素设置浮动
    <div class="class">
        这里是内容，这个区域被浮动了。
    </div>
</div>
```

- 给父元素设置成绝对/固定定位来触发 BFC，因为绝对/固定定位能使父元素脱离文档流（相对定位不可以）。例如：

```
<div style="position:absolute;">  //父元素设置绝对定位
    <div class="class">
        这里是内容，这个区域被浮动了。
    </div>
</div>
```

6.8.10　CSS 的盒子模型有哪些以及它们的区别

题面解析：本题主要考查 CSS 的盒子模型，这也是一个较为重要的知识点。应聘者可先在脑海中回忆 CSS 的模型，再解释它们之间的区别。

解析过程：盒子模型（Box Modle）可以用来对元素进行布局，由实际内容（content）、内边距（padding）、边框（border）与外边距（margin）组成。盒模型也称为框模型，就是从盒子顶部俯视所得的一张平面图，用于描述元素所占用的空间。它有两种盒模型，W3C 盒模型和 IE 盒模型。

（1）W3C 盒模型的范围包括：content、padding、border、margin，并且 content 部分不包含其他部分。W3C 盒模型的 width 与 height 只含 content，不包括 padding 和 border。

（2）IE 盒模型也是包括 content、padding、border、margin，和 W3C 盒模型不同的是，IE 盒模型的 content 部分包含了 padding 和 border 部分。

IE 盒模型的 width 与 height 是 content、padding 和 border 的总和。

理论上两者的主要区别是，两者的盒子宽高是否包括元素的边框和内边距。当用 CSS 给某个元素定义高或宽时，IE 盒模型中内容的宽或高将会包含内边距和边框，而 W3C 盒模型并不会。

6.9　名企真题解析

为了进一步加深读者对盒子模型的理解，本节收集了一些各大企业往年的面试及笔试题，让读者提前感受面试的气氛，使读者认识到自己的不足之处，巩固学习的内容。

6.9.1　如何实现一个圣杯布局

【选自 XM 笔试题】

题面解析：本题主要考查应聘者对圣杯布局的掌握情况。在本题中，可以通过浮动和 flex 两种方法来实现圣杯布局。基本思路是外面一个大 div，里面三个小 div（都是浮动），左右两栏宽度固定，中间宽度自适应，中间栏优先渲染。

解析过程：

圣杯布局是为了讨论三栏液态布局的实现，最早的完美实现是由 Matthew Levine 在 2006 年写的一篇文章 *In Search of the Holy Grail*，主要讲述了网页中关于最佳圣杯的实现方法。

圣杯布局有以下几点要求。

- 上部（header）和下部（footer）各自占领屏幕所有宽度。
- 上下部之间的部分（container）是一个三栏布局。
- 三栏布局两侧宽度不变，中间部分自动填充整个区域。
- 中间部分的高度是三栏中最高的区域的高度。

实现方法一：浮动

首先来看看实现圣杯布局的代码，然后通过代码来分析其实现思路。

HTML 代码如下所示：

```
<div class="header">
    <h4>header</h4>
</div>
<div class="container">
        <div class="middle">
            <h4>middle</h4>
```

```
            <p>middle-content</p>
      </div>
      <div class="left">
        <h4>left</h4>
            <p>left-content</p>
      </div>
      <div class="right">
        <h4>right</h4>
            <p>right-content</p>
      </div>
</div>
<div class="footer">
      <h4>footer</h4>
</div>
```

CSS 代码如下所示：

```
.header, .footer {
   border: 1px solid #333;
   background: #ccc;
   text-align: center;
}
.footer {
   clear: both;
}
.container {
   padding:0 220px 0 200px;
   overflow: hidden;
}
.left, .middle, .right {
   position: relative;
   float: left;
   min-height: 130px;
}
.middle {
   width: 100%;
   background: blue;
}
.left {
   margin-left: -100%;
   left: -200px;
   width: 200px;
   background: red;
}
.right {
   margin-left: -220px;
   right: -220px;
   width: 220px;
   background: green;
}
```

下面来分析其实现思路。

（1）在 HTML 中，先定义好 header 和 footer 的样式，使之横向占满。

（2）container 中的三列设为浮动和相对定位，middle 要放在最前面，footer 清除浮动。

（3）三列的左右两列分别定宽 200px 和 220px，中间部分 middle 设置 100%占满。这样因为浮动的关系，middle 会占据整个 container，左右两块区域被挤下去了。

（4）设置 left 的 margin-left: -100%;，让 left 回到上一行最左侧。但这会把 middle 给遮住了，所以这时给外层的 container 设置 padding: 0 220px 0 200px;，给 left 空出位置。

（5）这时 left 并没有在最左侧，因为之前已经设置过相对定位，所以通过 left:-200px;把 left 拉回最左侧。

（6）同样的，对于 right 区域，设置 margin-left: -220px;把 right 拉回第一行。

（7）这时右侧空出了 220px 的空间，所以最后设置 right: -220px;把 right 区域拉到最右侧就行了。

实现方法二：flex 弹性盒子

用弹性盒子来实现圣杯布局特别简单，只需要把中间的部分用 flex 布局即可。

HTML 代码如下所示：

```
<div class="header">
    <h4>header</h4>
</div>
<div class="container">
    <div class="left">
        <h4>left</h4>
            <p>left-content</p>
    </div>
    <div class="middle">
        <h4>middle</h4>
            <p>middle-content</p>
    </div>
    <div class="right">
        <h4>right</h4>
            <p>right-content</p>
    </div>
</div>
<div class="footer">
            <h4>footer</h4>
</div>
```

CSS 代码如下所示：

```
.header, .footer {
    border: 1px solid #333;
    background: #ccc;
    text-align: center;
}
.container {
    display: flex;
}
.left {
    width: 200px;
    background: red;
}
.middle {
    flex: 1;
    background: blue;
}
```

```
    .right {
        width: 220px;
        background: green;
    }
```

下面来分析其实现思路。

（1）header 和 footer 横向占满，footer 不用再清除浮动了。

（2）container 中的 left、middle、right 依次排布即可，不用特意将 middle 放置到最前面。

（3）给 container 设置弹性布局 display:flex。

（4）left 和 right 区域定宽，middle 设置 flex 为 1 即可。

总的来说，弹性布局是最适合实现圣杯布局的方法了。相较于浮动而言，弹性布局的结构更清楚，更好理解，也不用担心移动端的适配问题。

而浮动的方法在面试中可能会遇到，主要考查对布局的理解能力。所以，建议大家可以把浮动的例子复制下来，自行模拟一下，以便加深理解。

6.9.2 标准盒子模型和 IE 盒子模型的区别

【选自 YMX 面试题】

题面解析：本题主要考查标准盒子模型和 IE 盒子模型的不同。应聘者需要掌握标准盒子模型和 IE 盒子模型的概念，怎么使用、有什么作用，然后从使用中分析它们的不同之处。本题中，它们的不同主要在于计算公式不同。

解析过程：

CSS 盒子模型又称为框模型（Box Model），包含元素内容（content）、内边距（padding）、边框（border）和外边距（margin）几个要素。W3C 盒子模型的范围包括 margin、border、padding、content，并且 content 部分不包含其他部分。IE 盒子模型的范围也包括 margin、border、padding 和 content。和标准 W3C 盒子模型不同的是：IE 盒子模型的 content 部分包含了 border 和 padding。

相同之处都是对元素计算尺寸的模型，具体说就是对元素的 width、height、padding 和 border 以及元素实际尺寸的计算关系。不同之处是两者的计算方法不一致，原则上来说盒子模型是分得很细的，这里所看到的主要是外盒模型和内盒模型，如以下计算公式所示。

1. W3C 标准盒子模型

1）外盒尺寸计算（元素空间尺寸）

element 空间高度＝内容高度＋内距＋边框＋外距。

element 空间宽度＝内容宽度＋内距＋边框＋外距。

2）内盒尺寸计算（元素大小）

element 高度＝内容高度＋内距＋边框（height 为内容高度）。

element 宽度＝内容宽度＋内距＋边框（width 为内容宽度）。

2. IE 盒子模型（IE 6 以下，不包含 IE 6 版本或“QuirksMode 下 IE 5.5+”）

1）外盒尺寸计算（元素空间尺寸）

element 空间高度＝内容高度＋外距（height 包含元素内容高度、边框、内距）。

element 宽间宽度＝内容宽度＋外距（width 包含元素内容宽度、边框、内距）。

2）内盒尺寸计算（元素大小）

element 高度＝内容高度（height 包含元素内容高度、边框、内距）。

element 宽度＝内容宽度（width 包含元素内容宽度、边框、内距）。

6.9.3　如何判断哪一年是闰年

【选自 ALBB 面试题】

题面解析：本题也是常常在面试中遇到的问题之一，主要考查应聘者对遇到问题的反应能力。在面对这类问题时，应聘者首先分析其产生条件，然后根据条件来解决问题。这类问题一般都比较简单，所以应聘者只需要一步一步分析即可。

解析过程：

闰年判定的条件：年份必需要被 4 整除，并且不能被 100 整除；能被 400 整除（世纪闰年）。

代码如下所示：

```
<!DOCTYPE html>
<html lang="en">
<head>
    <meta charset="UTF-8">
    <title>判断闰年</title>
    <script type="text/javascript">
        var date=prompt('请输入年份: ')
        if (date%4==0&&date%100!=0) {
            alert('闰年');
        }else if(date%400==0){
            alert('闰年');
        }else{
            alert('不是闰年');
        }
    </script>
</head>
<body>
</body>
</html>
```

6.9.4　编写一个函数，用于清除字符串前后的空格

【选自 JD 面试题】

题面解析：本题是在开发中经常遇到的问题，面试官主要考查应聘者对清除字符串前后的空格方法的灵活使用。下面介绍开发中使用的几种方法，有循环替换、正则替换、使用 jquery、使用 motools、剪裁字符串方式。

解析过程：

下面介绍 5 种清除字符串前后的空格的方法。

1. 循环替换

```
//供使用者调用
function trim(s){
     return trimRight(trimLeft(s));
}
//去掉左边的空白
function trimLeft(s){
 if(s == null) {
   return "";
 }
 var whitespace = new String(" \t\n\r");
   var str = new String(s);
   if (whitespace.indexOf(str.charAt(0)) != -1) {
     var j=0, i = str.length;
     while (j < i && whitespace.indexOf(str.charAt(j)) != -1){
```

```
        j++;
      }
      str = str.substring(j, i);
      }
    return str;
  }
//去掉右边的空格
function trimRight(s){
 if(s == null) return "";
   var whitespace = new String(" \t\n\r");
   var str = new String(s);
   if (whitespace.indexOf(str.charAt(str.length-1)) != -1){
     var i = str.length - 1;
     while (i >= 0 && whitespace.indexOf(str.charAt(i)) != -1){
       i--;
       }
     str = str.substring(0, i+1);
   }
 return str;
}
```

2. 正则替换

```
<SCRIPT LANGUAGE="JavaScript">
<!--
String.prototype.Trim = function()
{
    return this.replace(/(^\s*)|(\s*$)/g, "");
}
String.prototype.LTrim = function()
{
    return this.replace(/(^\s*)/g, "");
}
String.prototype.RTrim = function()
{
    return this.replace(/(\s*$)/g, "");
}
-->
</SCRIPT>
//去掉左空格
function ltrim(s){
    return s.replace(/(^\s*)/g, "");
}
//去掉右空格
function rtrim(s){
    return s.replace(/(\s*$)/g, "");
}
//去掉左右空格
function trim(s){
    return s.replace(/(^\s*)|(\s*$)/g, "");
}
```

3. 使用 jquery

```
$.trim(str);
```

jquery 的内部实现为：

```
function trim(str){
    return str.replace(/^(\s|\u00A0)+/,'').replace(/(\s|\u00A0)+$/,'');
}
```

4. 使用 motools

```
function trim(str){
    return str.replace(/^(\s|\xA0)+|(\s|\xA0)+$/g, '');
}
```

5. 剪裁字符串方式

```
function trim(str){
 str = str.replace(/^(\s|\u00A0)+/,'');
   for(var i=str.length-1; i>=0; i--){
     if(/\S/.test(str.charAt(i))){
       str = str.substring(0, i+1);
       break;
     }
   }
 return str;
}
```

6.9.5　用伸缩盒子实现子元素的水平和垂直居中

【选自 SLL 面试题】

题面解析：本题是在大型企业的面试中经常考查的问题，主要考查应聘者使用 Flexbox 来实现子元素的水平和垂直居中的情况。处理元素的水平和垂直居中的问题有很多种方法，可主要介绍 Flexbox 方法，但考虑的情况可更多些，如单个元素、多个元素等的不同状态，这样可使问题回答得更全面、有针对性。

解析过程：

使用 CSS 3 Flexbox 可轻松实现元素的水平居中和垂直居中。元素居中，作为前端工程师肯定会经常用到。不过很多时候要实现垂直居中，还是比较麻烦的。下面通过 Flex 布局轻松实现元素在水平、垂直方向上的居中效果。

1. 水平居中

1）单个元素水平居中

CSS 代码如下所示：

```
.box{
    display: flex;
    justify-content: center;
    background: #0099cc
}
h1{
    color: #FFF
}
```

HTML 代码如下所示：

```
<div class="box">
    <h1>flex 弹性布局 justify-content 属性实现元素水平居中</h1>
</div>
```

在这段代码里只需要给 h1 标签的父元素添加两个属性就可以了，justify-content 的作用是让 class 类为 box 的 div 盒子居中。盒子居中了，盒子里面的元素就自然居中了，其好处是不需要对需居中的元素（h1）设置任何样式，如 width 和 margin。

2）多个 h1 元素水平居中

HTML 代码如下所示：

```
<div class="box">
    <h1>flex 弹性布局 justify-content 属性实现元素水平居中</h1>
    <h1>flex 弹性布局 justify-content 属性实现元素水平居中</h1>
    <h1>flex 弹性布局 justify-content 属性实现元素水平居中</h1>
</div>
```

CSS 代码如下所示：

```
.box{
    display: flex;
```

```
    justify-content: center;
    width: 100%;
    background: #0099cc
}
h1{
    font-size: 1rem;
    padding: 1rem;
    border: 1px dashed #FFF;
    color: #FFF;
    font-weight: normal;
}
```

在 Flex 布局中，作用对象是子元素与其父元素，所以在这里不妨把 body 当作一个正常的标签使用，虽然很少这样用，但是为了说明 body 标签也是很接地气的，所以本例中使用了 body 标签作为 box 的父元素。

现在来分析代码：在 Flex 中有两个东西，一个是 Flex 容器（子项目父元素），另一个是子项目（Flex 容器子元素）。如果不给.box 添加样式，一个 h1 标签占一行，也就是页面会显示三行文字“flex 弹性布局 justify-content 属性实现元素水平居中”。如果给.box 添加了 display: flex;，那么三个 h1 标签就在一行里排列了，相当于浮动，只不过它不会因为超出了.box 的宽度而换行，总是会在一行内显示。

2. 垂直居中

元素垂直居中在前端开发中有时候还是比较麻烦的，但是用了 Flex 布局后一切就化繁为简了。

1）单个 h1 标签垂直居中

HTML 代码如下所示：

```
<div class="box">
    <h1>flex 弹性布局 justify-content 属性实现元素水平居中</h1>
</div>
```

CSS 代码如下所示：

```
.box{
    display: flex;
    width: 980px;
    height: 30rem;
    align-items:center;
    background: #0099cc
}
h1{
    font-size: 1rem;
    padding: 1rem;
    border: 1px dashed #FFF;
    color: #FFF
}
```

在这里定义了.box 的高和蓝色背景。给 h1 元素添加一个边框，这样 h1 元素就居中了，不用给 h1 设置高度，无须绝对定位。

2）多个 h1 标签并排垂直居中

HTML 代码如下所示：

```
<div class="box">
    <h1>flex 弹性布局 justify-content 属性实现元素水平居中</h1>
    <h1>flex 弹性布局 justify-content 属性实现元素水平居中</h1>
    <h1>flex 弹性布局 justify-content 属性实现元素水平居中</h1>
</div>
```

CSS 代码如下所示：

```
.box{
    display: flex;
    width: 980px;
```

```
    height: 30rem;
    align-items:center;
    background: #0099cc
}
h1{
    font-size: 1rem;
    padding: 1rem;
    border: 1px dashed #FFF;
    color: #FFF
}
```

上面这个例子除了 HTML 代码多了两个 h1 标签，样式都没有变化。有了 Flex 垂直居中，元素、图片、文字居中问题瞬间化为泡影。

☆**注意**☆　div 和 h1 标签只是举例而已，Flex 属性也适用于其他标签 HTML 标签。

3）多行 h1 标签垂直居中

HTML 代码如下所示：

```
<div class="box">
    <h1>flex 弹性布局 justify-content 属性实现元素垂直居中</h1>
    <h1>flex 弹性布局 justify-content 属性实现元素垂直居中</h1>
    <h1>flex 弹性布局 justify-content 属性实现元素垂直居中</h1>
    <h1>flex 弹性布局 justify-content 属性实现元素垂直居中</h1>
</div>
```

CSS 代码如下所示：

```
.box{
    display: flex;
    width: 980px;
    height: 30rem;
    justify-content:center;
    background: #0099cc;
    flex-direction:column
}
h1{
    display: flex;
    justify-content:center;
    font-size: 1rem;
    padding: 1rem;
    border: 1px dashed #FFF;
    color: #FFF
}
```

由于弹性容器.box 添加了 display:flex;属性，子项目默认是水平排列的，所以给.box 追加一个 flex-direction:column 属性来让子项目垂直排列。此时垂直方向作为主轴，所以可以使用一个 justify-content:center 来让所有子项目在垂直方向上居中。为了让 h1 标签内的文字也水平居中，也给了 h1 一个 dislay:flex;以及 justify-content:center;。由于 h1 是默认的水平排列，所以 justify-content:center;就可以让文字在水平方向上居中。

第 7 章

定位网页元素

本章导读

从本章开始主要带领读者学习定位网页元素以及在面试和笔试中常见的问题。本章前半部分先告诉读者要掌握的重点知识有哪些，后半部分将教会读者如何更好地回答面试和笔试中的问题，最后总结了一些在企业的面试及笔试中的真题，供读者参考。

知识清单

本章要点（已掌握的在方框中打钩）

- ☐ 元素的定位属性
- ☐ position 的常用值
- ☐ 层叠上下文和层叠层
- ☐ 层叠次序
- ☐ 网页元素透明度

7.1 定位

定位，同浮动一样是前端开发人员进行 CSS 布局的另一神器。浮动布局比较灵活，但不容易控制。定位布局则相反，可以让用户精确地控制元素在页面中的位置，但缺乏浮动布局的灵活性。

7.1.1 元素的定位属性

元素的定位属性主要包括边偏移和定位模式。

边偏移属性如表 7-1 所示。

表 7-1 边偏移属性

边偏移属性	描 述
top	顶端偏移量，定义元素相对于其父元素上边线的距离
bottom	底部偏移量，定义元素相对于其父元素下边线的距离
left	左侧偏移量，定义元素相对于其父元素左边线的距离
right	右侧偏移量，定义元素相对于其父元素右边线的距离

也就是说，定位要和这些偏移搭配使用，如 top:10px、left:20px 等。

在 CSS 中，position 属性用于定义元素的定位模式，基本语法格式如下：

```
选择器 : {position: 属性值;}
```

position 的常用值如表 7-2 所示。

表 7-2　position 的常用值

值	描　述
static	自动定位（默认的定位方式）
absolute	相对定位，相对于其原文档流的位置进行定位
relative	绝对定位，相对于其上一个已经定位的父元素进行定位
fixed	固定定位，相对于浏览器窗口进行定位

7.1.2　静态定位

静态定位是默认的定位模式，即网页中所有的元素都默认是静态定位，在静态定位下无法通过偏移属性（top/left/right/bottom）来移动元素。

静态定位唯一的作用就是：取消定位。在静态定位的情况下，每个元素都处在常规文档流中。它们都是块级元素，所以就会在页面中自上而下地堆叠起来。

7.1.3　相对定位

相对定位（absolute）指的是将元素相对于它在标准流中的位置进行定位，设置相对定位后，可以通过边偏移属性改变元素的位置，但是其在标准流中的位置依旧保留。

- 相对定位是相对元素自身原来的位置进行偏移量设置。
- 相对定位时，为元素设置偏移量后，元素原来的位置会被保留。
- 相对定位时，元素两边的元素不会随着元素的移动而移动。
- 相对定位时，元素默认会覆盖掉其他元素，可以设置元素的 z-index:-1 让其被覆盖。

☆**注意**☆　相对定位在偏移完成后，自己依旧占有原来的位置（相对定位不脱标）。相对定位是以自己的左上角为基点进行移动的。相对定位，可以简单理解为元素原位置的空间依然保留不被占用，元素移动到页面上的其他位置了，元素在新位置上响应事件。

7.1.4　绝对定位

绝对定位（absolute）是定位属性中出场频率最高的一个，一般配合 relative 使用，真正地实现了“指哪打哪”的效果。一个元素变成了绝对定位元素，这个元素就完全脱离正常文档流了，绝对定位元素的前面或者后面的元素会认为这个元素并不存在，即这个元素“浮”在其他元素上面。绝对定位会改变元素的本身类型（行内元素会变成块元素）。其位置如果有定位父级，相对于定位父级发生偏移；如果没有定位父级，则相对于整个文档发生偏移。

绝对定位有以下几种情况。

1）父级没有定位

如果父级盒子没有定位，则以浏览器当前屏幕（document 文档）为准进行对齐。也就是说，如果父盒子没有用 position 进行定位，其子盒子如果进行边偏移，就只会以一整个网页为基准，而不会以父盒子为基准。

2）父级有定位

若父盒子有定位，则子盒子会以父盒子或者最近的已定位（绝对、固定或相对定位）祖先为基准进行定位。

☆**注意**☆ 只有父级元素有 position，子盒子才会以父盒子为基准进行偏移。不仅是父盒子，如果父盒子没有 position，但爷爷盒子有，那么子盒子就会跟着爷爷盒子进行偏移。也就是子盒子会往自己的祖先往上追寻，只要找到有 position 的祖先盒子就以其为基准进行偏移。

7.1.5 固定定位

固定定位（fixed）是绝对定位的一种特殊形式，它以浏览器为基准来定义网页元素。

当元素设置为固定定位之后，将脱离标准流的控制，始终依照浏览器窗口来定义自己的位置，不管浏览器滚动条如何滚动，也不管浏览器大小如何变化，该元素都会始终显示在浏览器窗口的固定位置。

☆**注意**☆ 固定定位元素的位置和父元素没有任何关系，只认浏览器的位置。固定定位完全脱标，不占有位置，不随着滚动条滚动。

代码如下所示：

```
<!DOCTYPE html>
<html lang="en">
<head>
  <meta charset="UTF-8">
  <title>固定定位</title>
  <style type="text/css">
    *{
      margin:0;
      padding:0;
    }
    .box1{
      width: 1000px;
      height: 3000px;
      background-color: #f1f1f1;
      margin:0 auto;
    }
    .box{
      width: 100px;
      height: 200px;
      background-color: orange;
      border-style: solid;
      border-radius: 10px;
      border-color: pink;
      position: fixed;
      right: 0px;
    }
    a{
      font-size: 20px;
      font-family: '幼圆';
```

```
      font-weight: bold;
      color: white;
      text-decoration: none;
      line-height: 50px;
    }
    a:hover{
      font-size: 22px;
    }
    li{
      list-style:none;
      text-align: center;
    }
  </style>
</head>
<body>
    <div class="box1">
      <div class="box">
        <ol>
          <li><a href="#">全方位</a></li>
          <li><a href="#">单精度</a></li>
          <li><a href="#">群搜</a></li>
          <li><a href="#">固定</a></li>
        </ol>
      </div>
      <div id="aox">
        <p>聚慕课</p>
        <p>聚慕课</p>
        <p>聚慕课</p>
      </div>
    </div>
</body>
</html>
```

运行效果如图 7-1 所示。

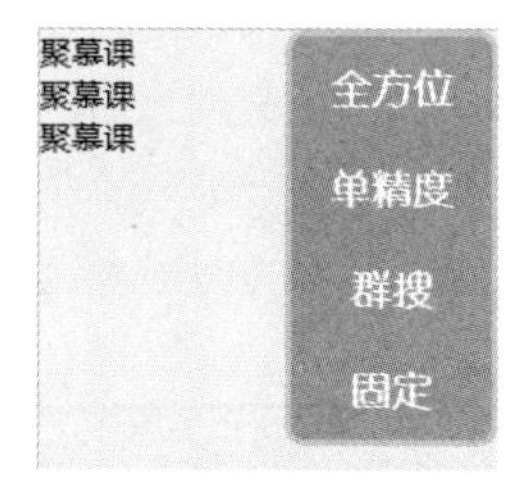

图 7-1　固定定位运行效果

7.2　z-index 属性

当对多个元素同时设置定位时，定位元素之间可能会发生重叠，z-index 就是专门用于调整重叠定位元素的位置。其取值可以为正整数、负整数和 0。

z-index 属性非常简单，有下面几个特性。

- z-index 的默认属性值是 0，取值越大，定位元素在层叠元素中越居上。
- 如果取值相同，根据书写顺序，后来者居上。
- 后面的数字不可加单位。
- 只有相对定位、绝对定位和固定定位有此属性，其余如标准流、浮动、静态定位都无此属性，亦不可指定此属性。

7.2.1 z-index 基础

相信读者一定对三维坐标空间很熟悉。一般用 x 轴表示水平位置，y 轴表示垂直位置，z 轴表示在纸面内外方向上的位置。

由于屏幕是一个二维平面，因此我们并不是真正地看到了 z 轴。我们说看到 z 轴，其实是通过透视，通过元素展现在与其共享二维空间的其他元素的前面或者后面看到的。

CSS 允许对 z-index 属性设置三种值：auto（自动，默认值）、整数和 inherit（继承）。

整数值可以是正值、负值或 0。数值越大，元素也就越靠近观察者；数值越小，元素看起来也就越远。

如果有两个元素放在了一起，占据了二维平面上一块共同的区域，那么有着较大 z-index 值的元素就会掩盖或者阻隔有着较低 z-index 值的元素在共同区域的那部分。

7.2.2 层叠上下文和层叠层

层叠上下文和层叠层比较难理解，所以暂时让我们想象一张桌子，上面有一堆物品。这张桌子就代表着一个层叠上下文。如果在第一张桌子旁还有第二张桌子，那第二张桌子就代表着另一个层叠上下文。

现在想象在第一张桌子上有四个小方块，它们都直接放在桌子上。在这四个小方块之上有一片玻璃，而在玻璃片上有一盘水果。这些方块、玻璃片、水果盘，各自都代表着层叠上下文中一个不同的层叠层，而这个层叠上下文就是桌子。

每一个网页都有一个默认的层叠上下文。这个层叠上下文(桌子)的根源就是 HTML 元素。HTML 标签中的一切都被置于这个默认的层叠上下文的一个层叠层上（物品放在桌子上）。

当给一个元素赋予了除 auto（自动）外的 z-index 值时，就创建了一个新的层叠上下文，其中有着独立于页面上其他层叠上下文和层叠层的层叠层，这就相当于把另一张桌子带到了房间里。

7.2.3 层叠次序

最容易理解层叠次序的方法就是用一个简单的例子来说明，这个例子会简单到我们甚至暂时不考虑定位元素。

想象一张非常简单的网页。除了默认的<html>、<head>和<body>之类的元素，会发现在每个页面上都有那么一个<div>元素。在 CSS 文件中，给 HTML 元素设置了蓝色的背景颜色。对于 DIV 元素，设置了宽高和红色的背景颜色。那么在加载完页面后，会看到 DIV 元素在 HTML 元素上方以及在蓝色的背景上有一个红色的方块，原因是它们都遵循着层叠次序的规则。

比如在这个简单的例子中，规则规定常规流（例子中的 DIV）中的子块会被置于根元素（例子中的 HTML 元素）的背景和边框之上，DIV 元素在最上面是因为它在更高的层叠层上。

尽管上面给出的例子只包含了一个两级的层叠，事实上在一个层叠上下文中一共有 7 种层叠等级，结构如图 7-2 所示。

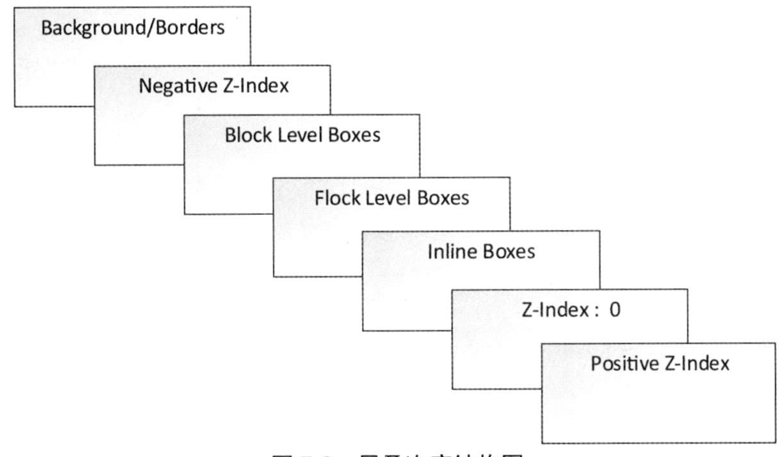

图 7-2　层叠次序结构图

（1）Background/Borders：形成层叠上下文的元素的背景和边框，这是层叠上下文中的最低等级。

（2）Negative Z-Index：层叠上下文内有着负 z-index 值的子元素。

（3）Block Level Boxes：文档流中非行内非定位子元素。

（4）Flock Level Boxes：非定位浮动元素。

（5）Inline Boxes：文档流中行内级别非定位子元素。

（6）Z-Index: 0：定位元素。这些元素形成了新的层叠上下文。

（7）Positive Z-Index：定位元素。这是层叠上下文中的最高等级。

这 7 个层叠等级构成了层叠次序的规则。在层叠等级七上的元素会比在等级一至六上的元素显示得更上方（更靠近观察者）。在层叠等级五上的元素会显示在等级二上的元素之上。

7.2.4　层级关系的比较

对于同级元素，默认（或 position:static）情况下文档流后面的元素会覆盖前面的。

对于同级元素，position 不为 static 且 z-index 存在的情况下，z-index 大的元素会覆盖 z-index 小的元素，即 z-index 越大优先级越高。

IE 6～IE 7 下 position 不为 static，且 z-index 不存在时，z-index 为 0，除此之外的浏览器 z-index 为 auto。

z-index 为 auto 的元素不参与层级关系的比较，由向上遍历至此且 z-index 不为 auto 的元素来参与比较。

7.2.5　z-index 规则

1. 顺序规则

如果不对节点设定 position 属性，位于文档流后面的节点会遮盖前面的节点。

2. 定位规则

如果将 position 设为 static，位于文档流后面的节点依然会遮盖前面的节点浮动，所以 position: static 不会影响节点的遮盖关系。

如果将 position 设为 relative（相对定位）、absolute（绝对定位）或者 fixed（固定定位），这样的节点会覆盖没有设置 position 属性或者属性值为 static 的节点，说明前者比后者的默认层级高。

3. 参与规则

我们尝试不用 position 属性，但为节点加上 z-index 属性，会发现 z-index 对节点没起作用。z-index 属性仅在节点的 position 属性为 relative、absolute 或者 fixed 时生效。

4. 默认值规则

如果所有节点都定义了 position:relative，z-index 为 0 的节点与没有定义 z-index 的节点在同一层级内没有高低之分。但 z-index 大于等于 1 的节点会遮盖没有定义 z-index 的节点。z-index 的值为负数的节点将被没有定义 z-index 的节点覆盖。

5. 从父规则

如果 A、B 节点都定义了 position:relative，A 节点的 z-index 比 B 节点大，那么 A 的子节点必定覆盖在 B 的子节点前面。

如果所有节点都定义了 position:relative，A 节点的 z-index 和 B 节点一样大，但因为顺序规则，B 节点覆盖在 A 节点前面。就算 A 的子节点 z-index 值比 B 的子节点大，B 的子节点还是会覆盖在 A 的子节点前面。

7.3 网页元素透明度

在进行页面布局时，为了给用户呈现不同的效果，经常需要设置透明度。提到透明度，很多人的第一反应就是 CSS 中的 opacity 这个属性。没错，它确实是调节透明度的一种方式。但是，因为 opacity 这个属性有继承性，有时将不要设为透明的部分变成了透明，所以，我们用另一种样式，即 rgba。下面详细介绍 rgba 和 opacity 怎么使用，以及 rgba 和 opacity 的区别。

1. opacity

opacity 属性用来设置一个元素的透明度，如文字、图片、背景等。目前主流的浏览器都支持 opacity:value 写法，value 取值为 0～1，0 为完全透明，1 为完全不透明。需要注意的是，在 IE 8 及之前的版本中不支持这种写法，那么可以通过滤镜来解决 filter:alpha(opacity=value)。value 取值为 0～100，0 为完全透明，100 为完全不透明。

```
.aa{opacity: 0.5;}
```

2. rgba

rgba 中的 r 表示红色，g 表示绿色，b 表示蓝色，三种颜色的值都可以是正整数或百分数。a 表示 Alpha 透明度，取值 0～1，类似 opacity。

```
.aa{background: rgba(255,0,0,0.5);}
```

3. rgba 和 opacity 的区别

rgba 和 opacity 都能实现透明效果，但最大的不同是 opacity 作用于元素，以及元素内的所有内容的透明度，而 rgba 只作用于元素的颜色或其背景色（设置 rgba 透明的元素的子元素不会继承透明效果）。比如，写透明的黑色部分都是用 opacity(0.5)，但这带来的问题是，如果在这个 div 上写字，字也会变成透明色。所以采取 rgba 的样式写，前面三个数字分别对应 r、g、b 三种颜色，第四位的数字对应的是透明系数。

7.4　面试与笔试试题解析

本节总结了一些在面试或笔试过程中经常遇到的问题，使读者掌握在面试或笔试过程中回答问题的方法。

7.4.1　不同的定位方式有什么特性

题面解析：本题主要考查应聘者对元素定位模式的熟练掌握程度。看到此问题，应聘者需要把关于元素定位的所有知识在脑海中回忆一下，其中包括边偏移属性有哪些，position 的常用值和其特点等。熟悉了元素定位的基本知识之后，定位方式的特征问题将迎刃而解。

解析过程：

position 属性有 4 种定位方式：static、relative、absolute 和 fixed。

1. position 属性之 static

1）作用

使元素定位于常规/自然流中。

2）特点

- left、top、right、bottom 属性和 z-index 属性不生效。
- 如果两个相邻的元素都设置了 margin，两者中最大的才会生效。
- 如果元素具有固定的宽度和高度，那么把左右边距设置为 auto，即可达到水平居中的效果。

2. position 属性之 relative

1）作用

使元素成为可定位的祖先元素（绝对定位的基准）。

2）特点

- left、top、right、bottom 属性和 z-index 属性可以生效。
- 使用了相对定位，元素不会离开常规流。
- 使用了绝对定位，后代元素都是以它作为偏移的基准。

3. position 属性之 absolute

1）作用

使元素脱离常规流（起到定位的作用）。

2）特点

- 使元素脱离常规流。
- 以设置了 relative 属性的祖先元素作为定位的基准。
- left、right、top、bottom 设置为 0，margin 设置为 auto 时可以实现水平垂直居中。

4. position 属性之 fixed

1）作用

使元素脱离常规流（起到定位的作用，相对于浏览器窗口做定位）。

2）特点

- 使元素脱离常规流。
- 相对于浏览器窗口做定位。

7.4.2 什么是 CSS Sprite

题面解析：本题主要考查应聘者对前端中 CSS Sprite 的理解，因此应聘者不仅需要知道什么是 CSS Sprite，CSS Sprite 有哪些特点，而且还要知道怎样使用 CSS Sprite。

解析过程：

CSS Sprites 其实就是把网页中的一些背景图片整合到一张图片文件中，再利用 CSS 的"background-image""background-position"的组合进行背景定位，这样可以减少。很多图片请求的开销，因为请求耗时比较长；请求虽然可以并发，但是如果请求太多会给服务器增加很大的压力。

1. CSS Sprite 的优点

- 利用 CSS Sprites 能很好地减少网页的 http 请求，从而提高页面的性能。这是 CSS Sprites 最大的优点，也是其被广泛传播和应用的主要原因。
- CSS Sprites 能减少图片的字节，曾经比较过多次三张图片合并成一张图片的字节，总是小于这三张图片的字节总和。
- 解决了网页设计师在图片命名上的困扰，只需对一张集合的图片命名就可以了，不需要对每一个小元素进行命名，从而提高了网页的制作效率。
- 更换风格方便，只需要在一张或少张图片上修改图片的颜色或样式，整个网页的风格就可以改变，维护起来更加方便。

2. CSS Sprite 的缺点

- 在图片合并的时候，要把多张图片有序地、合理地合并成一张图片，还要留好足够的空间，防止版块内出现不必要的背景。在宽屏、高分辨率的屏幕下的自适应页面，如果图片不够宽，很容易出现背景断裂。
- CSS Sprites 在开发的时候比较麻烦，要通过 Photoshop 或其他工具测量计算每一个背景单元的精确位置，这没什么难度，但是很烦琐。
- CSS Sprites 在维护的时候比较麻烦，如果页面背景有少许改动，一般就要改这张合并的图片，无须改的地方最好不要动，这样避免改动更多的 CSS。如果在原来的地方放不下，又只能（最好）往下加图片，这样图片的字节就增加了，还要改动 CSS。
- CSS Sprites 非常值得学习和应用，特别是页面有一堆 icon（图标）。很多时候大家要权衡一下利弊，再决定是不是应用 CSS Sprites。

3. CSS Sprite 的使用

- 不要等到完成切片之后才开始 sprite。如果边切图边写 CSS，等完成了整个网站之后再来拼接这些图片到一个 Sprite 中，就不得不完全重写 CSS，也必需要花费很多的时间用 Photoshop 拼接大量的图片。
- 将小图片整合到大的图片上，然后根据具体图标在大图上的位置，给背景定位（background-position）。

4. CSS Sprite 的适用范围

- 需要通过降低 http 请求数完成网页加速。
- 网页中含有大量小图标，或者某些图标通用性很强。
- 网页中有需要预载的图片。

7.4.3 什么是设备像素比

题面解析：本题主要考查应聘者对前端中设备像素比的理解，因此应聘者不仅需要知道什么是设备像素比，设备像素比有哪些特征，而且还要知道在不同系统、设备中怎样使用设备像素比。

解析过程：

设备像素比是物理像素与设备无关像素的比值，单位可以用 dppx。它用于描述整个渲染环境在硬件设备上的缩放程度。在程序中可以通过 window 对象上的 devicePixelRatio 属性来得到这个值。该值是只读的，但不是常量，对浏览器的一些特殊操作会改变这个值。

下面是对几个概念的解释。

- 物理像素（physical pixel）：设备能控制显示的最小单位。
- 设备独立像素（Device-Independent Pixel，Density-Independent Pixel，DIP）：独立于设备的用于逻辑上衡量像素的单位。
- 每英寸像素量（Pixels Per Inch，PPI）：一英寸长度上可以并排的像素数量。

正常人眼可以识别的分辨率为 300PPI，而现在很多设备的分辨率都超过了 300PPI。如果设备总是以满分辨率来显示东西就可能造成文字太小，人们看不清。因此浏览器就会对内容做一次放大后再进行渲染，也就是降低分辨率。要降低分辨率就需要让像素这个单位变大，因此 PPI 的计算不再使用物理像素，而改用设备独立像素。那么，设备独立像素和物理像素之间就存在一个比例差异，这就是设备像素比。

单位 dppx（dots per pixel）表示每个 DIP 占用几个物理像素。或者说，CSS 中的单位 px 在屏幕上占用了多少物理像素。在 PC 上，这个值通常为 1。但浏览器提供了缩放功能，实际上就是修改设备像素比来实现的，所以调整浏览器的缩放可以看到 devicePixelRatio 属性的变化。

devicePixelRatio 与其他属性的关系：当页面设置了<meta name="viewport" content="width=device-width">时，document.document Element.clientWidth 在大部分浏览器下，得到的是布局视区的宽度，等同于 dips 的宽度。

7.4.4　全局函数 eval()有什么作用

题面解析：本题主要考查应聘者对全局函数 eval()的掌握程度，是否了解 eval()的定义和用法以及它们的特点、用途等。

解析过程：

1. 定义和用法

eval()函数可计算某个字符串，并执行其中的 JavaScript 代码。返回通过计算 string 得到的值（如果有的话，无值返回 undefined）。eval()只接受原始字符串作为参数，如果 string 参数不是原始字符串，那么该方法将不做任何改变地返回。

如果参数中没有合法的表达式和语句，则抛出 SyntaxError 异常。

如果非法调用 eval()，则抛出 EvalError 异常。

如果传递给 eval()的 JavaScript 代码生成了一个异常，eval()将把该异常传递给调用者。

2. 特点和用途

- 通过 eval()执行的代码包含在该次调用的执行环境中，因此被执行的代码具有与该执行环境相同的作用域链。

```
eval("function sayHi() { alert('hi'); }");
sayHi();//'hi'
eval("var msg = 'hello world'; ");
alert(msg); //'hello world'
```

基于这个特点，eval()可以让写在函数里的代码运行在全局作用域中。

例如，通过 ajax 请求获取了一段 JavaScript 代码，需要在全局作用域中执行，可代码是在函数中获得的。这个时候，用 window 调用 eval()就可以解决这个问题。

```
function fun(){
    var s='function test(){return 1;}';
    window.eval(s);
}
fun();
alert(test());
```

IE 提供了一个方法 execScript()，用于在全局作用域中执行代码，于是兼容的代码如下所示：

```
function myEval(code){
    if(!!(window.attachEvent && !window.opera)){
        //ie
        execScript(code);
    }else{
        //not ie
        window.eval(code);
    }
}
```

- 在 eval()中创建的任何变量或函数都不会被提升，因为在解析代码的时候，它们被包含在一个字符串中；它们只在 eval()执行的时候创建。

7.4.5 HTML 中 a 标签的几大作用

题面解析：本题通常出现在面试中，考官提问的目的是考查应聘者对 HTML 中基本标签的熟悉程度。标签是学习前端的最基础的知识，只有掌握了基础知识，才能在以后的开发工作中应用自如。

解析过程：

超链接标签 a 有四个应用场景：一是外部页面链接，二是本地页面链接，三是锚点链接，四是一些其他的功能性链接，如打电话和发送邮件以及弹出 QQ 对话框等。

1. 外部页面链接

外部页面链接需要一个完整的网页的地址，举一下具体的例子：

```
<a href="http://www.baidu.com" target="_blank">百度</a>
```

这里的 href 规定的是指向页面的 URL 地址，target 属性指的是打开链接网页的方式。target 属性的几种取值如下。

- _blank 代表在新窗口中打开页面的链接地址。
- _self 代表在自身窗口打开页面链接，默认值。
- _parent 代表是在父窗口中打开此网页。
- _top 代表的是在整个窗口中打开此网页，测试的效果与 self 相同。

2. 本地页面链接

在同一个项目中，href 的指向为相对路径，此时应该注意相对路径的书写。

```
<a href="demo02.html" target="_blank">打开 demo02</a>
```

这个 href 所指向的链接地址和本文件是处于同一个项目中的，所以直接写目标文件的文件名即可。

3. 锚点链接

在浏览一些网页的时候大都在网页的上方有一个固定住的导航条，上边会列出下方显示内容的版块分区。当单击导航条中的一个版块时它会自动跳转到指定的版块，这是页面内部的区域跳转。例如：

```
<!--为了简化代码方便阅读，div 版块设置为宽度高度各为 300px 的不同颜色的版块-->
<p id="part1">第 1 章</p>
<div class="part"></div>
<p id="part2">第 2 章</p>
<div class="part"></div>
<p id="part3">第 3 章</p>
<div class="part"></div>
<p id="part4">第 4 章</p>
<div class="part"></div>
<p id="part5">第 5 章</p>
<div class="part"></div>
<p id="part6">第 6 章</p>
<div class="part"></div>
<!--设置的锚点链接设置行内样式将导航条定位到右上角-->
<div style="position: fixed;top:20px;right: 20px">
    <a href="#part1">第 1 章</a>
    <a href="#part2">第 2 章</a>
    <a href="#part3">第 3 章</a>
    <a href="#part4">第 4 章</a>
    <a href="#part5">第 5 章</a>
    <a href="#part6">第 6 章</a>
</div>
```

此时单击导航条的各个区域就会跳转到页面指定的区域。

使用锚点链接的几个要点如下。

- 在链接的目的区域设置 id 属性，并设置唯一的一个 id 名称。
- 在导航条区域设置 a 标签，注意 href 属性的属性值是要链接区域的 id 值，并且一定要记住带“#”号。

4. 一些其他的功能性链接

1）发送邮件

在单击了发送邮件之后，浏览器会自动开启默认的邮箱软件，并将邮件地址放进接收方中。代码如下所示：

```
<a href="mailto:邮件接收人">发送邮件</a>
```

2）打开 QQ

第一个链接不能打开非好友的对话框，第二个可以打开非好友的对话框，代码如下所示：

```
<!--第一个-->
<a href="tencent://message/?uin=客服的 QQ 号&Site=&Menu-=yes">联系客服
    (不可以打开未添加好友的会话框)
</a>
<!--第二个-->
<a href="tencent://message/?Menu=yes&uin=客服的 QQ 号&Site=80fans
    &Service=300&
    sigT=45a1e5847943b64c6ff3990f8a9e644d2b31356cb0b4ac6b24663a3c8dd0f8aa12a545b17
14f9d45">
    链接到客服(可以打开未添加好友的会话框)
</a>
```

3）拨打电话

这个功能链接多用于移动端的网页，在单击拨打电话之后自动弹出拨号功能并且将电话号码填入，代码如下所示：

```
<a href="tel:13110016538" class="call">拨打客服电话</a>
```

☆**注意**☆　这些链接都可以直接复制并且修改邮箱地址、QQ号码和电话号码之后直接使用。

7.4.6　什么是锚点

题面解析：本题主要考查应聘者对前端中锚点的理解，因此应聘者不仅需要知道什么是锚点，而且还要知道怎样去使用锚点。

解析过程：

锚点是网页制作中超级链接的一种，又叫命名锚记。命名锚记像一个迅速定位器一样，是一种页面内的超级链接，运用相当普遍。

使用命名锚记可以在文档中设置标记，这些标记通常放在文档的特定主题处或顶部。然后可以创建到这些命名锚记的链接，这些链接可快速将访问者带到指定位置。创建到命名锚记的链接的过程分为两步：首先，创建命名锚记；然后，创建到该命名锚记的链接。

锚点的用法有两种，但性质一样，都是通过链接标签<a></a>以及其href属性实现的。

1. 页内跳转

页面内的跳转需要两步。

（1）设置一个锚点链接<a href="#miao">去找喵星人</a>;（注意：href属性的属性值最前面要加#）。

（2）在页面中需要的位置设置锚点<a name="miao"></a>;（注意：a标签中要写一个name属性，属性值要与（1）中的href的属性值一样，不加#），标签中按需填写必要的文字，一般不写内容。

2. 跳到其他页面的某个区域

（1）设置锚点链接，在href中的路径后面追加：#+锚点名即可。

```
如：<a href="萌宠集结号.html#miao">跳转到萌宠集结号页面</a>
```

（2）在要跳转到的页面中要设置锚点，跟上面设置锚点的方法一样。

7.4.7　z-index的用法

题面解析：本题不仅会出现在笔试中，而且在以后的开发过程中也会经常遇到。因此，掌握z-index的用法是非常重要的。

解析过程：

z-index是设置对象的层叠顺序的样式。该样式只对position属性为relative或absolute的对象有效。这里的层叠顺序也可以说是对象的“上下顺序”。

1. z-index属性值

- 数值：数值即是盒子在当前的堆叠环境中的堆叠层次。这个盒子也会建立一个新的堆叠环境。
- auto：生成的盒子的堆叠层次在当前堆叠环境中是0。除非它是根元素，否则它不会建立一个新的堆叠环境。
- inherit：规定应该从父元素继承z-index属性的值。

2. CSS 样式表中 z-index 属性使用的注意事项

- z-index 仅对定位元素有效（如 position:relative\absolute\float）。
- z-index 只可比较同级元素，也就是说，z-index 只能对同级元素进行分层展示。
- z-index 的作用域：假设 A 和 B 两个元素都设置了定位（相对定位、绝对定位、一个相对定位一个绝对定位都可以），且是同级元素，样式为.boxA{z-index:4}.boxB{z-index:5}，于是不难看出，B 元素的层级要高于 A 元素。在此需要指出的是，A 元素下面的子元素的层级也同样都低于 B 元素里的子元素，即使将 A 元素里的子元素设为 z-index:9999，而 B 元素里的子元素即使设为 z-index:1，仍然比 A 元素的层级要高。
- 这个属性不会作用于窗口控件，如 select 对象。
- 在父元素的子元素中设置 z-index 的值，可以改变子元素之间的层叠关系。
- 子元素的 z-index 值不管是高于父元素还是低于父元素，只要它们的 z-index 值是大于等于 0 的数，就会显示在父元素之上，即压在父元素上。只要它们的值是小于 0 的数，则显示在父元素之下。

7.4.8　什么是分区响应图

题面解析：本题主要考查应聘者对前端中分区响应图的理解，因此应聘者不仅需要知道什么是分区响应图、分区响应图有哪些属性，而且还要知道如何制作分区响应图。

解析过程：

所谓分区响应图，就是在页面上的一张图片，我们手动将其分为若干个部分，并给这些部分中的若干个加上 URL，当用鼠标单击其中的某一个部分时，浏览器可以跳转到其 URL 对应的页面。

那么如何制作分区响应图呢？需要用的原料是“一张图片”，需要用的工具有 map 元素和 area 元素。

area 元素中需要用到三个属性，分别是 href 属性、shape 属性和 coords 属性。

- -href：要链接到的 URL 地址。
- -shape：形状。也就是可导航区域的形状，可选的值有 rect（矩形）、circle（圆形）、poly（多边形）和 default（覆盖整张图片）。
- -coords：这个值的个数和选择的 shape 有关。矩形需要四个值（分别是矩形的四条边和图像的四个边缘的距离）；圆形需要三个值（分别是图像的左边缘和上边缘到圆心的距离以及圆的半径）；多边形则至少需要六个用逗号隔开的整数，每一对数字各代表多边形的一个顶点；default 则默认为整张图片，不需要给 coords 赋值。

7.4.9　在网页中 z-index 对没有设置定位的网页元素是否有效

题面解析：本题主要考查应聘者对前端中 z-index 属性的理解，因此应聘者不仅需要知道 z-index 在什么情况下会失效，而且还要知道怎么去解决 z-index 属性失效。

解析过程：

在 CSS 中，只能通过代码改变层级，这个属性就是 z-index。要让 z-index 起作用有个前提，就是元素的 position 属性要是 relative、absolute 或是 fixed。

1. 第一种情况（z-index 无论设置多高都不起作用）

这种情况发生的条件有三个。

- 父标签 position 属性为 relative。
- 问题标签无 position 属性（不包括 static）。

- 问题标签含有浮动（float）属性。

解决办法也有三个。

- position:relative 改为 position:absolute。
- 浮动元素添加 position 属性（如 relative 和 absolute 等）。
- 去除浮动。

2. 第二种情况

IE 6 浏览器下，层级的表现有时候不是看子标签的 z-index 多高，而要看整个 DOM tree（节点树）的第一个 relative 属性的父标签的层级。

解决办法：在第一个 relative 属性加上一个更高的层级（z-index:1）。

7.4.10 设置为 relative 对象的 z-index 属性需要遵循什么规则

题面解析：本题主要考查应聘者对 z-index 属性的理解程度，因此需要应聘者对 z-index 属性有深入了解，知道怎样使用 z-index 属性，并且在不同节点中使用它的时候知道其使用规则。

解析过程：

1. 参与规则

z-index 属性仅在节点的 position 属性为 relative、absolute 或者 fixed 时生效。

2. 默认值规则

如果所有节点都定义了 position:relative，z-index 为 0 的节点与没有定义 z-index 的节点，在同一层级内没有高低之分。但 z-index 大于等于 1 的节点会遮盖没有定义 z-index 的节点。z-index 的值为负数的节点将被没有定义 z-index 的节点覆盖。

3. 从父规则

如果 A 和 B 节点都定义了 position:relative，A 节点的 z-index 比 B 节点大，那么 A 的子节点必定覆盖在 B 的子节点前面。

如果将所有父节点的 z-index 属性去除，IE 6 和 IE 7 浏览器显示效果不变，W3C 浏览器的子节点不再从父，而是根据自身的 z-index 确定层级。根据默认值规则，IE 6/IE 7 和 W3C 浏览器上的元素存在 z-index 默认值的区别。仅当 position 设为 relative、absolute 或者 fixed，并且 z-index 赋整数值时，节点被放置到层级树。而 z-index 为默认值时，只在 document 兄弟节点间比较层级。在 W3C 浏览器中 z-index 均为 auto，不参与层级比较。设置了 position 而没有 z-index 的节点虽然不参与层级树的比较，但还会在 DOM 中与兄弟节点进行层级比较。在 IE 6 和 IE 7 中，因为设置了 position:relative，而且 z-index 的默认值为 0，所以也参与层级树比较。

7.4.11 怎么比较 z-index 的优先级

题面解析：本题主要考查应聘者对 z-index 属性的基础知识的掌握情况，首先应聘者应掌握一些必需的概念，包括属性的作用、堆叠上下文等，然后根据不同状态下的情况来比较优先级。看到问题时，应聘者脑海中首先要考虑关于 z-index 的各个知识点，并快速准确地回答出该问题。

解析过程：

1. 基本概念

- z-index 是深度属性，设置元素在 z 轴上面的堆叠顺序。
- 只有 dom 设置了 position:absolute | relative | fixed 才会有 z-index 属性。

- 堆叠上下文：当前 dom 往上级找，如果该级设置了 z-index 属性值（非 auto），那么该级别 dom 就是堆叠上下文。如果往上级一直找不到，那么根级别 dom 就是堆叠上下文。

2. z-index 优先级别比较

- 有 position 属性的 dom（脱离文档流的 dom）会在没有 position 属性的 dom（文档流内的 dom）的上面。
- 文档流内容的堆叠遵循后来居上的原则（后面的如果和前面的 dom 重叠了，后面盖在前面）。
- 同级的 dom，它们的堆叠上下文一定相同。所以直接比较 z-index，值大的在上面，值小的在下面，相同的遵循后来居上的原则。
- 非同级的 dom，先要看它们的堆叠上下文。如果堆叠上下文一致，那么比较同上一条内容；如果不一致，就比较它们堆叠上下文的 z-index（dom 的 z-index 受父级的约束，父级如果小的话，子级再大也没用）。

7.4.12　一个 DOM 元素绑定多个事件时，先执行冒泡还是捕获

题面解析：本题属于对概念类知识冒泡和捕获的考查。在解题的过程中，应聘者需要先解释一下冒泡和捕获的概念，再通过冒泡和捕获来思考去执行哪一个，这样可以更清晰地回答问题。

解析过程：

绑定在被单击元素的事件是按照代码顺序发生，其他元素通过冒泡或者捕获“感知”的事件，按照 W3C 的标准，先发生捕获事件，后发生冒泡事件。所有事件的顺序是，其他元素捕获阶段事件→本元素代码顺序事件→其他元素冒泡阶段事件。

一个 DOM 元素绑定两个事件，一个冒泡，一个捕获，则事件会执行多少次，执行顺序如何？

下面来了解一下冒泡和捕获是怎么回事。

1. 冒泡

冒泡是从下向上，DOM 元素绑定的事件被触发时，此时该元素为目标元素，目标元素执行后，它的祖元素绑定的事件会向上顺序执行。

addEventListener 函数的第三个参数设置为 false，说明不为捕获事件，即为冒泡事件。

2. 捕获

捕获则和冒泡相反，目标元素被触发后，会从目标元素的最顶层的祖先元素事件往下执行到目标元素为止。

当一个元素绑定两个事件，一个冒泡，一个捕获，无论是冒泡事件还是捕获事件，元素都会先执行捕获阶段。即从上往下，如有捕获事件，则执行。一直向下到目标元素后，从目标元素开始向上执行冒泡元素，即第三个参数为 true 表示捕获阶段调用事件处理程序，如果为 false 则是冒泡阶段调用事件处理程序（在向上执行过程中，已经执行过的捕获事件不再执行，只执行冒泡事件）。

7.4.13　元素位置重叠的可能原因

题面解析：本题主要考查应聘者对元素位置重叠的理解，应聘者要从多个方面来回答问题。在本题中，可以从浮动、定位、窗口等方面来思考问题，另外窗口中可能也会有不同的类型。

解析过程：

1. 负边距/float 浮动

margin 为负值时，元素会依参考线向外偏移。margin-left/margin-top 的参考线为左边的元素/上面的元素（如无兄弟元素，则为父元素的左内侧/上内侧），margin-right 和 margin-bottom 的参考线为

元素本身的 border 右侧/border 下侧。一般可以利用负边距来进行布局，但没有计算好的话就可能造成元素重叠。堆叠顺序由元素在文档中的先后位置决定，后出现的会在上面。

浮动元素会脱离文档的普通流，有可能覆盖或遮挡掉文档中的元素。

2. position 的 relative/absolute/fixed 定位

当为元素设置 position 值为 relative/absolute/fixed 后，元素发生的偏移可能产生重叠，且 z-index 属性被激活。z-index 值可以控制定位元素在垂直于显示屏方向（z 轴）上的堆叠顺序（stack order），值大的元素发生重叠时会在值小的元素上面。

3. window 窗口元素引发的重叠

浏览器解析页面时，先判断元素的类型：窗口元素优于非窗口元素显示（也就是窗口元素会覆盖在其他非窗口元素之上），同为非窗口类型才能在激活 z-index 属性时控制堆叠顺序。

1）Flash 元素属于 window 窗口元素

如果页面上 flash 元素和其他元素发生重叠，需要先将 flash 嵌入的 wmode 属性的 window（窗口，默认的会造成上面所说的问题）改为非窗口模式：opaque（非窗口不透明）或者 transparent（非窗口透明）。

2）IE 6 下 select 属于 window 类型控件

同理，它也产生窗口元素的遮挡问题。解决方法是使用 iframe（原理：IE 6 下普通元素无法覆盖 select，iframe 可以覆盖 select，普通元素可以覆盖 iframe）/用 div 模拟实现 select 的效果。一般会为被 select 遮挡的 div 在内部追加（appendChild）一个空的子 iframe，设置 position:absolute 脱离文档流空间，width:100%;height:100%;覆盖整个父 div，z-index:-1 确保值要小于父 div 的 z-index 值，让父 div 覆盖显示在 iframe 上面，借助这个 iframe 来覆盖 select。

7.4.14 div 元素的层叠次序

试题题面：写出 6 个 div 元素的堆叠顺序，最上面的在第一个位置，如.one、.two、.three、.four、.five、.six（z-index）。

题面解析：本题是一个层叠次序的应用题，主要考查的是 css 部分的层叠上下文的知识点，应聘者需要深入了解层叠次序，然后通过 z-index 属性设置来分析回答问题。

解析过程：

下面写出这 6 个元素的 HTML 页面和 CSS 样式。

HTML：

```
<div class="one">
    <div class="two"></div>
    <div class="three"></div>
</div>
<div class="four">
    <div class="five"></div>
    <div class="six"></div>
</div>
```

CSS：

```
.one {
    position: relative;
    z-index: 2;
    .two {
        z-index: 6;
    }
```

```
        .three {
            position: absolute;
            z-index: 5;
        }
    }
    .four {
        position: absolute;
        z-index: 1;
        .five {}
        .six {
            position: absolute;
            top: 0;
            left: 0;
            z-index: -1;
        }
    }
```

从 W3C 的文档可以知道，z-index 属性设置一个定位元素沿 z 轴的位置，z 轴定义为垂直延伸到显示区的轴。如果为正数，则离用户更近；为负数，则表示离用户更远。

- 没有定位的元素 z-index 是不会生效的。
- 拥有更高堆叠顺序的定位元素总是处于堆叠顺序较低的定位元素的前面。
- 子元素必然在父元素的前面，不管是否是定位元素。
- 同级定位元素的 z-index 相同时遵循“后来居上”，后面的定位元素堆叠顺序更前。
- z-index 小于 0 的定位元素位于所有元素的后面，但是比其父元素的堆叠顺序要前。

因此可以得出答案：.three>.two>.one>.five>.six>.four。

7.4.15　IE 怎么设置页面的透明度

题面解析：本题主要考查应聘者对网页透明度的使用。应聘者需要了解在页面中设置透明度的方法，然后通过对 Alpha 滤镜的属性分析来表达出是如何设置透明度的。

解析过程：

可通过 Alpha 滤镜来实现，语法如下：

```
{FILTER: ALPHA(opacity=opacity,finishopacity=finishopacity,style=style,startx=startx,
starty=starty,finishx=finishx,finishy=finishy)}
```

'Alpha'属性是把一个目标元素与背景混合。设计者可以指定数值来控制混合的程度。这种“与背景混合”通俗地说就是一个元素的透明度。通过指定坐标，可以指定点、线、面的透明度。其参数含义分别如下：

- “opacity”代表透明度水准。默认的范围是 0～100，其实是百分比的形式。也就是说，0 代表完全透明，100 代表完全不透明。
- “finishopacity”是一个可选参数，表示结束时的透明度，范围也是 0～100。如果想要设置渐变的透明效果，就可以使用它来指定。
- “style”参数指定了透明区域的形状特征。其中 0 代表统一形状，1 代表线形，2 代表放射状，3 代表长方形。“startx”和“starty”代表渐变透明效果的开始 x 和 y 坐标。“finishx”和“finishy”代表渐变透明效果的结束 x 和 y 的坐标。

7.4.16　怎么解决 div 相互层叠覆盖问题

题面解析：本题是对页面元素定位知识点的考查。当看到 div 相互层叠覆盖的时候，首先想到是否有 div 脱离了文档流？再分析它们是通过什么方法脱离文档流的。

解析过程：

目前，常见的脱离文档流的方法有 position 定位和 float 浮动两种。

如果 div 是通过 float 导致的脱离文档流，可以通过上面的 div 和下面的 div 之间插入清除浮动。实现代码如下所示：

```
<style>
    .clean{
        clear:both;
    }
</style>
<div class=""></div> //我是上面的 div
<div class="clean"></div>
<div class=""></div> //我是下面的 div
```

如果是 position 绝对定位（absolute）导致某个 div 脱离了文档流，从而使下面的 div（即 div2）和上面的 div（div1）相互层叠了。那么，该如何解决呢？

首先，切忌对下一个 div 使用 position 定位来解决问题，可以使用“替死鬼”法。多制作一个 div（即 div3）来代替 div2，用新制作出来的 div3 填补文档流的缺漏（为脱离文档流的 div1 填补）。

不是制作出 div3 就行，还要设置它的高度 height 为 div1 的高度，这样就好像恢复如初，回到最初的未改变文档流一样。

7.4.17　哪些方式可以创建层叠上下文

题面解析：本题主要考查应聘者对 z-index 属性的掌握程度。层叠上下文可以理解为 JavaScript 中的作用域，一个页面中往往不仅仅只有一个层叠上下文（因为有很多种方式可以生成层叠上下文），在一个层叠上下文内，按照层叠水平的规则来堆叠元素。

解析过程：

正常情况下，一共有以下三种大的类型创建层叠上下文。

1. 默认创建层叠上下文

默认创建层叠上下文，只有 HTML 根元素，可以理解为 body 标签。它属于根层叠上下文元素，不需要任何 CSS 属性来触发。

2. 需要配合 z-index 触发创建层叠上下文

依赖 z-index 值创建层叠上下文的情况如下。

- position 值为 relative/absolute/fixed（部分浏览器）。
- flex 项（父元素 display 为 flex|inline-flex），注意是子元素，不是父元素创建层叠上下文。

这两种情况下，需要设置具体的 z-index 值，不能设置 z-index 为 auto，这也就是 z-index:auto 和 z-index:0 的一点细微差别。

前面提到，设置 position:relative 的时候 z-index 的值为 auto 会生效，但是这时候并没有创建层叠上下文；当设置 z-index 不为 auto，哪怕设置 z-index: 0 也会触发元素创建层叠上下文。

3. 不需要配合 z-index 触发创建层叠上下文

这种情况下，基本上都是由 CSS 3 中新增的属性来触发的。

- 元素的透明度 opacity 小于 1。
- 元素的 mix-blend-mode 值不是 normal。
- 元素的以下属性的值不是 none:transform、filter、perspective、clip-path、mask/mask-image/mask-border。
- 元素的 isolution 属性值为 isolate。
- 元素的-webkit-overflow-scrolling 属性为 touch。
- 元素的 will-change 属性具备会创建层叠上下文的值。

创建了层叠上下文的元素可以理解局部层叠上下文，它只影响其子孙代元素，其自身的层叠水平是由它的父层叠上下文所决定的。

7.5 名企真题解析

本节收集了一些各大企业往年的面试及笔试题，读者可以参考题目，看自己是否已经掌握了基本的知识点。

7.5.1 在 CSS 中使用什么方式可以设置网页元素的透明度

【选自 JD 笔试题】

题面解析：本题主要考查应聘者对设置网页透明度的掌握程度，知道有哪几种方式可以设置透明度以及如何去设置透明度等。

解析过程：

1. css rgba()设置颜色透明度

语法：rgba(R,G,B,A)。

RGBA 是 Red（红色）、Green（绿色）、Blue（蓝色）和 Alpha（不透明度）四个单词的缩写。RGBA 颜色值是 RGB 颜色值的扩展，带有一个 alpha 通道，它规定了对象的不透明度。

- R：红色值，正整数（0～255）。
- G：绿色值，正整数（0～255）。
- B：蓝色值，正整数（0～255）。
- A：透明度，取值 0～1。

rgba()只是单纯地可以设置颜色透明度，在页面的布局中有很多应用。例如，可以让背景出现透明效果，但上面的文字不透明。

2. css opacity 属性设置背景透明度

语法：opacity:value。

value 指定不透明度，从 0.0（完全透明）到 1.0（完全不透明）。opacity 属性具有继承性，会使容器中的所有元素都具有透明度。

☆**注意**☆ rgba()方法与 opacity 方法虽然都可以实现透明度效果，但 rgba()只作用于元素的颜色或其背景色（设置了 rgb()透明度元素的子元素不会继承其透明效果）。而 opacity 具有继承性，既作用于元素本身，也会使元素内的所有子元素具有透明度。

7.5.2 请列举几个 HTML 5 新增的图像相关的语义化元素

【选自 HW 面试题】

题面解析：本题是在大型企业的面试中最常问的问题之一，主要考查应聘者对 HTML 5 新增的图像相关的语义化元素的了解和使用。

解析过程：

1. HTML 5 的语法规范

- 简洁的文档声明。
- 标签支持大写和小写。
- 空标签可以关闭，也可以不关闭。
- 双标签可以省略结束标签。但是建议永远不要省略，因为浏览器在自动补齐时，可能并不是你想要的效果。
- 属性值双引号（""）或单引号（''）均可以省略。
- script、style、link 标签的 type 属性可以省略。
- 更简单方法指定字符编码。
- html、head、body 可以完全省略。

2. HTML 5 新增图像相关的语义标签

<figure>标签规定独立的流内容（图像、图表、照片、代码等）。

<figure>元素的内容应该与主内容相关，同时元素的位置相对于主内容是独立的。如果其被删除，则不应对文档流产生影响。

<figure>主要用来标记图片。以前添加图片列表经常这样写：

```
<li>
   <p>这个是个图片</P><img src="" />
</li>
```

上面这种写法明显没有语义。使用 figure 可以增加语义，可使用<figure>替换掉<li>：

```
<figure>
  <p>这个是美女图片</p>
  <img src="meinv.jpg" />
</figure>
```

<p>是这个图片的标题，则可以使用<figcaption>来替换：

```
<figure>
  <figcaption>这个是美女图片</figcaption>
  <img src="meinv.jpg" />
</figure>
```

7.5.3 如何获得页面上元素的背景色

【选自 BD 面试题】

题面解析：本题是在面试中出现频率较高的一道题，主要考查应聘者对获取页面元素的使用是否掌握。在解答本题之前，应聘者需要考虑多个元素重叠的时候以及背景色带透明度的情况，从而就能够很好地回答本题。

解析过程：

简单的答案是基于 CSS OM getComputedStyle()。当然这个不是面试官想要的答案。

所以应聘者再想一想，实际上要考虑多个元素叠在一起的时候，以及背景色带透明度的情况下，

alpha blending 的问题。当然，CSS 还有一个 Blend Mode 的新控制属性，不过可以不用管，无非是扩展了 alpha blending 的计算公式而已。

所以，如果知道元素下面的 layer 元素是谁，背景色多少，以及当前元素的 getComputedStyle()返回的背景色，就可以用 alpha blending 算出最终的屏幕显示颜色。

所以应该考虑如何找到一个 html 元素下面一层 layer 的元素，layer 元素其实就是当前元素的 parent。但是也会有许多反常情况，例如：

- 硬件加速时，存在 layer squashing 的情况。
- 存在 floating 元素显示在任意元素上方的情况。注意，floating 里面的元素仍然按照通常的 parent 逻辑。
- 考虑可能的 CSS opacity 控制。
- z-index 的情况下，如果一个元素不是显示在屏幕最顶端的，则不存在所谓的“最终屏幕颜色”问题。但 z-index 处于顶端的元素，其下一层的 layer 元素显然需要从它的 siblings 兄弟节点中按 z-index 降序进行搜索，而且还要考虑 intersect 问题。

7.5.4　如何设计一个浮动中的元素水平居中

【选自 HR 面试题】

题面解析：本题也是在面试中出现频率较高的一道题，主要考查应聘者是否掌握了对元素居中的使用。

解析过程：

对于定宽的非浮动元素，可以在 CSS 中用 margin:0 auto 进行水平居中。对于不定宽的浮动元素，也有一个常用的技巧解决其水平居中问题。父元素和子元素同时左浮动，然后父元素相对左移动 50%，子元素再相对右移动 50%，或者子元素相对左移动-50%也可以。

HTML 代码如下所示：

```
<div class="box">
<p>我是浮动的</p>
<p>我也是居中的</p>
</div>
```

CSS 代码如下所示：

```
.box{
    float:left;
    position:relative;
    left:50%;
}
p{
    float:left;
    position:relative;
    right:50%;
}
```

7.5.5　JavaScript 寻找当前页面中最大的 z-index 值的方法

【选自 ALBB 笔试题】

题面解析：本题主要考查应聘者对 JavaScript 中 z-index 方法的掌握程度。我们可以把 DOM 中的所有元素集合起来，转化成一个数组，然后遍历这个数组，把所有元素的 z-index 值提取出来，就形成了一个纯数字的数组，最后从中取到最大值，就是当前页面中最大的 z-index 值了。

解析过程：

1. 找到所有的元素，转化为数组

方法一：

```
Array.from(document.querySelectorAll('body *'))
```

用 querySelectorAll 形成的是一个类数组结构，但不是数组，不支持数组方法。因此，使用Array.from 方法，将其转化为真正的数组。

方法二：

```
Array.from(document.body.querySelectorAll('*'))
```

方法二和方法一没什么区别，但比方法一好看一些，从性能上，也要比方法一要强一些。

方法三：

```
[...document.body.querySelectorAll('*')]
```

方法三用 ES6 方法，将类数组转化为数组。

方法四：

```
[...document.all]
```

从 body 中寻找和从全部中寻找，性能差异很小，关键是代码好看了许多。

2. 查找元素的 Z-INDEX 值

下面示例中__DOM__为伪代码，指 dom 元素。

方法一（错误示范）：

```
__DOM__.style.zIndex
```

这样只能找到行内样式中的 z-index 值，如果是写在 css 文件中的，那么就找不到了。所以，这是一个错误的示范。

方法二：

要找到元素的真实 css 属性，就必须使用 window.getComputedStyle()方法。

```
window.getComputedStyle(__DOM__).zIndex
```

这样就可以拿到元素的 z-index 值了。但问题是，拿到的不一定是一个数字，而可能是 auto 这样的字符串值，这时就需要处理一下了。

逻辑非常简单，就是将这个值转化为数字，如果是 NaN 就覆盖为 0，否则，给原值即可。

```
//正常写法
Number(window.getComputedStyle(__DOM__).zIndex) || 0
//简写写法
+window.getComputedStyle(__DOM__).zIndex || 0
```

3. 数组中寻找最大值

方法一：

```
Math.max.apply(null, arr)
```

这是一贯的寻找最大值的方法。

方法二：

```
Math.max(...arr)
```

方法二其实和方法一一样，不过是 ES6 的写法罢了。

方法三：

```
arr.reduce((num1, num2) => {
    return num1 > num2 ? num1 : num2}
)
```

reduce 方法是一个比较高级的方法，它会把数组序号 0 的值和数组序号 1 的值用自定义的函数进行计算，然后将返回的结果和数组序号 3 的值再次进行自定义函数的计算，直到数组里的每一个值都计算完成。

4. 查找当前页面 z-index 最大值实现代码

方法一：

```
var arr = [...document.all].map(e => +window.getComputedStyle(e).zIndex || 0)
return arr.length ? Math.max(...arr) : 0
```

这样就轻松地实现了效果。但是需要注意的是，Math.max()方法如果对一个空数组进行处理，是会出错的，所以上面进行了一个数组长度判断，来避免出错。

方法二：

reduce()方法，代码如下：

```
return [...document.all].reduce((r, e) => Math.max(r, +window.getComputedStyle(e).
zIndex || 0), 0)
```

如果是空数组，用 reduce 是会出错的，所以需要加上一个默认的计算值 0。

第 8 章

脚本语言

本章导读

本章主要讲解了前端页面中的各种语言和命令的用法，以及怎么去实现不同语法在不同环境中的应用。本章通过面试与笔试试题的方式让读者更加清楚地去理解、使用不同的语法，同时也教会读者在面试与笔试中如何灵活地应对面试官提出的问题。

知识清单

本章要点（已掌握的在方框中打钩）

- ☐ JavaScript 的组成结构
- ☐ JavaScript 的语法和操作对象
- ☐ jQuery 的工作原理
- ☐ jQuery 的事件和操作
- ☐ jQuery HTML

8.1 JavaScript

JavaScript（简称“JS”）是一种具有函数优先的轻量级，解释型或即时编译型的编程语言。虽然它是作为开发 Web 页面的脚本语言而出名的，但是也被用到了很多非浏览器环境中。JavaScript 基于原型编程、多范式的动态脚本语言，并且支持面向对象、命令式和声明式（如函数式编程）风格。

8.1.1 组成结构

JavaScript 是一种属于网络的脚本语言，已经被广泛用于 Web 应用开发，常用来为网页添加各式各样的动态功能，为用户提供更流畅美观的浏览效果。通常 JavaScript 脚本是通过嵌入在 HTML 中来实现自身的功能的。

JavaScript 可以分为三部分：ECMAScript、DOM 和 BOM。

- ECMAScript(ek ma skript)：JavaScript 的核心，描述了语言的基本语法（var、for、if、array 等）和数据类型［数字、字符串、布尔、函数、对象（obj、[]、{}、null）、未定义］。ECMAScript 是一套标准，定义了一种语言（如 JS）是什么样子。

- DOM（文档对象模型）：DOM是HTML和XML的应用程序接口（API）。DOM将把整个页面规划成由节点层级构成的文档。HTML或XML页面的每个部分都是一个节点的衍生物。DOM 通过创建树来表示文档，从而使开发者对文档的内容和结构具有空前的控制力。用DOM API可以轻松地删除、添加和替换节点（getElementById、childNodes、appendChild、innerHTML）。
- BOM（浏览器对象模型）：BOM对浏览器窗口进行访问和操作。例如弹出新的浏览器窗口，移动、改变和关闭浏览器窗口，提供详细的网络浏览器信息（navigator object），详细的页面信息（location object），详细的用户屏幕分辨率的信息（screen object），对cookies的支持，等。BOM作为JavaScript的一部分并没有相关标准的支持，每一个浏览器都有自己的实现，虽然有一些非事实的标准，但还是给开发者带来一定的麻烦。

8.1.2 核心语法

1. 变量的声明和赋值

JavaScript是一种弱类型语言，没有明确的数据类型，也就是在声明变量时不需要指定数据类型，变量的类型由赋给变量的值决定。

在JavaScript中，变量是使用关键字var声明的，语法：var合法的变量名。

JavaScript的变量命名规则和Java命名规则相同。

JavaScript区分大小写，所以大小写不同的变量名表示不同的变量。

另外，由于JavaScript是一种弱类型语言，因此允许不声明变量而直接使用，系统将会自动声明该变量。例如：x=88;没有声明x直接使用。

2. 数据类型

1）undefined（未定义类型）

undefined 类型只有一个值，即 undefined。当声明的变量未初始化时，该变量的默认值是undefined。

2）null（空类型）

null类型只有一个值，即null，表示“什么都没有”，用来检测某个变量是否被赋值。

值undefined实际是值null派生出来的，因此JavaScript把它们定义为相等的。

3）number（数值类型）

JavaScript中定义的最特殊的类型是number类型，这种类型既可以表示32位的整数，又可以表示64位的浮点数。

整数也可以表示为八进制或十六进制，八进制首数字必需是0，其后是（0～8）。十六进制的首数字也必需是0，其后是（0～9）（A～F）。

另外一个特殊值NaN（Not a Number）表示非数字，它是number类型。

4）String（字符串类型）

在JavaScript中，字符是一组被引号（单引号或双引号）括起来的文本。

- 与Java不同，JavaScript不对“字符”或“字符串”加以区别，因此var a="a"也是字符串类型。
- 和Java相同的是，JavaScript中的String也是一种对象，它有一个length属性，表示字符串的长度（包括空格等）。

5）boolean（布尔类型）

boolean类型数据称为布尔型数据或逻辑型数据，boolean类型是ECMAScript中常用的类型之一，它只有两个值：true和false。

6）typeof

ECMAScript 提供了 typeof 运算符来判断一个值或变量究竟属于哪种数据类型。

3. 数组

和 Java 一样，JavaScript 中的数组也需要先创建，赋值，再访问数组元素，并通过数组的一些方法或属性对数组元素进行处理。

4. 运算符号

JavaScript 中常用的运算符号类别如表 8-1 所示。

表 8-1 运算符号类别表

<table>
<tr><th>类 别</th><th>运 算 符 号</th></tr>
<tr><td>算数运算符</td><td>+、-、*、/、%、++、--</td></tr>
<tr><td>比较运算符</td><td>>、<、>=、<=、==、!=、===、!==</td></tr>
<tr><td>逻辑运算符</td><td>&&、||、!</td></tr>
<tr><td>赋值运算符</td><td>=、+=、-=</td></tr>
</table>

===表示恒等，要求数值类型和值都要相等，==要求值相等。

!===表示不恒等，取反===。

5. 逻辑控制语句

在 JavaScript 中，逻辑控制语句用于控制程序的执行顺序，同 Java 一样，也分为两类。

- 条件结构：if 结构、switch 结构。
- 循环结构：for 循环、while 循环、do-while 循环、for-in 循环。

6. 注释

- 单行注释：//。
- 多行注释：/*注释内容*/。

7. 常用的输入/输出

1）alert()警告

```
语法：alert("提示信息");
```

alert()创建一个特殊的对话框，对话框带有一个字符串和“确定”按钮。

2）prompt()提示

```
语法：prompt("提示信息","输入框的默认信息或空的输入框");
```

prompt()方法第一个参数值显示在对话框上，通常是一些提示信息，第二个输入框出现在用户输入的文本框中，有“确定”和“取消”两个按钮，“取消”则返回 null，“确定”则返回一个字符串型数据。

8. 常用的系统函数

1）parseInt()

parseInt()函数可以解析一个字符串，并返回一个整数。如果第一个字符不是数值类型，则返回 NaN，表示不是数组类型，如中间遇到非数值字符，则会省略后面的字符，返回前面的数值。

2）parseFloat()

parseFloat()函数可以解析一个字符串，并返回一个浮点数。方法与 parseInt()相似。如果第一个字符不是数值类型，则返回 NaN，表示不是数组类型，如中间遇到非数值字符，则会省略后面的字符，返回前面的数值。

3）isNaN()

isNaN()函数用于检查其参数是否非数字，如果不是数字则返回 true，如果是数字返回 false。

8.1.3　函数定义和调用

JavaScript 中定义函数跟 C/C++或者 Java 中定义函数不同，需要通过关键字 function 来定义函数。定义函数的方法有以下两种。

1. 使用 function 来定义函数

```
//方式 1:命名函数
function fun(){
//函数体
}
//方式 2:匿名函数
var fun=function(){
//函数体
}
```

命名函数的方法也被称为声明式函数，而匿名函数的方法也被称为引用式函数或者函数表达式，即把函数看作一个复杂的表达式，并把表达式赋予变量。

2. 使用 function 对象构造函数

```
var function_name = new Function(arg1, arg2, ..., argN, function_body)
```

在上面的语法形式中，每个 arg 都是一个函数参数，最后一个参数是函数主体（要执行的代码）。function()的所有参数必需是字符串。

调用函数使用小括号运算符来实现。在括号运算符内部可以包含多个参数列表，参数之间通过逗号进行分隔。

8.1.4　JavaScript 操作 BOM 对象

1. windows 对象

BOM 是 JavaScript 的组成之一，它提供了独立于内容与浏览器窗口进行交互的对象，使用浏览器对象模型可以实现与 HTML 的交互。它的作用是将相关的元素组织包装起来，提供给程序设计人员使用，从而降低开发人员的劳动量，提高设计 Web 页面的能力。

BOM 是一个分层结构，使用 BOM 通常可实现以下功能。

- 弹出新的浏览器窗口。
- 移动、关闭浏览器窗口及调整窗口大小。
- 在浏览器窗口中实现页面的前进、后退功能。

1）windows 对象的常用属性

- history：有关客户访问过的 URL 的信息。
- location：有关当前 URL 的信息。
- screen：只读属性，包含有关客户端显示屏的信息。

2）windows 对象的常用方法

- prompt()：显示可提示用户输入的对话框。
- alert()：显示一个带有提示信息和一个“确定”按钮的警示对话框。
- confirm()：显示一个带有提示信息、“确定”和“取消”按钮的对话框。
- close()：关闭浏览器窗口。
- open()：打开一个新的浏览器窗口，加载给定 URL 所指定的文档。

- setTimeout()：在指定的毫秒数后调用函数或计算表达式。
- setInterval()：按照指定的周期（以毫秒计）来调用函数或表达式。

3）prompt()、alert()、confirm()的不同之处

- prompt()：有两个参数，是输入对话框，用来提示用户输入一些信息，单击“取消”按钮则返回 null，单击“确定”按钮则返回用户输入的值，常用于收集用户关于特定问题而反馈的信息。
- alert()：只有一个参数，仅显示警告对话框的消息，无返回值，不能对脚本产生任何影响。
- confirm()：只有一个参数，是确认对话框，显示提示对话框的信息。

2. history 对象和 location 对象

1）history 对象常用方法

- back()：加载 history 对象列表中的前一个 URL。
- forward()：加载 history 对象列表中的下一个 URL。
- go()：加载 history 对象列表中的某个具体 URL。
- history.back()==history.go(-1)：浏览器中的后退。
- history.forward()==history.go(1)：浏览器中的前进。

2）location 对象常用方法及属性

- host：设置或返回主机名和当前 URL 的端口号。
- hostname：设置或返回当前 URL 的主机名。
- href：设置或返回完整的 URL。
- reload()：重新加载当前文档。
- reolace()：用新的文档替换当前文档。

8.1.5 JavaScript 操作 DOM 对象

JavaScript 操作 DOM 分为三类：DOM Core（核心）、HTML-DOM 和 CSS-DOM。

1. 根据层次访问节点

- parentNode：返回节点的父节点。
- childNodes：返回子节点集合，childNodes[i]。
- firstChild：返回节点的第一个子节点，最普遍的用法是访问该元素的文本节点。
- lastChild：返回节点的最后一个子节点。
- nextSibling：下一个节点。
- previousSibling：上一个节点。

2. 解决浏览器兼容问题

- firstElementChild：返回节点的第一个子节点，最普遍的用法是访问该元素的文本节点。
- lastElementChild：返回节点的最后一个子节点。
- nextElementSibling：下一个节点。
- previousElementSibling：上一个节点。

3. 节点信息

- nodeName：节点名称。
- nodeValue：节点值。
- nodeType：节点类型。

4. 操作节点

1）节点属性

- getAttribute("属性名")。
- setAttribute("属性名","属性值")。

2）创建和插入节点

- createElement(tagName)：创建一个标签名为 tagName 的新元素节点。
- A.appendChild(B)：把 B 节点追加至 A 节点的末尾。
- insertBefore(A,B)：把 A 节点插入 B 节点之前。
- cloneNode(deep)：复制某个指定的节点。

3）删除和替换节点

- removeChild(node)：删除指定的节点。
- replaceChild(newNode, oldNode)属性 attr：用其他的节点替换指定的节点。

4）操作节点样式

```
/* 元素.style.样式属性 */
function whtmouseover() {
    //要让王洪涛字体变小      颜色变绿
    document.getElementById("wht").style.fontSize="15px";
    document.getElementById("wht").style.color="green";
};
function whtmouseout() {
   //要让王洪涛字体变小      颜色变绿
   document.getElementById("wht").style.fontSize="8px";
   document.getElementById("wht").style.backgroundColor="pink";
};
/* 元素.className   事先在样式中创建名为.className 的值的样式列表*/
function lbmouseover() {
    document.getElementById("lb").className="lb";
};
function lbmouseout() {
    document.getElementById("lb").className="lbout";
};
/* 第三种方式: 元素.style.cssText="css 属性值"*/
function llmouseover() {
    document.getElementById("ll").style.cssText="color:red;font-size:10px;";
}
function llmouseout() {
    document.getElementById("ll").style.cssText="color:black;font-size:60px;";
}
```

5. 元素属性

- offsetLeft：返回当前元素左边界到它上级元素的左边界的距离，只读属性。
- offsetTop：返回当前元素上边界到它上级元素的上边界的距离，只读属性。
- offsetHeight：返回元素的高度。
- offsetWidth：返回元素的宽度。
- offsetParent：返回元素的偏移容器，即对最近的动态定位的包含元素的引用。
- scrollTop：返回匹配元素的滚动条的垂直位置。
- scrollLeft：返回匹配元素的滚动条的水平位置。
- clientWidth：返回元素的可见宽度。

- clientHeight：返回元素的可见高度。

6. 元素属性应用

```
document. documentElement.scrollTop;
document. documentElement.scrollLeft;
```

或者

```
document. body.scrollTop;
document. body.scrollLeft;
```

8.2 jQuery

jQuery 是一个快速、简洁的 JavaScript 框架，是继 Prototype 之后又一个优秀的 JavaScript 代码库（或 JavaScript 框架）。jQuery 设计的宗旨是“write Less，Do More”，即倡导写更少的代码，做更多的事情。它封装 JavaScript 常用的功能代码，提供一种简便的 JavaScript 设计模式，优化 HTML 文档操作、事件处理、动画设计和 Ajax 交互。

jQuery 的核心特性可以总结为：具有独特的链式语法和短小清晰的多功能接口；具有高效灵活的 CSS 选择器，并且可对 CSS 选择器进行扩展；拥有便捷的插件扩展机制和丰富的插件；jQuery 兼容各种主流浏览器。

8.2.1 jQuery 工作原理

jQuery 的模块可以分为三部分：入口模块、底层支持模块和功能模块。

在构造 jQuery 对象模块中，如果在调用构造函数 jQuery()创建 jQuery 对象时传入选择器表达式，则会调用选择器 Sizzle 遍历文档，查找与之匹配的 DOM 元素，并创建一个包含这些 DOM 元素引用的 jQuery 对象。

浏览器功能测试模块提供了针对不同浏览器功能和漏洞的测试结果，其他模块则基于这些测试结果来解决浏览器之间的兼容性问题。

在底层支持模块中，回调函数列表模块用于增强对回调函数的管理，支持添加、移除、触发、锁定、禁用回调函数等功能。异步队列模块用于解耦异步任务和回调函数，它在回调函数列表的基础上为回调函数增加了状态，并提供了多个回调函数列表，支持传播任意同步或异步回调函数的成功或失败状态。数据缓存模块用于为 DOM 元素和 JavaScript 对象附加任意类型的数据；队列模块用于管理一组函数，支持函数的入队和出队操作，并确保函数按顺序执行，它基于数据缓存模块实现。

在功能模块中，事件系统提供了统一的事件绑定、响应、手动触发和移除机制。它并没有将事件直接绑定到 DOM 元素上，而是基于数据缓存模块来管理事件。Ajax 模块允许从服务器上加载数据，而不用刷新页面，它基于异步队列模块来管理和触发回调函数。动画模块用于向网页中添加动画效果，它基于队列模块来管理和执行动画函数。属性操作模块用于对 HTML 属性和 DOM 属性进行读取、设置和移除操作。DOM 遍历模块用于在 DOM 树中遍历父元素、子元素和兄弟元素。DOM 操作模块用于插入、移除、复制和替换 DOM 元素。样式操作模块用于获取计算样式或设置内联样式。坐标模块用于读取或设置 DOM 元素的文档坐标。尺寸模块用于获取 DOM 元素的高度和宽度。

8.2.2　事件与动画

1. 事件

1）加载 DOM

在页面加载完毕后，浏览器会通过 JavaScript 为 DOM 元素添加事件。在 JavaScript 代码中，通常使用 window.onload 方法，而在 jQuery 中，使用的是$(document).ready()方法。$(document).ready()方法和 window.onload 方法有相似的功能，但是在执行时机方面是有区别的。window.onload 方法是在网页中所有的元素完全加载到浏览器后才执行，而$(document).ready()方法注册的事件处理程序，在 DOM 完成就绪时就可以被调用。

由于在$(document).ready()方法内注册的事件，只要 DOM 就绪就会被执行，因此可能此时元素的关联文件未下载完。要解决这个问题，可以使用 jQuery 中另一个关于页面加载的方法 load()。load()方法会在元素的 onload 事件中绑定一个处理函数。如果处理函数绑定给 window 对象，则会在所有内容加载完毕后触发。

2）事件绑定

在文档装载完成后，如果要为元素绑定事件来完成某些操作，可以使用 bind()方法来对匹配元素进行特定事件的绑定，例如：

```
bind(type[,data],fn);
```

第一个参数是事件类型，包括：blur、focus、load、resize、scroll、unload、click、dblclick、mousedown、mouseup、mousemove、mouseover、mouseout、mouseenter、mouseleave、change、select、submit、keydown、keypress、keyup 和 error 等。

第二个参数是可选参数，作为 event.data 属性值传递给事件对象的额外数据对象。

第三个参数则是用来绑定的处理函数。

3）合成事件

jQuery 有两个合成事件：hover()方法和 toggle()方法。hover()方法的语法结构如下：

```
hover(enter,leave);
```

hover()方法用于模拟光标悬停事件。当光标移动到元素上时，会触发指定的第一个函数；当光标移出这个元素时，会触发指定的第二个函数。

```
toggle(fn1,fn2,...fnN);
```

toggle()方法用于模拟鼠标连续单击事件，第一次单击元素，触发指定的第一个函数；当再次单击同一个元素时，则触发指定的第二个函数，以此类推，直到最后一个。

4）事件冒泡

在页面上可以有多个事件，也可以多个元素响应同一个事件。由于 IE-DOM 和标准 DOM 实现事件对象的方式不同，在不同浏览器中获取事件对象比较困难。jQuery 进行了相应的扩展和封装，从而使在任何浏览器中都能轻松获取事件对象。

停止事件冒泡可以阻止事件中其他对象的事件处理函数被执行，在 jQuery 中，提供了 stop Propagation()方法来停止事件冒泡。

网页中的元素有自己默认的行为，例如单击超链接后会跳转等。在 jQuery 中，提供了 prevent Default()方法来阻止元素的默认行为。

如果想同时对事件对象停止冒泡和默认行为，可以在事件处理函数中返回 false。

5）事件对象的属性

jQuery 在遵循 W3C 规范的情况下，对事件对象的常用属性进行了封装，使事件处理在各浏览器下都可以正常运行而不需要进行浏览器类型判断。常用的方法如下所示。

- event.type()：获取事件的类型。

- event.preventDefault()：阻止默认的事件行为。
- event.stopPropagation()：阻止事件的冒泡。
- event.target()：获取触发事件的元素。
- event.relatedTarget()：获取事件发生的相关元素。
- event.pageX()/event.pageY()：获取光标相对于页面的 *X* 坐标和 *Y* 坐标。
- event.which()：获取到鼠标的左、中、右键。
- event.metaKey()：键盘事件中获取<Ctrl>键。
- event.originalEvent()：指向原始的事件对象。

6）移除事件

unbind()方法可以用于删除元素的事件，语法结构如下：

```
unbind([type][,data]);
```

如果没有参数，则删除所有绑定的事件。如果提供了事件类型，则只删除该类型的绑定事件。如果把在绑定时传递的处理函数作为第二个参数，则只有这个特定事件处理函数才会被删除。

one()方法的结构与 bind()方法类似，使用方法也与 bind()方法相同，语法结构如下：

```
one(type[,data],fn);
```

使用 one()方法为元素帮定事件后，只在第一次触发时执行，之后毫无作用。

7）模拟操作

有时需要通过模拟用户操作，来达到单击效果，可以使用 trigger()方法完成。也可以直接用简化写法 click()来达到同样的效果。

trigger(type[,data])方法有两个参数，第二个参数是要传递给事件处理函数的附加数据，以数组形式传递。

trigger()方法触发事件后，会执行浏览器默认操作。

2. 动画

1）show()方法和 hide()方法

show()方法和 hide()方法是 jQuery 中最基本的动画方法。为一个元素调用 hide()方法，会将该元素的 display 样式改为"none"。

当把元素隐藏后，可以使用 show()方法将元素的 display 样式设置为先前的显示状态。

show()方法可以指定一个速度参数，例如，指定一个速度关键字"slow"。

2）fadeIn()方法和 fadeOut()方法

与 show()方法不同的是，fadeIn()和 fadeOut()方法只改变元素的不透明度。fadeOut()方法会在指定时间内降低元素的不透明度，直到元素完全消失。fadeIn()方法则相反。

3）slideUp()方法和 slideDown()方法

slideUp()方法和 slideDown()方法只会改变元素的高度。如果一个元素的 display 属性值为"none"，当调用 slideDown()方法时，这个元素将由上至下延伸显示。slideUp()方法正好相反，元素将由下到上缩短隐藏。

4）自定义动画方法 animate()

如果需要采取一些高级的自定义动画来解决更多控制的问题，可以使用 animate()方法来自定义动画，语法结构如下：

```
animate(params,speed,callback);
```

5）停止动画和判断是否处于动画状态

很多时候停止匹配元素正在进行的动画需要使用 stop()方法，语法结构如下：

```
stop([clearQueue][,gotoEnd]);
```

参数 clearQueue 和 gotoEnd 都是可选的参数，为 Boolean 值，clearQueue 代表是否要清空未执行完的动画队列，gotoEnd 代表是否直接将正在执行的动画跳转到末状态。

6）其他动画方法

jQuery 中还有 3 个专门用于交互的动画方法：toggle(speed,[callback])、slideToggle (speed,[callback])、fadeTo(speed,opacity,[callback])。

- toggle()方法可以切换元素的可见状态。
- slideToggle()方法通过高度变化来切换匹配元素的可见性。
- fadeTo()方法可以把元素的不透明度以渐进方式调整到指定的值。

8.2.3　使用 jQuery 操作 DOM

1. DOM 操作

1）DOM Core

DOM Core 不是 JavaScript 的专属品，任何一种支持 DOM 的编程语言都可以使用它。它的用途不限于处理一种使用标记语言编写出来的文档。

2）HTML-DOM

HTML-DOM 比 DOM Core 出现的更早，它提供了一些更加简明的标记来描述各种 HTML-DOM 的元素属性。

3）CSS-DOM

CSS-DOM 是针对 CSS 的操作，在 JavaScript 中，主要作用是获取和设置 style 对象的各种属性。

2. 样式操作

1）直接设置样式值

设置单个属性：css(name,value)。

同时设置多个属性：css({name:value,name:value,name:value,…})。

2）追加样式和移除样式

追加样式：addClass(class)。

移除样式：removeClass(class)。

3）切换样式

可以切换不同元素的类样式：taggleClass()。

3. 内容操作

1）html 代码操作

html([content])：规定备选元素的新内容，该参数可以包含 HTML 标签，无参数时，表示被选元素的文本内容。

2）标签内容操作

text([content])：规定被选元素的新文本内容。

3）属性值操作

语法格式：val([value])。

4. 节点属性操作

1）查找节点

语法格式：$("xxx")。

2）创建节点

选择器：$(selector)。

DOM 元素：$(element)。

html 代码：$(html)。

3）插入节点

内部插入：append(content)、appendTo(content)、prepend(content)、prependTo(content)。

外部插入：after(content)、insertAfter(content)、before(content)、insertBefore(content)。

4）删除节点

语法格式：$(selector).remove([expr])。

5）替换节点

语法格式：$("ul li:eq(1)").replaceWith($xxx)。

6）复制节点

语法格式：$(selector).clone([includeEvents])。

8.2.4 jQuery HTML

jQuery 拥有可操作 HTML 元素和属性的强大方法。

1. 创建元素的方式

- $("标签的代码")。
- 对象.html("标签的代码")。

2. 添加创建的元素

- append(元素)：在被选元素的结尾插入内容。
- pripend(元素)：在被选元素的开头插入内容。
- before(元素)：在被选元素之前插入内容。
- after(元素)：在被选元素之后插入内容。

3. 元素属性的操作

attr()方法用于设置/改变属性值，也允许同时设置多个属性。

attr()方法提供回调函数。回调函数有两个参数，即被选元素列表中当前元素的下标，以及原始（旧的）值，然后以函数新值返回用户希望使用的字符串。

4. 删除元素/内容

如需删除元素和内容，一般可使用以下两个 jQuery 方法。

- remove()：删除被选元素（及其子元素）。
- empty()：从被选元素中删除子元素。

remove()方法也可接受一个参数，允许用户对被删元素进行过滤。该参数可以是任何 jQuery 选择器的语法。

5. jQuery 操作 CSS

jQuery 拥有若干进行 CSS 操作的方法。

- addClass()：向被选元素添加一个或多个类。
- removeClass()：从被选元素删除一个或多个类。
- toggleClass()：对被选元素进行添加/删除类的切换操作。
- css()：设置或返回样式属性。

6. jQuery 尺寸

jQuery 提供多个处理尺寸的重要方法。

- width()方法：设置或返回元素的宽度（不包括内边距、边框或外边距）。
- height()方法：设置或返回元素的高度（不包括内边距、边框或外边距）。

- innerWidth()方法：返回元素的宽度（包括内边距）。
- innerHeight()方法：返回元素的高度（包括内边距）。
- outerWidth()方法：返回元素的宽度（包括内边距和边框）。
- outerHeight()方法：返回元素的高度（包括内边距和边框）。

8.3 面试与笔试试题解析

本节总结了一些在面试或笔试过程中经常遇到的脚本语言 JavaScript 和 jQuery 问题，通过对本节的学习，读者可以熟练地应对面试或笔试过程中所遇到的此类问题。

8.3.1 在 HTML 页面中如何引用 JavaScript

题面解析：本题主要考查应聘者对 HTML 页面从多种方式使用 JavaScript 的程度。看到此问题，应聘者需要把关于 HTML 使用 JavaScript 的相关知识在脑海中回忆一下，再进一步考虑 HTML 从多种方式来使用 JavaScript，从头部、主体、元素、外部方式来分析实现。

解析过程：

在 HTML 中引用一些 JavaScript 特效，可以通过以下 4 种方式实现。

1. 在 HTML 页面的头部 head 标签中引用

HTML 中页面的头部引用 JavaScript，就是在头部<head></head>之前内编写 JavaScript。代码如下：

```
<head>
    <title></title>
    <script type="text/JavaScript">
    </script>
</head>
```

☆**注意**☆ JavaScript 代码要放在<script type="text/JavaScript"></script>之间，要求 type 的属性值也要对应为 text/JavaScript。

2. 在 HTML 页面的主体 body 标签内引用

在 HTML 的主体部分引用 JavaScript，是在<body></body>之间编写 JavaScript。代码如下：

```
<!DOCTYPE html>
<html xmlns="http://www.w3.org/1999/xhtml">
<head>
    <title></title>
</head>
<body>
    <script type="text/JavaScript">
    </script>
</body>
</html>
```

3. 在元素事件中引用

在元素事件中引用是在元素中直接编写 JavaScript 文件，例如：

```
<input type="button" onClick="alert('php 中文网')" value="按钮"/>
```

4. 引入外部 JavaScript 文件

引入外部 JavaScript 文件就是把它存放在以.js 为扩展名的文件当中，并且使用 script 来引用，引用的文件可以放在头部，也可以放在主体部分，例如：

```
<script src="js/index.js" type="text/JavaScript"></script>
```

8.3.2 如何实现 DOM 对象和 jQuery 对象间的转化

题面解析：本题主要是考查 DOM 对象和 jQuery 对象之间相互转化时所用的方法，应聘者在回答该问题时，首先可以先介绍一下 DOM 对象和 jQuery 对象获取元素的方法以及它们之间方法的不兼容，接着分别通过 index 方法和$()等相关方法来表示出两者之间的转化过程。

解析过程：

- DOM 对象：使用 JavaScript 中的方法获取页面中的元素返回的对象就是 DOM 对象，如使用 document.getElement*系列的方法返回的就是 DOM 对象。
- jQuery 对象：jQuery 对象就是使用 jQuery 的方法获取页面中的元素返回的对象就是 jQuery 对象，如使用$()方法返回对象都是 jQuery 对象。

二者之间的方法是不兼容的，jQuery 对象不能使用 DOM 对象的方法，DOM 对象不能使用 jQuery 对象的方法，但二者之间又有着联系，是可以进行相互转化的。有时在特定的情况下，需要把 jQuery 对象转换成 DOM 对象，或者把 DOM 对象转换成 jQuery 对象，两种对象之间互相转换的方法有下面几种。

1. jQuery 对象转化成 DOM 对象

- jQuery 对象是一个数据对象，可以通过[index]的方法来得到相应的 DOM 对象。

```
var $v =$("#v") ; //jQuery 对象
var v=$v[0];       //DOM 对象
alert(v.checked)   //检测这个 checkbox 是否被选中
```

- jQuery 本身提供，通过.get(index)方法，得到相应的 DOM 对象。

```
var $v=$("#v");    //jQuery 对象
var v=$v.get(0);   //DOM 对象
alert(v.checked)   //检测这个 checkbox 是否被选中
```

2. DOM 对象转化成 jQuery 对象

对一个 DOM 对象，只需要用$()把 DOM 对象包装起来，就可以获得一个 jQuery 对象了。

```
var v=document.getElementById("v"); //DOM 对象
var $v=$(v);                        //jQuery 对象
```

8.3.3 如何按层次关系访问节点

题面解析：本题主要考查应聘者对父节点、兄弟节点和子节点的掌握程度，应聘者需要知道不同节点的作用、每个调节节点的调节者是什么以及各个节点间的关系。

解析过程：

节点的访问关系是以属性的方式存在的。DOM 的节点并不是孤立的，因此可以通过 DOM 节点之间的相对关系对它们进行访问。

1. 父节点 parentNode

调用者就是节点。一个节点只有一个父节点。调用方式：节点.parentNode。

2. 兄弟节点

- nextSibling：调用者是节点。IE 6/7/8 中指下一个元素节点（标签）。在火狐、谷歌和 IE 9 以后的版本中都指的是下一个节点（包括空文档和换行节点）。
- nextElementSibling：在火狐、谷歌、IE 9 以后的版本中都指的是下一个元素节点。

☆**注意**☆ 在 IE 6/7/8 中用 nextSibling，在火狐、谷歌、IE 9 以后的版本中用 nextElementSibling。

下一个兄弟节点=节点.nextElementSibling ||节点.nextSibling。

- previousSibling：调用者是节点。IE 6/7/8 中指前一个元素节点（标签）。在火狐、谷歌、IE 9 以后的版本中都指的是前一个节点（包括空文档和换行节点）。
- previousElementSibling：在火狐、谷歌、IE 9 以后的版本中都指的是前一个元素节点。

☆**注意**☆ 在 IE 6/7/8 中用 previousSibling，在火狐、谷歌、IE 9 以后的版本中用 previous Element Sibling。

下一个兄弟节点=节点.previousElementSibling||节点.previousSibling。

3. 子节点

- firstChild：调用者是父节点。IE 6/7/8 中指第一个子元素节点（标签）。在火狐、谷歌、IE 9 以后都指的是第一个节点（包括空文档和换行节点）。
- firstElementChild：在火狐、谷歌、IE 9 以后的版本中都指的第一个元素节点。

第一个子节点=父节点.firstElementChild||父节点.firstChild。

- lastChild：调用者是父节点。IE 6/7/8 中指最后一个子元素节点（标签）。在火狐、谷歌、IE 9 以后的版本中都指的是最后一个节点（包括空文档和换行节点）。
- lastElementChild：在火狐、谷歌、IE 9 以后的版本中都指的是最后一个元素节点。

第一个子节点=父节点.lastElementChild||父节点.lastChild。

下面用代码演示按层次关系访问节点，代码如下所示：

```
<!--
    通过节点的层次关系获取节点对象
    关系：
    1. 父节点：parentNode 属性
    2. 子节点：childNodes 集合，获得全部子节点
    3. 兄弟节点：
       上一个兄弟节点：previousSibling
       下一个兄弟节点：nextSibling
-->
<html>
    <head>
       <title></title>
    </head>
    <body>
       <script type="text/JavaScript">
          function getNodeByLevel()
          {
              var tabNode = document.getElementById("tableId");
              //获取父节点
              var parnode = tabNode.parentNode;
              alert(parnode.nodeName);
              //获取子节点
              var nodes = tabNode.childNodes;
              alert(nodes[0].nodeName);
              alert(nodes[0].childNodes[0].nodeName);
              //获取兄弟节点
              //上一个
              var prenode = tabNode.previousSibling;
              alert(prenode.nodeName);
              var nextnode = tabNode.nextSibling;
              alert(nextnode.nodeName);
```

```
                //尽量少用兄弟节点，会出现浏览器不同，解析方式不同，有的会解析标签中的空白节点(\n)
            }
        </script>
        <input type="button" value="通过节点层次关系获取节点" onclick="getNodeByLevel()" />
        <div>div 区域</div>
        <span>span 区域</span>
        <table id="tableId">
        </table>
        <span>span 区域</span>
        <dl>
            <dt>上层项目</dt>
            <dt>下层项目</dt>
        </dl>
        <a href="">一个超链接</a>
    </body>
</html>
```

8.3.4 列出实现不同模块之间通信的方式

题面解析：本题属于对概念类知识的考查，应聘者在答题的过程中需要先解释通信的概念，然后介绍发起 HTTP 请求的各种方式都有什么，最后分析这些方式的特点。

解析过程：

前后端实现通信的方式，即实现数据交互，靠的是 HTTP（或者其他衍生类型，如 SSE、WS）。前端能发起 HTTP 请求的方式如下。

- Ajax（Asynchronous JavaScript+XML）技术：Ajax 的核心是 XMLHttpRequest，通过对该对象的操作来进行异步的数据请求，有同源限制。接触的最多的就是 jQuery 的封装，如$.ajax、$.post、$.get。angular 可以使用$htttp 服务。
- EventSource：就是 SSE（服务端推送）技术，从 HTTP 演变而来。
- WebSocket：客户端和服务端的双向长连接通信。
- navigator.sendBeacon：全新的异步数据上报 API，专门用来做数据采集，浏览器会在合适的时候才执行数据上报。典型场景就是无阻塞的方式对出站行为进行采集上报。
- 服务端渲染：对于动态服务而言，大多数页面都经过服务端的数据渲染，接口->前端赋值->模板渲染，这些都是在服务器完成的，在查看源码的时候，可以看到完整的 HTML 代码，包括每个数据值。常用的 php 模板：Smarty、Blade、Mustache。如果使用 Node.js 作为服务端：ejs、doT、jade。
- Web Socket：HTML 5 WebSocket 设计出来的目的就是要取代轮询和 Comet 技术，使客户端浏览器具备像 C/S 架构下桌面系统的实时通信能力。浏览器通过 JavaScript 向服务器发出建立 WebSocket 连接的请求，连接建立后，客户端和服务端就可以通过 TCP 连接直接交换数据。也就是我们可以使用 Web 技术构建实时性的程序，如聊天、游戏等应用，但需要考虑兼容性。

8.3.5 如何使用 jQuery 实现隔行变色的效果

题面解析：本题主要考查实现隔行变色的效果的方法，应聘者应从不同的方式去考虑隔行变色的效果，包括 CSS 样式、JavaScript、jQuery。看到问题时，应聘者要快速想到关于变色的各个知识点，从而快速准确地回答出该问题。

解析过程：

隔行变色效果在网站有大量应用，尤其是在类似新闻列表这样的区域，行与行之间的区分有很大的好处，也提高了网站的人性化程度。虽然这是个小功能，但网站的流量都是从这样的小功能点点滴滴积累起来的。此效果可以使用 CSS 实现，但是由于现有浏览器对 CSS 3 的支持度还不够好，所以使用 JavaScript 或者 jQuery 是不错的选择。下面就介绍三种方法 jQuery 实现此种效果。

方法一：使用 CSS 样式，定义两个类的样式，分别使用到表格中。这种方法想法简单，但是做起来很麻烦，如果表格很多工作量就很大。这种方法也局限在静态添加。

方法二：使用 JavaScript，就是用 JavaScript 做个方法判断表格是奇数行还是偶数行。

方法三：使用 jQuery，只要做一个 JavaScript 文件，代码如下：

```
$(document).ready(function(){
        $("table").attr("bgColor", "#222222"); //设置表格的背景颜色
        $("tr").attr("bgColor", "#3366CC");     //为单数行表格设置背景颜色
        $("tr:even").css("background-color", "#CC0000");//为双数行表格设置背景颜色
        $("table").css("width","300px");        //为表格添加样式，设置表格长度为 300 像素
            });
```

然后在前台调用，就是在<head></head>中添加如下代码：<script type="text/JavaScript" src="js/InterleaveTable.js"></script>，src 这句是所编写的 JavaScript 文件的路径。

8.3.6　原生 JavaScript 获取节点的方法

题面解析：本题通常出现在面试中，考官提问该问题主要是想考查应聘者对 JavaScript 获取节点的熟悉程度。不同的节点实现方式不同，JavaScript 获取不同节点的方式也就不同，应聘者应从获取不同节点的方面进行一一说明。获取节点是学习 JavaScript 基础的知识，只有掌握了基础知识，才能在以后的开发工作中应用自如。

解析过程：

1. JavaScript 获取子节点的方式

1）通过获取 DOM 方式直接获取子节点

其中 test 为父标签 id 的值，div 为标签的名字。getElementsByTagName 是一个方法，返回的是一个数组，在访问的时候要按数组的形式访问。

2）通过 childNodes 获取子节点

使用 childNodes 获取子节点的时候，childNodes 返回的是子节点的集合，是一个数组的格式。它会把换行和空格也当作节点信息。

为了显示必需的换行的空格，就必需进行必要的过滤。通过正则表达式可去掉不必要的信息。

3）通过 children 来获取子节点

利用 children 来获取子元素是最方便的，它也会返回一个数组。对其获取子元素的访问只需按数组的访问形式即可。

4）获取第一个子节点

firstChild 来获取第一个子元素，但是在有些情况下打印的时候会显示 undefined。其实 firstChild 和 childNodes 是一样的，在浏览器解析的时候会把它当作换行和空格一起解析，其实获取的是第一个子节点，只是这个子节点是一个换行或者是一个空格而已。那么，不要忘记和 childNodes 一样处理。

5）firstElementChild 获取第一个子节点

使用 firstElementChild 来获取第一个子节点的时候，这就没有 firstChild 的那种情况了。它会获取到父元素第一个子元素的节点，这样就能直接显示出文本信息了。它并不会匹配换行和空格信息。

6）获取最后一个子节点

lastChild 获取最后一个子节点的方式其实和 firstChild 是类似的。同样的 lastElementChild 和 firstElementChild 也是一样的。

2. JavaScript 获取父节点的方式

1）parentNode 获取父节点

获取的是当前元素的直接父元素。parentNode 是 W3C 的标准。

2）parentElement 获取父节点

parentElement 和 parentNode 一样，只是 parentElement 是 IE 的标准。

3）offsetParent 获取所有父节点

offset 是偏移量，其实这个是与位置有关的上下级，直接能够获取到所有父亲节点。其对应的值是 body 下的所有节点信息。

3. JavaScript 获取兄弟节点的方式

- 通过获取父亲节点再获取子节点来获取兄弟节点。
- 获取上一个兄弟节点：在获取前一个兄弟节点的时候可以使用 previousSibling 和 previousElementSibling。它们的区别是 previousSibling 会匹配字符，包括换行和空格，而不是节点；previousElementSibling 则直接匹配节点。
- 获取下一个兄弟节点：同 previousSibling 和 previousElementSibling，nextSibling 和 nextElementSibling 也是类似的。

8.3.7 如何改变浏览器地址栏中的网址

题面解析：本题主要考查应聘者对 History 对象中 pushState()的理解，因此应聘者不仅需要知道 pushState()的作用，而且还要知道怎样使用 pushState()方法。

解析过程：

现在的浏览器里，有一个十分有趣的功能，可以在不刷新页面的情况下修改浏览器 URL。在浏览过程中，可以将浏览历史储存起来，当用户在浏览器中点击“后退”按钮时，可以从浏览历史上获得回退的信息。这听起来并不复杂，是可以实现的，下面来看看它是如何工作的。代码如下所示：

```
var stateObject = {};
var title = "Wow Title";
var newUrl = "/my/awesome/url";
history.pushState(stateObject,title,newUrl);
```

History 对象的 pushState()方法有三个参数：第一个参数是一个 Json 对象，储存有关当前 URL 的任意历史信息；第二个参数 title 就相当于传递一个文档的标题；第三个参数是用来传递新的 URL，浏览器的地址栏发生变化而当前页面并没刷新。

8.3.8 jQuery 操作 select 下拉框的多种方法

题面解析：本题主要考查应聘者对操作 select 下拉框的熟练程度，因此应聘者需要从获取、设置、添加和删除不同方面去介绍 select。这样才能更加清晰地说明 jQuery 操作 select 的方法，从而得到考查者的认可。

解析过程：

1. jQuery 获取 select 选择的 text 和 value

语法解释如下：

（1）为 select 添加事件，当选择其中一项时触发。

```
$("#select_id").change(function(){//code...});
```

（2）获取 select 选择的 text。

```
var checkText=$("#select_id").find("option:selected").text();
```

（3）获取 select 选择的 value。

```
var checkValue=$("#select_id").val();
```

（4）获取 select 选择的索引值。

```
var checkIndex=$("#select_id ").get(0).selectedIndex;
```

（5）获取 select 最大的索引值。

```
var maxIndex=$("#select_id option:last").attr("index");
```

2. jQuery 设置 select 选择的 text 和 value

语法解释如下：

（1）设置 select 索引值为 1 的项被选中。

```
$("#select_id ").get(0).selectedIndex=1;
```

（2）设置 select 的 value 值为 4 的项被选中。

```
$("#select_id ").val(4);
```

（3）设置 select 的 text 值为 jQuery 的项被选中。

```
$("#select_id option[text='jQuery']").attr("selected", true);
```

3. jQuery 添加/删除 select 的 option 项

语法解释如下：

（1）为 select 追加一个 option(下拉项)。

```
$("#select_id").append("<option value='Value'>Text</option>");
```

（2）为 select 插入一个 option(第一个位置)。

```
$("#select_id").prepend("<option value='0'>请选择</option>");
```

（3）删除 select 中索引值最大的 option(最后一个)。

```
$("#select_id option:last").remove();
```

（4）删除 select 中索引值为 0 的 option(第一个)。

```
$("#select_id option[index='0']").remove();
```

（5）删除 select 中 value='3'的 option。

```
$("#select_id option[value='3']").remove();
```

（6）删除 select 中 text='4'的 option。

```
$("#select_id option[text='4']").remove();
```

8.3.9　如何用 jQuery 来创建插件

题面解析：本题主要考查应聘者对 jQuery 的灵活应用。看到此问题时，应聘者需要把创建插件的步骤在脑海中回忆一下，其中包括 jQuery 的插件机制、自执行的匿名函数/闭包和一步一步封装 jQuery 插件，理顺了创建插件的思路过程，就可以使用相关的方法来操作它了，那么，jQuery 创建插件的问题将迎刃而解。

解析过程：

如今做 Web 开发，jQuery 几乎是必不可少的，同时 jQuery 插件也逐渐被大家所熟知并运用。下面通过一个简单扩展 jQuery 对象的 demo 例子来一步步解析怎么创建插件。

```
//sample:扩展 jQuery 对象的方法，bold()用于加粗字体。
(function ($) {
  $.fn.extend({
    "bold": function () {
```

```
      ///<summary>
      ///加粗字体
      ///</summary>
      return this.css({ fontWeight: "bold" });
    }
  });
})(jQuery);
```

1. jQuery 的插件机制

为了方便用户创建插件，jQuery 提供了 jQuery.extend()和 jQuery.fn.extend()方法。

jQuery.extend()方法有一个重载。

jQuery.extend(object)，参数用于扩展 jQuery 类本身，也就是用来在 jQuery 类/命名空间上增加新函数，或者叫静态方法。例如，jQuery 内置的 Ajax 方法都是用 jQuery.ajax()调用的，有点像"类名.方法名"静态方法的调用方式。

这个重载的方法一般用来在编写插件时用自定义插件参数去覆盖插件的默认参数。

jQuery.fn.extend(object)扩展 jQuery 元素集来提供新的方法。原来 jQuery.fn = jQuery.prototype，也就是 jQuery 对象的原型。那 jQuery.fn.extend()方法就是扩展 jQuery 对象的原型方法。扩展原型上的方法就相当于为对象添加"成员方法"，类的"成员方法"要类的对象才能调用，所以使用 jQuery.fn.extend(object)扩展的方法，jQuery 类的实例可以使用这个"成员函数"。

2. 自执行的匿名函数/闭包

首先，要清楚两者的区别：(function {// code})是表达式，function{// code}是函数声明。

其次，JavaScript“预编译”的特点：JavaScript 在“预编译”阶段，会解释函数声明，但会忽略表式。

当 JavaScript 执行到 function(){//code}();时，由于 function(){//code}在“预编译”阶段已经被解释过，JavaScript 会跳过 function(){//code}，试图去执行();，故会报错。

当 JavaScript 执行到(function {// code})();时，由于(function{// code})是表达式，JavaScript 会对它求解得到返回值。由于返回值是一个函数，故而遇到();时，便会被执行。

另外，函数转换为表达式的方法并不一定要靠分组操作符()，还可以用 void 操作符。

3. 一步一步封装 jQuery 插件

（1）定一个闭包区域，防止插件“污染”。

（2）jQuery.fn.extend(object)扩展 jQuery 方法，制作插件。

（3）给插件默认参数，实现插件的功能。

（4）暴露公共方法给其他人来扩展插件（如果有需求的话）。例如，高亮插件有一个 format 方法来格式化高亮文本，则可将它写成公共的，暴露给插件使用者，不同的使用者根据自己的需求来重写该 format 方法，从而使高亮文本可以呈现不同的格式。

（5）插件私有方法。有些时候，插件需要一些私有方法，不能被外界访问。例如，插件里面需要有个方法来检测用户调用插件时传入的参数是否符合规范。

（6）其他的一些设置，例如，为插件加入元数据，将使其变得更强大。

8.3.10 在 jQuery 中使用什么方法可控制元素的淡入和淡出

题面解析：本题是在笔试中出现频率较高的一道题，主要考查应聘者是否掌握了控制元素的淡入和淡出方法的使用。应聘者应从不同的方面来分析，从而找到不同情况下最合适的方法。

解析过程：

jQuery 中有 4 种方法，分别为 fadeIn()、fadeOut()、fadeToggle()、fadeTo()，通过这 4 种方法可

以实现淡入淡出的效果。

1. fadeIn()方法

该方法主要用于淡入已隐藏的元素，它有以下两个参数。

- speed：表示效果的时长，可取“slow”，“fast”或者是自定义的时间值，它是可选参数。
- callback：表示淡入效果完成后所执行的函数名称。

2. fadeOut()方法

该方法主要用于淡出可见元素，它的参数值与 fadeIn()的值一样。

3. fadeToggle()方法

该方法可以在 fadeIn()与 fadeOut()方法之间进行切换。如果元素已淡出，则 fadeToggle()会向元素添加淡入效果；如果元素已淡入，则 fadeToggle()会向元素添加淡出效果。

4. fadeTo()方法

该方法允许渐变为给定的不透明度（值介于 0 与 1 之间）。

fadeTo()方法中除了包含 speed 和 callback 参数以外，还多了一个必需的 opacity 参数，目的在于将淡入淡出效果设置不透明度。

8.3.11 jQuery 中.css()与.addClass()设置样式的区别

题面解析：本题主要考查使用.css()和.addClass()方法的不同之处，应聘者需要掌握 jQuery 的.css()与.addClass()基础知识，包括可维护性、灵活性、样式值及样式的优先级等内容，从而在看到问题时可以快速地做出反应。

解析过程：

1. 可维护性

.addClass()的本质是通过定义 class 类的样式规则，给元素添加一个或多个类。.css()方法是通过 JavaScript 大量代码来改变元素的样式。

通过.addClass()，可以批量地给相同的元素设置统一规则，变动起来比较方便，可以统一修改或删除。如果通过.css()方法，就需要对每一个元素进行一一的修改，日后维护也要一一进行，比较麻烦。

2. 灵活性

通过.css()方法可以很容易动态地改变一个样式的属性，不需要再烦琐地定义 class 类的规则。一般来说，在不确定开始布局规则，通过动态生成的 HTML 代码结构中，都是通过.css()方法处理的。

3. 样式值

.addClass()本质只是针对 class 的类的增加或删除，不能获取指定样式的属性值，而.css()可以获取指定的样式值。

4. 样式的优先级

CSS 的样式是有优先级的，当外部样式、内部样式和内联样式的同一样式规则同时应用于同一个元素的时候，优先级：外部样式<内部样式<内联样式。

- .addClass()方法是通过增加 class 名的方式，那么这个样式是在外部文件或者内部样式中先定义好的，等到需要的时候在附加到元素上。
- 通过.css()方法处理的是内联样式，直接通过元素的 style 属性附加到元素上的。通过.css()方法设置的样式属性优先级要高于.addClass()方法。

总结：.addClass()与.css()方法各有利弊，一般是静态的结构，确定了布局的规则，可以用.addClass()的方法，增加统一的类规则。如果是动态的 HTML 结构，在不确定规则或者经常变化的情况下，一般多考虑.css()方法。

8.3.12 JavaScript 访问 HTML 元素的几种方式

题面解析：本题通常出现在面试中，考官提问该问题主要是想考查应聘者对 JavaScript 使用的熟悉程度。应聘者应从 ID、CSS 选择器、节点关系等不同方面来回答。

解析过程：

JavaScript 动态修改 html 元素、访问 html 元素有三种方式：

1. 根据 ID 访问 HTML 元素

document.getElementById(idval)：返回文档中 id 属性值为 idval 的 HTML 元素。

2. 根据 CSS 选择器访问 HTML 元素

Eelemnt querySelector(Selectos)：该方法的参数既可是一个 css 选择器，也可用逗号隔开的多个 css 选择器。该方法返回 HTML 文档中第一个符合选择器参数的 HTML 元素。

NodeList querySelectorAll(Selectos)：该方法与前一个方法类似，只是该方法返回符合 css 选择器的所有 html 元素。

3. 利用节点关系访问 HTML 元素

Node parentNode：返回当前节点的父节点，只读属性。

Node previousSibling：返回当前节点的前一个兄弟节点，只读属性。

Node nextSibling：返回当前节点的后一个兄弟节点，只读属性。

Node[ ] childNodes：返回当前节点的所有子节点，只读属性。

Node[ ] getElementByTagName(tagname)：返回当前节点的具有指定标签名的所有子节点。

Node firstChild：返回当前节点的第一个节点，只读属性。

Node lastChild：返回当前节点的最后一个节点，只读属性。

8.3.13 简述 JavaScript 中的 12 种 DOM 节点类型

题面解析：本题主要考查应聘者对 DOM 节点类型的熟练掌握程度。看到此问题，应聘者应在脑海中回忆一下关于 DOM 节点类型的所有知识，其中包括这 12 种节点类型的特点、作用等，然后简洁、准确地回答出重点所在。

解析过程：

DOM 的作用是将网页转为一个 JavaScript 对象，从而可以使用 JavaScript 对网页进行各种操作（如增删内容）。浏览器会根据 DOM 模型，将 HTML 文档解析成一系列的节点，再由这些节点组成一个树状结构。DOM 的最小组成单位叫作节点（node），文档的树形结构（DOM 树）由 12 种类型的节点组成。

1. 元素节点

元素节点 element 对应网页的 HTML 标签元素。元素节点的节点类型 nodeType 值是 1，节点名称 nodeName 值是大写的标签名，nodeValue 值是 null。

2. 特性节点

元素特性节点 attribute 对应网页中 HTML 标签的属性，它只存在于元素的 attributes 属性中，并不是 DOM 文档树的一部分。特性节点的节点类型 nodeType 值是 2，节点名称 nodeName 值是属性名，nodeValue 值是属性值。

3. 文本节点

文本节点 text 代表网页中的 HTML 标签内容。文本节点的节点类型 nodeType 值是 3，节点名称 nodeName 值是'#text'，nodeValue 值是标签内容值。

4. CDATA 节点

CDATASection 类型只针对基于 XML 的文档，只出现在 XML 文档中，表示的是 CDATA 区域，格式一般为

```
<![CDATA[
]]>
```

该类型节点的节点类型 nodeType 的值为 4，节点名称 nodeName 的值为'#cdata-section'，nodevalue 的值是 CDATA 区域中的内容。

5. 实体引用名称节点

实体是一个声明，指定了在 XML 中取代内容或标记而使用的名称。实体包含两个部分，首先，必须使用实体声明将名称绑定到替换内容。实体声明是使用<!ENTITY name "value">语法在文档类型定义（DTD）或 XML 架构中创建的。其次，在实体声明中定义的名称随后将在 XML 中使用。在 XML 中使用时，该名称为实体引用。

实体引用名称节点 entry_reference 的节点类型 nodeType 的值为 5，节点名称 nodeName 的值为实体引用的名称，nodeValue 的值为 null。

6. 实体名称节点

该节点的节点类型 nodeType 的值为 6，节点名称 nodeName 的值为实体名称，nodeValue 的值为 null。

7. 处理指令节点

处理指令节点 ProcessingInstruction 的节点类型 nodeType 的值为 7，节点名称 nodeName 的值为 target，nodeValue 的值为 entire content excluding the target。

8. 注释节点

注释节点 comment 表示网页中的 HTML 注释。注释节点的节点类型 nodeType 的值为 8，节点名称 nodeName 的值为'#comment'，nodeValue 的值为注释的内容。

9. 文档节点

文档节点 document 表示 HTML 文档，也称为根节点，指向 document 对象。文档节点的节点类型 nodeType 的值为 9，节点名称 nodeName 的值为'#document'，nodeValue 的值为 null。

10. 文档类型节点

文档类型节点 DocumentType 包含着与文档的 doctype 有关的所有信息。文档类型节点的节点类型 nodeType 的值为 10，节点名称 nodeName 的值为 doctype 的名称，nodeValue 的值为 null。

11. 文档片段节点

文档片段节点 DocumentFragment 在文档中没有对应的标记，是一种轻量级的文档，可以包含控制节点，但不会像完整的文档那样占用额外的资源。该节点的节点类型 nodeType 的值为 11，节点名称 nodeName 的值为'#document-fragment'，nodeValue 的值为 null。

12. DTD 声明节点

DTD 声明节点 notation 代表 DTD 中声明的符号。该节点的节点类型 nodeType 的值为 12，节点名称 nodeName 的值为符号名称，nodeValue 的值为 null。

8.3.14 controller as 和 controller 有什么区别，能解决什么问题？

题面解析：本题主要考查 controller as 和 controller 在不同地方使用时有不同的作用。应聘者应先介绍一下它们的属性和方法，然后分析它们在不同地方使用时的作用和优点，从而来说明它们的不同之处。

解析过程：

在使用 controller 的时候，为控制器注入$window 与$scope，这时 controller 中的属性与方法是属于$scope 的，而使用 controllerAs 时，可以将 controller 定义为 JavaScript 的原型类，在 HTML 中直接绑定原型类的属性和方法。

优点如下。

（1）可以使用 JavaScript 的原型类：可以使用更加高级的 ES6 或者 TypeScript 来编写 Controller。

（2）指代清晰：在嵌套 scope 时，子 scope 如果想使用父 scope 的属性，只需简单地使用父 scope 的别名引用父 scope 即可。

（3）避开了所谓的 child scope 原型继承带来的一些问题（原来别名 ctrl 就是定义在$scope 上的一个对象，这就是 controller 的一个实例，所有在 JavaScript 中定义 controller 时绑定到 this 上的 model 其实都是绑定到$scope.ctrl 上的。使用 controller as 的一大好处就是原型链继承给 scope 带来的问题都不复存在了，即有效避免了在嵌套 scope 的情况下子 scope 的属性隐藏掉父 scope 属性的情况。）

（4）controller 的定义不依赖$scope：定义 controller 时不用显式地依赖$scope，例子中的 ScopeController 就是所谓的 POJO，这样的 Object 与框架无关，里面只有逻辑。所以即便有一天项目不再使用 AngularJS 了，依然可以很方便地重用和移植这些逻辑。另外，从测试的角度看，这样的 Object 也是单元测试友好的。单元测试强调的就是孤立其他依赖元素，而 POJO 恰恰满足这个条件，可以单纯地去测试这个函数的输入输出，而不用费劲地去模拟一个假的$scope。

（5）防止滥用$scope 的$watch，$on，$broadcast 方法：很多时候在 controller 里 watch 一个 model 是很多余的，这样做会明显地降低性能。所以，当本来就依赖$scope 的时候，会习惯性地调用这些方法来实现自己的逻辑。但当使用 controller as 时，由于没有直接依赖$scope，使用 watch 前会稍加斟酌，没准就思考到别的实现方式了呢。

（6）定义 route 时也能用 controller as：除了在 DOM 中显式地指明 ng-controller，还有一种情况是 controller 的绑定是 route 里定义好的，route 提供了一个 controllerAs 参数，这样在模板里就可以直接使用别名 home 啦。

8.3.15 请指出 JavaScript 宿主对象和原生对象的区别

题面解析：本题主要考查应聘者对 JavaScript 基础概念$compile 的理解。回答此问题时，应聘者需要把关于 JavaScript 的相关概念在脑海中回忆一下，然后从概念中总结出它们的作用的不同之处。

解析过程：

1. 原生对象

ECMA-262 把本地对象（native object）定义为“独立于宿主环境的 ECMAScript 实现提供的对象”。

“本地对象”包含的内容：Object、Function、Array、String、Boolean、Number、Date、RegExp、Error、EvalError、RangeError、ReferenceError、SyntaxError、TypeError、URIError。

由此可以看出，简单来说，本地对象就是 ECMA-262 定义的类（引用类型）。

2. 内置对象

ECMA-262 把内置对象（built-in object）定义为“由 ECMAScript 实现提供的、独立于宿主环境的所有对象，在 ECMAScript 程序开始执行时出现”。这意味着开发者不必明确实例化内置对象，它已被实例化了。

同样是“独立于宿主环境”，根据定义我们似乎很难分清“内置对象”与“本地对象”的区别。而 ECMA-262 只定义了两个内置对象，即 Global 和 Math（它们也是本地对象，根据定义，每个内置对象都是本地对象）。如此就可以理解了。内置对象是本地对象的一种。

3. 宿主对象

何为“宿主对象”？主要在这个“宿主”的概念上，ECMAScript 中的“宿主”当然就是网页的运行环境，即“操作系统”和“浏览器”。

所有非本地对象都是宿主对象（host object），即由 ECMAScript 实现的宿主环境提供的对象。所有的 BOM 和 DOM 都是宿主对象。因为其对于不同的“宿主”环境所展示的内容不同。其实说白了就是，ECMAScript 官方未定义的对象都属于宿主对象，因为其未定义的对象大多数是自己通过 ECMAScript 程序创建的对象。

8.3.16 请解释 JavaScript 中 this 是如何工作的

题面解析：本题主要考查 JavaScript 中 this 方法的使用，应聘者应从不同的角度去分析问题，包括方法调用模式，函数调用模式，构造器调用模式，使用 apply 或 call 调用模式。看到此问题时，应聘者要根据 this 在不同模式中的应用来回答出该问题。

解析过程：

1. 方法调用模式

当函数被保存为对象的一个属性时，称该函数为该对象的方法。函数中 this 的值为该对象。

2. 函数调用模式

当函数并不是对象的属性，函数中 this 的值为全局对象。

注意：某个方法中的内部函数中的 this 的值也是全局对象，而非外部函数的 this。

3. 构造器调用模式

即使用 new 调用的函数，则其中 this 将会被绑定到那个新构造的对象。

4. 使用 apply 或 call 调用模式

该模式调用时，函数中 this 被绑定到 apply 或 call 方法调用时接受的第一个参数。

apply 或 call 方法调用时强制修改，使 this 指向第一个参数。

使用 function.bind 方法创造新的函数，该新函数的中 this 指向所提供的第一个参数。

8.3.17 请解释 JSONP 的工作原理

题面解析：本题主要考查应聘者对 JSONP 的掌握程度，所以应聘者首先要知道 JSONP 是什么、有什么作用、怎么使用，然后从它的使用过程中来分析它的原理。

解析过程：

JSONP（JSON with Padding）是一种非官方跨域数据交互协议，它允许在服务器端集成<script>标签返回至客户端，通过 JavaScript 回调的形式实现跨域访问。

因为同源策略的原因，不能使用 XMLHttpRequest 与外部服务器进行通信，但是<script>可以访问外部资源，所以通过 JSON 与<script>相结合的办法，可以绕过同源策略从外部服务器直接取得可执行的 JavaScript 函数。

JSONP 原理：客户端定义一个函数，如 jsonpCallback，然后创建<script>，src 为 url+?jsonp=jsonpCallback 这样的形式，之后服务器会生成一个和传递过来的 jsonpCallback 一样名字的参数，并把需要传递的数据当作参数传入，如 jsonpCallback(json)，然后返回给客户端，此时客户端就执行了这个服务器端返回的 jsonpCallback(json)回调。

通俗地说，就是客户端定义一个函数，然后请求，服务器端返回的 JavaScript 内容就是调用这个函数，需要的数据都当作参数传入这个函数了。

8.4 名企真题解析

通过对前面三节知识的学习，读者已经掌握了基本的知识点，下面再来了解一下各大企业往年的面试及笔试题，从而更加有信心地面对以后的面试和笔试。

8.4.1 何如使用 JavaScript 实现冒泡排序

【选自 MT 笔试题】

题面解析：本题不仅会出现在笔试中，而且在以后的开发过程中也会经常遇到。首先应聘者应知道冒泡排序的机制是什么？既要知道冒泡排序的过程，然后就是分析过程了，如在数据交换中时有多种方法，可以简单地一一列举出来。

解析过程：

首先解释一下冒泡排序的机制：遍历要排序的数列，比较相邻两个元素，如果它们的顺序和想要的不一致，就把它们交换过来。走访数列的工作是重复地进行直到没有再需要交换的元素，也就是说该数列已经排序完成。冒泡排序的做法有小数上浮或者大数下沉两种，这里只提及大数下沉的实现。

外层循环的作用是，提取出目前未排序数组中最大的数，放置于已排数据的左边。也就是说第一次外层循环，是把最大数的位置交换到数组的最右边，第二次外层循环是把次大数交换到数组的次右边，以此类推。一个数组的长度为 length，那么只需要提出 length-1 个大数，则数组的第一个必定为未被提取的最小数，那么在外层 for 循环的条件判断 i 的取值范围也就可以理解了。

内层循环的作用就是实现想要的大数下沉的过程。每次比较的是相邻两个数据，如果一个数组的长度为 length，只需要做 length-1 次相邻的比较，就可以实现大数下沉，而之前循环已经沉淀的大数并不需要再进行排序了，所以内层循环的条件判断 j 的取值范围也容易理解了。

接下来要做数据交换了，想做的是大数沉淀，也就是当相邻两个数据左边比右边大时，交换位置，这里提供了三种方法。

方法一：需要开辟新的内存空间，所以这个第三方变量为全局变量时性能较好，这一种方法是使用最多的方法，也最易于理解。

方法二：则是利用了加法实现了两个数据的交换，也不难理解，而且加法可以做，减法肯定也可以做，毕竟减法在某种意义上来讲，也是加法。

方法三：使用了位运算，按位异或 XOR 由符号（^）表示，它是直接对数据在内存中的二进制形式进行运算。这里用到了按位异或的一个特性实现了数据的交换：一个数据按位异或另一个数两次等于它本身。它的效率要比上述两种方式的效率高。

8.4.2　如何取消$timeout 以及停止一个$watch()

【选自 RRW 笔试题】

题面解析： 本题主要考查应聘者对$timeout 和$watch()语法的灵活应用。应聘者需要知道这两个语法的格式和使用情况等，以便准确地在合适的地方使用它们。

解析过程：

停止$timeout 可以用 cancel，代码如下：

```
var customTimeout = $timeout(function () {
  // your code
}, 1000);
$timeout.cancel(customTimeout);
```

停掉一个$watch，代码如下：

```
// .$watch() 会返回一个停止注册的函数
function that we store to a variable
var deregisterWatchFn = $rootScope.$watch('someGloballyAvailableProperty', function
(newVal) {
  if (newVal) {
    // we invoke that deregistration function, to disable the watch
    deregisterWatchFn();
  }
});
```

8.4.3　在网页中实现一个倒计时，能够动态显示“某天某时某分某秒”

【选自 TX 笔试题】

题面解析： 本题主要考查 JavaScript 语法的使用，应聘者需要会灵活地运用 JavaScript 语法。在本题中，主要考查应聘者对 JavaScript 动态显示的应用，需要先搭建一个简单的页面，然后一步一步地分析 JavaScript 动态显示的过程，从而能够快速准确地回答出该问题。

解析过程：

1. 页面布局

```
<h1 id="show">距离 2020 年元旦还有：<span></span>天<span></span>小时<span></span>分
<span></span>秒</h1>
```

2. JavaScript 动态显示

getTime()获得设定的时期与 1970 年 1 月 1 日时间相差的毫秒数。

（1）获得插入数字的位置。

```
var show=document.getElementById("show").getElementsByTagName("span");
```

（2）声明现在的时间和未来的时间。

```
var timeing=new Date();
var time=new Date(2020,0,1,0,0,0);
```

（3）获得两个时间差。

```
var num=time.getTime()-timeing.getTime();
```

（4）计算天数（24 小时*60 分钟*60 秒*1000 毫秒）parseInt()取整。

```
var day=parseInt(num/(24*60*60*1000));
```

（5）获得去除天数后剩余的毫秒数。

```
num=num%(24*60*60*1000);
```

（6）计算小时和获得去除小时后剩余的毫秒数。

```
var hour=parseInt(num/(60*60*1000));
num=num%(60*60*1000);
```

（7）计算分钟和获得去除分钟后剩余的毫秒数。

```
var minute=parseInt(num/(60*1000));
num=num%(60*1000);
```

（8）计算秒。

```
var seconde=parseInt(num/1000);
```

（9）页面上显示。

```
      show[0].innerHTML=day;
      show[1].innerHTML=hour;
      show[2].innerHTML=minute;
      show[3].innerHTML=seconde;
```

（10）设置定时器每一秒获取一次新的时间。

3. 源码

```
<!DOCTYPE html>
<html>
 <head>
 <meta charset="UTF-8">
 <title></title>
 </head>
 <body>
 <h1 id="show">距离 2020 年元旦还有：<span></span>天<span></span>小时<span></span>分
<span></span>秒</h1>
 <script>
  var show=document.getElementById("show").getElementsByTagName("span");
  setInterval(function(){
  var timeing=new Date();
  var time=new Date(2020,0,1,0,0,0);
      var num=time.getTime()-timeing.getTime();
      var day=parseInt(num/(24*60*60*1000));
      num=num%(24*60*60*1000);
      var hour=parseInt(num/(60*60*1000));
      num=num%(60*60*1000);
      var minute=parseInt(num/(60*1000));
      num=num%(60*1000);
      var seconde=parseInt(num/1000);
       show[0].innerHTML=day;
       show[1].innerHTML=hour;
       show[2].innerHTML=minute;
       show[3].innerHTML=seconde;
      },100)
 </script>
 </body>
</html>
```

8.4.4 在 jQuery 中显示和隐藏 HTML 元素的方法分别是什么

【选自 ALBB 笔试题】

题面解析：本题通常出现在面试中，面试官主要是想考查应聘者对 jQuery 中语法使用的熟悉程度。在本题中，应聘者不仅需要知道显示和隐藏 div 方法的多种方法，重要的还要知道何时去使用何种方法。

解析过程：

在 jQuery 中显示隐藏 div 方法有很多种，如比较简单的函数 show()、hide()、toggle()、slideDown()，还有 css 设置 div 的 style 属性都可操作。

1. show()方法

show()方法显示出隐藏的<p>元素。

2. toggle()方法

toggle()方法切换元素的可见状态。如果被选元素可见，则隐藏这些元素；如果被选元素隐藏，则显示这些元素。

3. slideDown()方法

slideDown()方法以滑动方式显示隐藏的<p>元素。

4. hide()方法

hide()方法隐藏可见的<p>元素。

5. css()方法

css()方法设置或返回被选元素的一个或多个样式属性。

第 9 章

前端流行框架

本章导读

本章带领读者学习前端流行框架以及在面试和笔试中常见的问题。本章先告诉读者要掌握的框架包括 Vue.js 和 Angular JS，然后教会读者应该如何更好地回答关于框架的问题，最后收集了一些在企业的面试及笔试中的真题，供读者参考。

知识清单

本章要点（已掌握的在方框中打钩）

- ☐ Vue.js 基本语法
- ☐ 属性绑定
- ☐ Vue.js 组件
- ☐ Angular JS 表达式和指令
- ☐ 事件、模块和表单

9.1 Vue.js

9.1.1 Vue.js 简介

Vue（读音/vjuː/，类似于 view）.js 是一套构建用户界面的渐进式框架。与其他重量级框架不同的是，Vue 采用自底向上增量开发的设计。Vue 的核心库只关注视图层，并且非常容易学习，非常容易与其他库或已有项目整合。另一方面，Vue 完全有能力驱动采用单文件组件和 Vue 生态系统支持的库开发的复杂单页应用。

Vue.js 的目标是通过尽可能简单的 API 实现响应的数据绑定和组合的视图组件。

Vue.js 自身不是一个全能框架——它只聚焦于视图层。因此它与其他库或已有项目整合。在与相关工具和支持库一起使用时，Vue.js 也能完美地驱动复杂的单页应用。

9.1.2 基础语法

1. 引入

第一步：导入 Vue.js 文件。

第二步：创建一个 vue 实例。

```
var 变量 = new Vue({
el: 选择器，//表示，我们当前 new 的这个 vue 实例，要控制页面上的那个区域
data:{//存放的是 el 中要用的数据
msg: '欢迎学习 Vue'//通过 Vue 提供的指令，很方便地就能把数据渲染到页面上，程序员不再手动操作 DOM
元素
}
});
```

2. 使用

（1）data 属性。

- v-cloak 属性：可以解决差值表达式闪烁的问题，可以放任何位置。
- v-text 属性：没有闪烁的问题，会覆盖原本里面的内容。
- v-html 属性：可以识别 HTML 标签。
- v-bind 属性：是 Vue 中提供绑定属性的指令。

（2）v-band：可以写符合 js 的表达式，如 v-band:title="title + 'aaa'"。

```
<script type="text/javascript">
var vm = new Vue({
el: '#app',
data: {
msg: '124',
msg2: '<h1>我说 H1，我很大</h1>',
title: "这是我自己写的 title"
}
});
</script>
```

（3）methods 属性。

v-on 属性：事件绑定机制。

方法一：<input type="button" value="单击" v-on:mouseenter="fn">。

方法二：<input type="button" value="单击" @mouseenter="fn">。

```
var vm = new Vue({
el: '#app',
data: {
msg: '124',
msg2: '<h1>我说 H1，我很大</h1>',
title: "这是我自己写的 title",
},
methods: {
fn: function() {
alert(444);
}
}
});
```

☆**注意**☆　方法属性的调用：如果当前 Vue 实例想调用其内部的属性和方法等，必需通过 this 关键字来获取，this 表示当前 new 的 Vue 实例对象。

（4）事件访问修饰符。

使用位置：<input type="button" value="单击" name="" id="" @click.访问修饰符="btnHandler">。

- .stop：阻止冒泡行为。
- .prevent：阻止默认行为。
- .capture：事件捕获机制，从外往里执行。

- .self：被修饰的元素只能通过自己来触发事件，只会阻止自己的冒泡行为，不会阻止别的元素。
- .once：只触发一次事件函数。

（5）v-model：双向数据绑定，页面和 Vue 实例任意一端数据发生变化时则另一端也改变。

3. 操作 class 属性

（1）第一种使用。

<h1 :class="['red','thin','italic']">这是一个很大很大的 h1，大到你无法想象！！！</h1>。

（2）使用三元表达式。

<h1 :class="['thin','italic',flag?'active':'']">这是一个很大很大的 h1，大到你无法想象！！！</h1>。

（3）在数组中使用对象代替三元表达式，提高代码的可读性。

<h1 :class="['thin','italic',{'active':flag}]">这是一个很大很大的 h1，大到你无法想象！！！</h1>。

（4）<!--直接使用对象，对象的属性是类名，属性值是布尔类型的标识符，对象可以带引号，也可以不带引号-->。

<h1 :class="{active:true,red:false,thin:false}">这是一个很大很大的 h1，大到你无法想象！！！</h1>。

4. 操作行内的 style 属性

第一种：<h1 :style="{color:'red','font-weight':200}">这是一个 h1</h1>。

第二种：<h1 :style="styleobj">这是一个 h1</h1>。

```
<script type="text/javascript">
var vm = new Vue({
el:'#app',
data:{
styleobj:{'color':'red','font-weight':200}
}
});
</script>
```

第三种：<h1 :style="[styleobj,styleobj2]">这是一个 h1</h1>。

```
<script type="text/javascript">
var vm = new Vue({
el:'#app',
data:{
styleobj:{'color':'red','font-weight':200},
styleobj2:{'font-style':'italic'}
}
});
</script>
```

9.1.3 属性绑定

v-bind 主要用于属性绑定，Vue 官方提供了一个简写方式 bind，例如：

```
<!-- 完整语法 -->
<a v-bind:href="url"></a>
<!-- 缩写 -->
<a :href="url"></a>
```

v-bind 主要用于属性绑定，如 class 属性、style 属性、value 属性和 href 属性等，只要是属性，就可以用 v-bind 指令进行绑定。

```
<!-- 绑定一个属性 -->
<img v-bind:src="imageSrc">
<!-- 缩写 -->
```

```
<img :src="imageSrc">
<!-- 内联字符串拼接 -->
<img :src="'/path/to/images/' + fileName">
<!-- class 绑定 -->
<div :class="{ red: isRed }"></div>
<div :class="[classA, classB]"></div>
<div :class="[classA, { classB: isB, classC: isC }]">
<!-- style 绑定 -->
<div :style="{ fontSize: size + 'px' }"></div>
<div :style="[styleObjectA, styleObjectB]"></div>
<!-- 绑定一个有属性的对象 -->
<div v-bind="{ id: someProp, 'other-attr': otherProp }"></div>
<!-- 通过 prop 修饰符绑定 DOM 属性 -->
<div v-bind:text-content.prop="text"></div>
<!-- prop 绑定。"prop"必须在 my-component 中声明。-->
<my-component :prop="someThing"></my-component>
<!-- 通过 $props 将父组件的 props 一起传给子组件 -->
<child-component v-bind="$props"></child-component>
<!-- XLink -->
<svg><a :xlink:special="foo"></a></svg>
```

9.1.4　事件处理器

1. 事件监听可以使用 v-on 指令

```
<div id="app">
  <button v-on:click="counter += 1">增加 1</button>
  <p>这个按钮被单击了 {{ counter }} 次。</p>
</div>
<script>
  new Vue ({
    el: '#app',
    data: {
      counter: 0
    }
  })
</script>
```

通常情况下，需要使用一个方法来调用 JavaScript 方法。

v-on 可以接收一个定义的方法来调用。

除了直接绑定到一个方法，也可以用内联 JavaScript 语句：

```
<div id="app">
  <button v-on:click="say('hi')">Say hi</button>
  <button v-on:click="say('what')">Say what</button>
</div>
<script>
    new Vue ({
      el: '#app',
      methods: {
        say: function (message) {
          alert(message)
        }
      }
    })
</script>
```

2. 事件修饰符

Vue.js 为 v-on 提供了事件修饰符来处理 DOM 事件细节，如 event.preventDefault()或 event.stopPropagation()。

Vue.js 通过由点（.）表示的指令后缀来调用修饰符。

常用的修饰符有.stop、.prevent、.capture、.self、.once，用法如下所示：

```
<!-- 阻止单击事件冒泡 -->
<a v-on:click.stop="doThis"></a>
<!-- 提交事件不再重载页面 -->
<form v-on:submit.prevent="onSubmit"></form>
<!-- 修饰符可以串联  -->
<a v-on:click.stop.prevent="doThat"></a>
<!-- 只有修饰符 -->
<form v-on:submit.prevent></form>
<!-- 添加事件侦听器时使用事件捕获模式 -->
<div v-on:click.capture="doThis">...</div>
<!-- 只当事件在该元素本身（而不是子元素）触发时触发回调 -->
<div v-on:click.self="doThat">...</div>
<!-- click 事件只能单击一次，2.1.4 版本新增 -->
<a v-on:click.once="doThis"></a>
```

3. 按键修饰符

Vue 允许为 v-on 在监听键盘事件时添加按键修饰符。

全部的按键别名：.enter、.tab、.delete（捕获“删除”和“退格”键）、.esc、.space、.up、.down、.left、.right、.ctrl、.alt、.shift、.meta。

9.1.5 Vue.js 组件

组件（Component）是 Vue.js 最强大的功能之一。

组件可以扩展 HTML 元素，封装可重用的代码。

组件系统让用户可以用独立可复用的小组件来构建大型应用，几乎任意类型的应用的界面都可以抽象为一个组件树。

1. 组件的注册

有两种方式注册 Vue 组件，即全局注册和局部注册，前者可以在各 Vue 实例中使用，后者只能在注册它的 Vue 实例或者父组件中使用。如果在组件中使用组件，就形成了组件的嵌套，如果组件里嵌套的组件是自己，就形成组件的递归。

2. is 的作用

将组件挂载到已存在的元素上时，遇到某些元素，会发生尴尬的事情：如<ul>、<ol>、<table>、<select>这些标签，它们只认识<li>、<tr>、<option>这些标签，想把<my-component>插进去，这时就要 is 发挥作用了。

3. prop

prop 是父组件用来传递数据的一个自定义属性。

父组件的数据需要通过 props 把数据传给子组件，子组件需要显式地用 props 选项声明"prop"。

4. 动态 prop

类似于用 v-bind 绑定 HTML 特性到一个表达式，也可以用 v-bind 动态绑定 props 的值到父组件的数据中。每当父组件的数据变化时，该变化也会传导给子组件。

☆**注意**☆　prop 是单向绑定的：当父组件的属性变化时，将传导给子组件，但是不会反过来。

5. Prop 验证

组件可以为 props 指定验证要求。

为了定制 prop 的验证方式，可以为 props 中的值提供一个带有验证需求的对象，而不是一个字符串数组。

6. 自定义事件

Vue 实例实现了一个自定义事件接口，用于在组件树中通信。这个事件系统独立于原生 DOM 事件，做法也不同。

每个 Vue 实例都是一个事件触发器。

- 使用$on()监听事件。
- 使用$emit()在它上面触发事件。
- 使用$dispatch()派发事件，事件沿着父链冒泡。
- 使用$broadcast()广播事件，事件向下传导给所有的后代。

不同于 DOM 事件，Vue 事件在冒泡过程中第一次触发回调之后自动停止冒泡，除非回调明确返回“true”。

9.2　Angular JS

Angular JS 是一个 JavaScript 框架。它是一个以 JavaScript 编写的库。它可通过<script>标签添加到 HTML 页面。

Angular JS 通过指令扩展了 HTML，且通过表达式绑定数据到 HTML。

9.2.1　Angular JS 表达式

Angular JS 表达式写在双大括号内：{{expression}}。

Angular JS 表达式把数据绑定到 HTML，这与 ng-bind 指令有异曲同工之妙。

Angular JS 将在表达式书写的位置“输出”数据。

Angular JS 表达式很像 JavaScript 表达式：它们可以包含文字、运算符和变量。

9.2.2　Angular JS 指令

Angular JS 指令是扩展的 HTML 属性，带有前缀 ng-。

- ng-app 指令初始化一个 Angular JS 应用程序。
- ng-init 指令初始化应用程序数据。
- ng-model 指令把元素值（如输入域的值）绑定到应用程序。

Angular JS 常用指令如表 9-1 所示。

表 9-1　Angular JS 常用指令表

指　令	描　述
ng-app	定义应用程序的根元素
ng-bind	绑定 HTML 元素到应用程序数据
ng-bind-html	绑定 HTML 元素的 innerHTML 到应用程序数据，并移除 HTML 字符串中的危险字符
ng-bind-template	规定要使用模板替换的文本内容
ng-blur	规定 blur 事件的行为
ng-change	规定在内容改变时要执行的表达式

续表

指　令	描　述
ng-checked	规定元素是否被选中
ng-class	指定 HTML 元素使用的 CSS 类
ng-class-even	类似 ng-class，但只在偶数行起作用
ng-class-odd	类似 ng-class，但只在奇数行起作用
ng-click	定义元素被单击时的行为
ng-cloak	在应用正要加载时防止其闪烁
ng-controller	定义应用的控制器对象
ng-copy	规定拷贝事件的行为
ng-csp	修改内容的安全策略
ng-cut	规定剪切事件的行为
ng-dblclick	规定双击事件的行为
ng-disabled	规定一个元素是否被禁用
ng-focus	规定聚焦事件的行为
ng-form	指定 HTML 表单继承控制器表单
ng-hide	隐藏或显示 HTML 元素
ng-href	为 the<a>元素指定链接
ng-if	如果条件为 false 移除 HTML 元素
ng-include	在应用中包含 HTML 文件
ng-init	定义应用的初始化值
ng-jq	定义应用必须使用到的库，如 jQuery
ng-keydown	规定按下按键事件的行为
ng-keypress	规定按下按键事件的行为
ng-keyup	规定松开按键事件的行为
ng-list	将文本转换为列表（数组）
ng-model	绑定 HTML 控制器的值到应用数据
ng-model-options	规定如何更新模型
ng-mousedown	规定按下鼠标按键时的行为
ng-mouseenter	规定鼠标指针穿过元素时的行为
ng-mouseleave	规定鼠标指针离开元素时的行为
ng-mousemove	规定鼠标指针在指定的元素中移动时的行为
ng-mouseover	规定鼠标指针位于元素上方时的行为
ng-mouseup	规定当在元素上松开鼠标按钮时的行为
ng-non-bindable	规定元素或子元素不能绑定数据
ng-open	指定元素的 open 属性
ng-options	在<select>列表中指定<options>
ng-paste	规定粘贴事件的行为
ng-pluralize	根据本地化规则显示信息
ng-readonly	指定元素的 readonly 属性
ng-repeat	定义集合中每项数据的模板
ng-selected	指定元素的 selected 属性
ng-show	显示或隐藏 HTML 元素

续表

指　令	描　述
ng-src	指定<img>元素的 src 属性
ng-srcset	指定<img>元素的 srcset 属性
ng-style	指定元素的 style 属性
ng-submit	规定 onsubmit 事件发生时执行的表达式
ng-switch	规定显示或隐藏子元素的条件
ng-transclude	规定填充的目标位置
ng-value	规定 input 元素的值

9.2.3 Angular JS Scope

Scope（作用域）是应用在 HTML（视图）和 JavaScript（控制器）之间的纽带。

Scope 是一个对象，有可用的方法和属性。

Scope 可应用在视图和控制器上。

1. 如何使用 Scope

当在 Angular JS 创建控制器时，可以将$scope 对象当作一个参数传递，控制器中的属性对应了视图上的属性。当在控制器中添加$scope 对象时，视图（HTML）可以获取这些属性。

视图中，不需要添加$scope 前缀，只需要添加属性名即可。

2. Scope 概述

Angular JS 应用组成如下。

- View（视图），即 HTML。
- Model（模型），当前视图中可用的数据。
- Controller（控制器），即 JavaScript 函数，可以添加或修改属性。

Scope 是模型，Scope 是一个 JavaScript 对象，带有属性和方法，这些属性和方法可以在视图和控制器中使用。

3. Scope（作用域）特点

- $scope 提供了一些工具方法$watch()、$apply()。$watch()用于监听模型变化，当模型发生变化，它会提示。
- $scope 可以为一个对象传播事件，类似 DOM 事件。
- $scope 不仅是 MVC 的基础，也是实现双向数据绑定的基础。作用域提供表达式执行上下文，如表达式{{username}}本身是无意义的，要在作用域$scope 指定的 username 属性中才有意义。
- $scope 是一个 POJO（Plain Old JavaScript Object）。
- $scope 是一个树形结构，与 DOM 标签平行。
- 子$scope 对象会继承父$scope 上的属性和方法。

4. $scope（作用域）的生命周期

（1）创建：根作用域会在应用启动时通过注入器创建并注入。在模板连接阶段，一些指令会创建自己的作用域。

（2）注册观察者：在模板连接阶段，将会注册作用域的监听器。监听器被用来识别模型状态改变并更新视图。

（3）模型状态改变：更新模型状态必需发生在 scope.$apply 方法中才会被观察到。Angular 框架封装了$apply 过程，无须用户操心。

（4）观察模型状态：在$apply 结束阶段，Angular 会从根作用域执行$digest 过程并扩散到子作用域。在这个过程中被观察的表达式或方法会检查模型状态是否变更及执行更新。

（5）销毁作用域：当不再需要子作用域时，通过 scope.$destroy()销毁作用域，回收资源。

9.2.4 事件、模块和表单

1. Angular JS 中的事件

如同浏览器响应浏览器层的事件，如鼠标单击、获得焦点，Angular 应用也可以响应 Angular 事件。Angular 事件系统并不与浏览器的事件系统相通，只能在作用域上监听 Angular 事件而不是 DOM 事件。

1）事件传播

因为作用域是有层次的，所以可以在作用域链上传递事件。

- 使用$emit 冒泡事件，事件从当前子作用域冒泡到赋作用域，在产生事件的作用域之上的所有作用域都会收到这个事件的通知。
- 使用$broadcast 向下传递事件，每个被注册了监听器的子作用域都会收到这个信息。
- 使用$on 监听事件。

2）事件对象属性

$on 中的 event 事件对象属性如下。

- targetScope(作用域对象)：发送或者广播事件的作用域。
- currentScope(作用域对象)：当前处理事件的作用域。
- name(字符串)：正在处理事件的名称。
- stopPropagation()函数：stopPropagation()函数取消通过$emit 触发事件的进一步传播。
- preventDefault()函数：preventDefault()把 defaultprevented 标志设置为 true，尽管不能停止事件传播，但是子作用域可以通过 defaultprevented 标志知道无须处理这个事件。
- defaultPrevented(布尔值)：可以通过判断 defaultPrevented 属性来判断父级传播的事件是否可以忽略。

2. Angular JS 之模块

在 Angular JS 中，模块是定义应用的最主要方式。模块包含了主要的应用代码。一个应用可以包含多个模块，每一个模块都包含了定义具体功能的代码。

使用模块能带来许多好处，比如：

- 保持全局命名空间的清洁。
- 编写测试代码更容易，并能保持其清洁，以便更容易找到互相隔离的功能。
- 易于在不同应用间复用代码。
- 使应用能够以任意顺序加载代码的各个部分。

Angular JS 允许使用 angular.module()方法来声明模块，这个方法能够接收两个参数，第一个参数是模块的名称，第二个参数是依赖列表，也就是可以被注入模块中的对象列表。

3. 表单处理

1）Angular 表单 API

模板式表单，需引入 FormsModule。

响应式表单，需引入 ReactiveFormsModule。

2）模板式表单

在 Angular 中使用 form 表单时，Angular 会接管表单的处理，一些 form 表单原生的特性将不再生效。

例如，Angular 会拦截 HTML 标准的表单提交事件，表单提交事件将会导致页面刷新，而 spa 应用页面是不刷新的。

模板式表单中的指令会被映射到隐式的数据模型中。

- 指令 ngForm=>数据模型 FormGroup：form 标签自动带有 ngForm 的特性。
- 指令 ngModel=>数据模型 FormControl：ngModel 指令代表表单中的一个字段，这个指令会隐式创建一个 FormControl 实例代表字段的数据模型，并使用 FormControl 中的属性存储字段的值。
- 指令 NgModelGroup => 数据模型 FormGroup：嵌套的 FormGroup，NgModelGroup 代表表单中的子集，将表单中的 ngModel 进行分组。

9.3　面试与笔试试题解析

根据前面介绍的框架基础知识，本节总结了一些在面试或笔试过程中经常遇到的问题。通过本节内容的学习，读者将掌握在面试或笔试过程中回答问题的方法。

9.3.1　Angular JS 的双向数据绑定原理是什么

题面解析：本题主要考查应聘者对 Angular JS 的掌握程度，因此应聘者不仅需要知道双向数据绑定原理，而且还要知道怎样一步一步地使用 Angular JS。

解析过程：

双向数据绑定是 Angular JS 的核心机制之一。当 view 中有任何数据变化时，会更新到 model，当 model 中数据有变化时，view 也会同步更新，显然，这需要一个监控。

Angular JS 的工作原理如下。

（1）HTML 页面的加载，会触发加载页面包含的所有 JS（包括 Angular JS）。

（2）Angular JS 启动，搜寻所有的指令（directive）。

（3）找到 ng-app，搜寻其指定的模块（Module），并将其附加到 ng-app 所在的组件上。

（4）Anguar JS 遍历所有的子组件，查找指令和 bind 命令。

（5）每次发现 ng-controller 或者 ng-repeart 的时候，它会创建一个作用域（scope），这个作用域就是组件的上下文。作用域指明了每个 DOM 组件对函数、变量的访问权。

（6）Angular JS 后会添加对变量的监听器，并监控每个变量的当前值。一旦值发生变化，Angular JS 会更新其在页面上的显示。

（7）Angular JS 优化了检查变量的算法，它只会在某些特殊的事件触发时，才会去检查数据的更新，而不是简单地在后台不停地轮询。

9.3.2　如何优化脏检查与运行效率

题面解析：本题是对 Angular JS 知识点的考查。应聘者在回答该问题时，要阐述自己对脏检查与运行效率的理解，从多方面、全方位地解答优化效率，条理清晰，同时也适当说明一下在优化的时候应注意什么，让面试官一目了然。

解析过程：

脏检查的效率不高，但也谈不上有多慢。简单的数字或字符串比较能有多慢呢？十几个表达式的脏检查可以直接忽略不计，上百个也可以接受，成百上千个就有很大问题了。绑定大量表达式时请注意所绑定的表达式效率，可以注意以下几点。

- 表达式（以及表达式所调用的函数）中少写太过复杂的逻辑。
- 不要连接太长的 filter（往往 filter 里都会遍历并且生成新数组）。
- 不要访问 DOM 元素。

1. 使用单次绑定减少绑定表达式数量

单次绑定（One-time binding 是 Angular 1.3 就引入的一种特殊的表达式，它以::开头，当脏检查发现这种表达式的值不为 undefined 时就认为此表达式已经稳定，并取消对此表达式的监视。这是一种行之有效的减少绑定表达式数量的方法，与 ng-repeat 连用效果更佳，但过度使用也容易引发 bug。

2. 善用 ng-if 减少绑定表达式的数量

如果你认为 ng-if 就是另一种用于隐藏、显示 DOM 元素的方法就大错特错了。

ng-if 不仅可以减少 DOM 树中元素的数量（而非像 ng-hide 那样仅仅只是加个 display:none），每一个 ng-if 拥有自己的 scope，ng-if 下面的$watch 表达式都是注册在 ng-if 自己的 scope 中。当 ng-if 变为 false，ng-if 下的 scope 被销毁，注册在这个 scope 里的绑定表达式也就随之销毁了。

3. 给 ng-repeat 手工添加 track by

不恰当的 ng-repeat 会造成 DOM 树反复重新构造，拖慢浏览器响应速度，造成页面闪烁。除了上面这种比较极端的情况，如果一个列表频繁拉取 Server 端数据自刷新的话也一定要手工添加 track by，因为接口给前端的数据是不可能包含$$hashKey 这种东西的，于是就造成列表频繁的重建。

9.3.3 谈谈你对 Vue.js 是一套渐进式框架的理解

题面解析：本题是对概念类知识的考查，在解题的过程中应聘者需要先解释渐进式的概念，然后通过分析使用 Angular 和 React 时受到的限制，最后通过它们和 Vue 的不同之处来更加形象地说明 Vue.js 是一套渐进式框架。

解析过程：

渐进式代表的含义：没有多做职责之外的事，vue.js 只提供了 vue-cli 生态中最核心的组件系统和双向数据绑定，就像 vuex、vue-router 都属于围绕 vue.js 开发的库那样。

（1）使用 Angular，必需接受以下东西：

- 必需使用它的模块机制。
- 必需使用它的依赖注入。
- 必需使用它的特殊形式定义组件（这一点每个视图框架都有，这是难以避免的）。

所以 Angular 是带有比较强的拍他性的，如果应用不是从头开始，而是要不断考虑是否跟其他东西集成，这些主张会带来一些困扰。

（2）使用 React，必需理解：

- 函数式编程的理念。
- 它的副作用。
- 什么是纯函数。
- 如何隔离、避免副作用。
- 它的侵入性看似没有 Angular 那么强，主要因为它是属于软性侵入的。

（3）Vue 可能有些方面不如 React、Angular，但它是渐进的，没有强主张：

- 可以在原有的大系统的上面，把一两个组件改用它实现，就是当成 jQuery 来使用。

- 可以整个用它开发，当 Angular 来使用。
- 可以用它的视图，搭配自己设计的整个下层使用。
- 可以在底层数据逻辑的地方用 OO 和设计模式的理念。
- 也可以函数式，它只是个轻量视图而已，只做了最核心的东西。

9.3.4 在 Vue.js 中组件之间的传值如何实现

题面解析：本题主要考查应聘者对 Vue.js 中组件类型的熟练掌握程度。看到此问题，应聘者需要把关于组件的所有知识在脑海中回忆一下，其中包括父组件向子组件传值、子组件向父组件传值和组件传值给兄弟组件。熟悉了组件之间的基本关系之后，Vue.js 中组件之间的传值问题将迎刃而解。

解析过程：

1. 父组件向子组件传值

首先在父组件定义好数据，接着将子组件导入父组件中。父组件只要在调用子组件的地方使用 v-bind 指令定义一个属性，并传值在该属性中即可。

2. 子组件向父组件传值

子组件向父组件传值这一个技术点有个专业名词，叫作“发布订阅模式”，很明显在这里子组件为发布方，而父组件为订阅方。根据这个专业名词来看看子组件里面发生的事情。首先，需要触发子组件视图层里的某个事件，接着由该事件触发的方法中又使用关键方法$emit()发布了一个自定义的事件，并且能够传入相关的参数。

1）子组件发射数据，父组件接收

子组件：this.$emit('cartadd', event.target);

父组件：<v-cartcont @cartadd='_drop'></v-cartcont>

☆**注意**☆ 在这里不能用 this.on，因为 emit 和 on 必需基于同一个 vue 实例，父组件作用域 on 必需基于同一个 vue 实例，所以父组件作用域 on 作用在子组件标签上用 v-on 代替，还可以创建中央事件总线 eventBus.js。

2）子组件直接改变父组件数据

vue 2.0 中，子组件中不能修改父组件的状态，否则在控制台中会报错。例如，父组件传给子组件一个变量，子组件只能接收这个值，不能修改这个值，修改会报错。想要修改，只能赋值给另一个 data 中定义的变量。但是，这仅限于 props 为非数组及对象等引用类型数据，如字符串和数字等。如果 props 是对象，在子组件内修改 props，父组件是不会报错的，父组件的值也会跟着改变。

父组件传递给子组件一个对象，子组件将这个对象改了值，那么父组件中的值相应改变。为对象添加属性的时候，应该用这种方式增加 Vue.set(this.food,'count',1)。

3. 组件传值给兄弟组件

其实是一个子组件传值给父组件，父组件监听到数据再传递给另一个子组件的过程。

9.3.5 v-if 和 v-show 有什么区别

题面解析：本题主要考查 v-if 和 v-show 的区别，应聘者应从不同的方面来考虑问题，包括实现本质方法、编译、编译的条件、性能、用法等。看到此问题时，应聘者脑海中要快速想到这两个知识点，以至于能够快速准确地回答出该问题。

解析过程：

vue 的显隐方法常用两种，即 v-show 和 v-if，但这两种是有区别的。

1. 实现本质方法

vue-show 本质就是标签 display 设置为 none，控制隐藏。

vue-if 是动态地向 DOM 树内添加或者删除 DOM 元素。

2. 编译的区别

v-show 其实就是在控制 CSS。

v-if 切换有一个局部编译/卸载的过程，切换过程中适当地销毁和重建内部的事件监听和子组件。

3. 编译的条件

v-show 都会编译，初始值为 false，只是将 display 设为 none，但它也编译了。

v-if 初始值为 false，就不会编译了。

4. 性能

v-show 只编译一次，后面其实就是控制 CSS，而 v-if 不停地销毁和创建，故 v-show 性能更好一点。

5. 用法

v-if 更灵活。如果你的页面不想让其他程序员看到就用 v-if，它不会在页面中显示。

总结：v-if 判断是否加载，可以减轻服务器的压力，在需要时加载，但有更高的切换开销。v-show 调整 DOM 元素的 CSS 的 dispaly 属性，可以使客户端操作更加流畅，但有更高的初始渲染开销。如果需要非常频繁地切换，则使用 v-show 较好。如果在运行时条件很少改变，则使用 v-if 较好。

9.3.6 什么是$rootScrope 以及和$scope 有什么区别

题面解析：本题主要考查$rootScrope 和$scope 的不同之处，应聘者需要掌握 Angular JS 的基础知识，包括 Angular JS 中的作用域、Angular JS 的模块、数据绑定以及核心模块 ng 的创建等内容。看到问题时，应聘者脑海中要快速想到关于 Angular JS 的各个知识点，以至于能够快速准确地回答出该问题。

解析过程：

scope 是 Angular JS 中的作用域（其实就是存储数据的地方），很类似 JavaScript 的原型链。搜索的时候，优先找自己的 scope，如果没有找到就沿着作用域链向上搜索，直至到达根作用域 rootScope。

$rootScope 是由 Angular JS 加载模块的时候自动创建的，每个模块只会有 1 个 rootScope。rootScope 创建好会以服务的形式加入到$injector 中。也就是说通过$injector.get("$ rootScope ")，能够获取到某个模块的根作用域。更准确地说，$rootScope 是由 Angular JS 的核心模块 ng 创建的。

scope 是 HTML 和单个 controller 之间的桥梁，数据绑定就靠它了。rootscope 是各个 controller 中 scope 的桥梁。用 rootscope 定义的值，可以在各个 controller 中使用。

$rootScope 的确是由核心模块 ng 创建的，并以服务的形式存在于 injector 中。如果创建 injector 的时候指定了 ng 模块，那么该 injector 中就会包含$rootScope 服务，否则就不包含$rootScope。

9.3.7 如何在页面上实现前进、后退

题面解析：本题主要考查应聘者对页面使用的熟练掌握程度。看到此问题，应聘者需要思考在页面上实现前进、后退都有哪些方法，然后通过不同的方法来具体说明实现的步骤和思路。

解析过程：

这里有两种方法可以实现，一种是在数组后面进行增加与删除，另外一种是利用栈的后进先出

原理。

1. 在数组最后进行增加与删除

通过监听路由的变化事件 hashchange 与路由的第一次加载事件 load，判断如下情况：

（1）url 存在于浏览记录中即为后退，后退时，把当前路由后面的浏览记录删除；

（2）url 不存在于浏览记录中即为前进，前进时，往数组里面 push 当前的路由。

（3）url 在浏览记录的末端即为刷新，刷新时，不对路由数组做任何操作。

另外，应用的路由路径中可能允许相同的路由出现多次（例如 A->B->A），所以给每个路由添加一个 key 值来区分相同路由的不同实例。

☆**注意**☆　这个浏览记录需要存储在 sessionStorage 中，这样用户刷新后浏览记录也可以恢复。

2. 用两个栈实现浏览器的前进、后退功能

使用两个栈 X 和 Y，把首次浏览的页面依次压入栈 X，当单击“后退”按钮时，再依次从栈 X 中出栈，并将出栈的数据依次放入栈 Y。当单击“前进”按钮时，依次从栈 Y 中取出数据，放入栈 X 中。当栈 X 中没有数据时，那就说明没有页面不能继续后退浏览了。当栈 Y 中没有数据，那就说明没有页面可以单击“前进”按钮浏览了。

（1）首先，进入一系列页面 a、b、c：将 a、b、c 依次压入栈 X，此时在页面 c。

（2）后退两步：将 c、b 依次弹出再压入栈 Y。

（3）前进一步：将 b 从 Stack2 弹出压入 X。

（4）打开新的页面：将 d 压入 X。

（5）清空 Y，此时就不能通过前进或者后退进入页面 c 了。

9.3.8　什么是 Vue 的计算属性

题面解析：本题主要考查应聘者对 Vue 中计算属性的理解，因此应聘者不仅需要知道什么是计算属性、计算属性包含的方法和计算属性缓存，而且还要知道怎样使用计算属性。

解析过程：

模板内的表达式非常便利，但是设计它们的初衷是用于简单运算的。在模板中放入太多的逻辑会让模板过重且难以维护。

所有的计算属性都以函数的形式写在 Vue 实例内的 computed 选项内，最终返回计算后的结果。

1. 计算属性用法

- 在一个计算属性里可以完成各种复杂的逻辑，包括运算、函数调用等，只要最终返回一个结果就可以。
- 计算属性还可以依赖多个 Vue 实例的数据，只要其中任一数据变化，计算属性就会重新执行，视图也会更新。

2. getter 和 setter

每一个计算属性都包含一个 getter 和一个 setter，通常使用的都是计算属性的默认用法，只是利用了 getter 来读取。在用户需要时，也可以提供一个 setter 函数，当手动修改计算属性的值就像修改一个普通数据那样时，就会触发 setter 函数，执行一些自定义的操作。

绝大多数情况下，只会用默认的 getter 方法来读取一个计算属性，在业务中很少用到 setter，所以在声明一个计算属性时，可以直接使用默认的写法，不必将 getter 和 setter 都声明。

3. 计算属性缓存

用户可以将同一函数定义为一个方法而不是一个计算属性，两种方式的最终结果确实是完全相

同的，只是一个使用 reverseTitle()取值，一个使用 reverseTitle 取值。

然而，不同的是计算属性是基于它们的依赖进行缓存的。计算属性只有在它的相关依赖发生改变时才会重新求值。

这就意味着只要 title 还没有发生改变，多次访问 reverseTitle 计算属性会立即返回之前的计算结果，而不必再次执行函数。

9.3.9 在 Angular 中是否可以使用 jQuery

题面解析：本题主要考查应聘者对 Angular 和 jQuery 使用的熟练程度。应聘者首先应先回答出是否可以使用，如果可以的话，就要回答出在 Angular 里面使用 jQuery 的详细步骤，如果不可以，也要说出不可以的理由。

解析过程：

jQuery 是一个非常强大的 JavaScript 框架，Angular JS 是一个非常棒的前端 mvc 框架。虽然用其中的任何一个框架在项目中够用了，但是有时候这两个框架需要混合着用。虽然不推荐，但有时候混合用非常方便。

下面来看看怎么在 Angular 里面使用 jQuery。

（1）在项目目录下面：npm install jQuery --save。--save 是将 jQuery 加入 package.json 里面。

（2）在 Angular/cli 里面将它们加到项目里。

（3）安装类型定义文件，因为 jQuery 是 JavaScript 文件，Angular 用的是 typescript，无法编译，必须要安装它们各自对用的类型对应文件。

（4）将 jQuery 放入 assets 文件夹，在 index.html 里面引入相应 JavaScript。

（5）在 component 里面声明。

9.3.10 请简述$compile 的用法

题面解析：本题主要考查应聘者对$compile 用法的熟练掌握程度。看到此问题，应聘者需要把关于$compile 的相关概念在脑海中回忆一下，然后可以清楚地知道什么时候使用$compile，使用时都有哪些步骤，需要注意什么。应聘者熟悉了$compile 的基本知识之后，此问题将迎刃而解。

解析过程：

Angular JS 里比较重要但又很少手动调用的要属$compile 服务了，通常在写组件或指令时，都是 Angular JS 自动编译完成的，但有时可能需要手动编译，如封装一个 table 组件，根据参数实现自定义渲染，增加一列复选框或者一列按钮等，这是就需要用到$compile 了。

$compile，在 Angular 中即“编译”服务，它涉及 Angular 应用的“编译”和“链接”两个阶段，根据从 DOM 树遍历 Angular 的根节点（ng-app）和已构造完毕的\$rootScope 对象，依次解析根节点后代，根据多种条件查找指令，并完成每个指令相关的操作（如指令的作用域，控制器绑定以及 transclude 等），最终返回每个指令的链接函数，并将所有指令的链接函数合成为一个处理后的链接函数，返回给 Angluar 的 bootstrap 模块，最终启动整个应用程序。

先解说一下 Angular 中页面处理，ng 对页面的处理过程。

（1）浏览器把 HTML 字符串解析成 DOM 结构。

（2）ng 把 DOM 结构给$compile，返回一个 link 函数。

（3）传入具体的 scope 调用这个 link 函数。

（4）得到处理后的 DOM，这个 DOM 处理了指令，连接了数。

$compile 是个编译服务。编译服务主要是为指令编译 DOM 元素。编译一段 HTML 字符串或者 DOM 的模板，产生一个将 scope 和模板连接到一起的函数。

9.4　名企真题解析

本节收集了一些各大企业往年的面试及笔试题，读者可以根据以下题目来做参考，看自己是否已经掌握了基本的知识点。

9.4.1　Vue 项目的搭建步骤

【选自 XM 面试题】

题面解析：本题主要考查应聘者对使用 Vue 搭建项目的熟练掌握程度。看到此问题，应聘者脑海中就应该回忆起 Vue 项目的搭建步骤，从开始的准备工作到最后的测试都要能够清晰地理解和灵活应用。

解析过程：

（1）build 和 config 是 webpack 的配置文件，src 中存放着框架的主要文件，api 是已经封装好的 api 请求，components 是 UI 组件。mock 是便于前端调试的一个工具，可以截获 http 请求，返回数据，从而做到独立于后端开发，加快开发进度，当需要请求服务器的时候要把这个文件夹删掉。主语是用 vue-cli 的 webpack-template 为基础模板构建的。

（2）当需要提交页面放到服务器上时也很简单，运行 npm run build:prod，项目目录下就会多出一个 dist 文件夹，里面有 index.html 文件和 static 文件夹，放在服务器上就行。不需要在服务器上安装任何环境，甚至不需要 node 即可。

（3）使用单页应用强大的路由来做登录。框架采用的是拦截导航，判断登录与否和是否有权限，让它完成继续跳转或重定向到登录界面。判断 token 是否存在，如果存在 token，就继续路由跳转，如果不存在，就跳转到登录界面。

（4）登录流程是在客户端发送账号密码到服务端，服务端验证成功后返回 token 存储用户的权限，前端用 Cookie 把 token 存储在本地，在路由跳转（router.beforeEach）中判断是否存在 token，另外前端可以通过 token 请求服务端获取 userInfo，在 vuex 中存储着用户的信息（用户名、头像、注册时间等）。登录成功后，服务端会返回一个 token（该 token 是一个能唯一标示用户身份的一个 key），之后将 token 存储在本地 cookie 之中，这样下次打开页面或者刷新页面的时候能记住用户的登录状态，不用再去登录页面重新登录了。

（5）权限控制就是在路由跳转（router.beforeEach）中判断 token 中的权限和要去往（to）页面的路由信息（router meta）中配置的权限是否匹配，同时侧边栏也是根据权限动态生成的，当所登录的账号没有权限访问时，就不显示在侧边栏中（例如访客登录就无法看到编辑器的侧边栏选项），这样用户既看不到侧边栏选项，又无法直接访问到，双重控制更安全。

9.4.2　vue-router 有哪几种导航钩子（导航守卫）

【选自 TX 笔试题】

题面解析：本题在面试中也是经常出现的，面试官主要是想考查应聘者对导航守卫的熟悉程度。应聘者应适当地列举出自己所掌握的多种导航守卫并且分析出它们的具体作用和使用方法。

解析过程：

- 全局守卫：router.beforeEach。
- 全局解析守卫：router.beforeResolve。
- 全局后置钩子：router.afterEach。
- 路由独享的守卫：beforeEnter。

- 组件内的守卫：beforeRouteEnter、beforeRouteUpdate（2.2 新增）、beforeRouteLeave。

导航表示路由正在发生改变，vue-router 提供的导航守卫主要用来通过跳转或取消的方式守卫导航。有多种机会植入路由导航过程中：全局的，单个路由独享的，或者组件级的。

☆**注意**☆ 参数或查询的改变并不会触发进入/离开的导航守卫，可以通过观察$route 对象来应对这些变化，或使用 beforeRouteUpdate 的组件内守卫。

1. 全局守卫

使用 router.beforeEach 注册一个全局前置守卫：

```
const router = new VueRouter({ ... })
 router.beforeEach((to, from, next) => {
 // ...
})
```

当一个导航触发时，全局前置守卫按照创建顺序调用。守卫是异步解析执行，此时导航在所有守卫 resolve 完之前一直处于等待中。

每个守卫方法接收三个参数。

- to:Route：即将要进入的目标 路由对象。
- from:Route：当前导航正要离开的路由。
- next:Function：一定要调用该方法来 resolve 这个钩子。执行效果依赖 next 方法的调用参数。

2. 全局解析守卫

在全局解析守卫（2.5.0+）中可以用 router.beforeResolve 注册一个全局守卫。这和 router.beforeEach 类似，区别是，在导航被确认之前，同时在所有组件内守卫和异步路由组件被解析之后，解析守卫就被调用。

3. 全局后置钩子

也可以注册全局后置钩子，然而和守卫不同的是，这些钩子不会接受 next 函数，也不会改变导航本身：

```
router.afterEach((to, from) => {
  // ...
})
```

4. 路由独享的守卫

可以在路由配置上直接定义 beforeEnter 守卫：

```
const router = new VueRouter({
  routes: [
    {
      path: '/foo',
      component: Foo,
      beforeEnter: (to, from, next) => {
        // ...
      }
    }
  ]
})
```

这些守卫与全局前置守卫的方法参数是一样的。

5. 组件内的守卫

可以在路由组件内直接定义以下路由导航守卫：

- beforeRouteEnter
- beforeRouteUpdate（2.2 新增）
- beforeRouteLeave

```
const Foo = {
  template: '...',
  beforeRouteEnter (to, from, next) {
    //在渲染该组件的对应路由被 confirm 前调用
    //不！能！获取组件实例 'this'
    //因为当守卫执行前，组件实例还没被创建
  },
  //不过，可以通过传一个回调给 next 来访问组件实例
  //在导航被确认的时候执行回调，并且把组件实例作为回调方法的参数
  beforeRouteEnter (to, from, next) {
    next(vm => {
      //通过 'vm' 访问组件实例
    })
  },
  beforeRouteUpdate (to, from, next) {
    //在当前路由改变，但是该组件被复用时调用
    //举例来说，对一个带有动态参数的路径 /foo/:id，在 /foo/1 和 /foo/2 之间跳转的时候，
    //由于会渲染同样的 Foo 组件，因此组件实例会被复用。而这个钩子就会在这个情况下被调用
    //可以访问组件实例 'this'
  },
  beforeRouteLeave (to, from, next) {
    //导航离开该组件的对应路由时调用
    //可以访问组件实例 'this'
  }
}
```

☆**注意**☆　beforeRouteEnter 是支持给 next 传递回调的唯一守卫。对于 beforeRouteUpdate 和 beforeRouteLeave 来说，this 已经可用了，所以不支持传递回调，因为没有必要了。

9.4.3　请写出完整的 vue-router 导航解析流程

【选自 YMX 笔试题】

题面解析：本题主要考查应聘者 vue-router 导航的使用情况，因此应聘者需要准确知道解析 vue-router 导航具体过程，并且理解应用。

解析过程：

vue-router 导航使用时需要以下 12 个步骤。

（1）导航被触发。

（2）在失活的组件里调用离开守卫。

（3）调用全局的 beforeEach 守卫。

（4）在重用的组件里调用 beforeRouteUpdate 守卫（2.2+）。

（5）在路由配置里调用 beforeEnter。

（6）解析异步路由组件。

（7）在被激活的组件里调用 beforeRouteEnter。

（8）调用全局的 beforeResolve 守卫（2.5+）。

（9）导航被确认。

（10）调用全局的 afterEach 钩子。

（11）触发 DOM 更新。

（12）用创建好的实例调用 beforeRouteEnter 守卫中传给 next 的回调函数。

第10章

BootStrap

本章导读

本章主要学习 BootStrap 的基本知识，包括响应式布局、BootStrap 样式、BootStrap 组件、JavaScript 插件等以及在面试与笔试中会遇到的常见的问题。本章中先总结出 BootStrap 的基本知识，然后总结出在面试与笔试时遇到此问题的应答办法，最后分析了一些大企业的面试。

知识清单

本章要点（已掌握的在方框中打钩）

- [ ] 响应式布局
- [ ] BootStrap 样式
- [ ] BootStrap 组件
- [ ] JavaScript 插件

10.1　响应式布局

响应式布局是 Ethan Marcotte 在 2010 年 5 月份提出的一个概念，简而言之，就是一个网站能够兼容多个终端——而不是为每个终端做一个特定的版本。这个概念是为解决移动互联网浏览而诞生的。

响应式布局可以为不同终端的用户提供更加舒适的界面和更好的用户体验，而且随着目前大屏幕移动设备的普及，用“大势所趋”来形容也不为过。随着越来越多的设计师采用这个技术，不仅看到很多的创新，还看到了一些成形的模式。

Responsive design，意在实现不同屏幕分辨率的终端上浏览网页的不同展示方式。通过响应式设计，能使网站在手机和平板计算机上有更好的浏览阅读体验。屏幕尺寸不一样展示给用户的网页内容也不一样，利用媒体查询可以检测到屏幕的尺寸（主要检测宽度），并设置不同的 CSS 样式，就可以实现响应式的布局。

利用响应式布局可以满足不同尺寸的终端设备非常完美地展现网页内容，使得用户体验得到了很大的提升，但是为了实现这一目的不得不利用媒体查询写很多冗余的代码，使整体网页的体积变大，应用在移动设备上就会带来严重的性能问题。

响应式布局常用于企业的官网、博客、新闻资讯类型网站，这些网站以浏览内容为主，没有复杂的交互。

我们可以通过 CSS3 Media Queries（媒体（设备）查询）来实现响应式布局，媒体查询是让页面内容在不同的媒体环境下运行时可以展示不同的样式，@media 是 CSS 3 中规定的属性，可以实现针对不同媒体设备来设置不同样式的目的。而且就算是在同一设备中，在重置浏览器大小的过程中，页面也会根据浏览器的宽度和高度重新渲染页面。

10.2 BootStrap 样式

1. 基本设置

1）使用 HTML 5 文档类型

BootStrap 使用了 HTML 5 元素和 CSS 属性，故需要使用 HTML 5。

2）响应移动设备

移动设备与桌面设备的差别在于屏幕的大小，BootStrap 使用 viewport 来控制屏幕的缩放。

2. 网格（Grid）

1）BootStrap 网格系统（Grid System）

BootStrap 包含了一个响应式的、移动设备优先的、不固定的网格系统，可以随着设备或视口大小的增加而适当地扩展到 12 列。

2）container

container 用于包裹页面上的内容，其左右外边距由浏览器决定。

3）使用 Grid

Step1：使用 container 包裹页面。

Step2：使用 col-xs-、col-sm-、col-md-、col-lg-来划分网格。

step3：使用@media 来监控屏幕大小的变化。

3. 文本处理

1）small 属性、<small>标签

写在父标签中，可以得到一个字体颜色浅、字体更小的文本。

2）常用文本属性

```
class="lead"                得到字体稍大、行高稍高的文本
class="text-left"           向左对齐文本
class="text-center"         居中对齐文本
class="text-right"          向右对齐文本
```

3）<abbr>标签

<abbr>元素的样式为显示在文本底部的一条虚线边框，当鼠标指针悬停在上面时会显示 title 属性中的信息。

4）列表

```
class="list-unstyled"            用于去除列表的样式
class="list-inline"              用于将列表水平显示
dl、dt、dd                       用于自定义列表
class="dl-horizontal"            用于将自定义列表水平显示
```

4. 表格

1）常用表格标签

```
<table>                          定义表格
```

```
<thead>                    定义表格标题行
<tbody>                    定义表格主体
<tr>                       定义表格行
<td>                       定义表格列
<th>                       定义表格列（用于<thead>中）
<caption>                  定义表格描述信息
```

2）<table>常用属性

```
class="table"              基本表格样式，只有横向的分割线
class="table-striped"      给 tbody 添加条纹（表格间有色差）
class="table-bordered"     给所有的单元格添加边框
class="table-hover"        给 tbody 添加悬停样式（加个背景色）
class="table-condensed"    使表格样式更紧凑
```

3）<tr>、<th>和<td>常用属性

这几个属性会选中某行、某列数据，根据不同的属性，显示不同的颜色。

```
class="active"             表示选中某条数据（有个阴影）
class="success"            表示成功
class="info"               表示信息变化
class="warning"            表示警告
class="danger"             表示危险
```

5. 表单

1）基本使用

给<form>标签添加一个 role="form"。为了获取最佳间距，可给表单控件加个属性 class="form-group"。若想给文本添加文本框，可给相关的文本标签增加 class="form-control"。若想让表单呈一行显示，可给<form>增加 class="form-inline"。若想隐藏表单控件，可给表单控件增加 class="sr-only"。

2）按钮、下拉框

```
class="checkbox"                 用于给复选框加样式
class="radio"                    用于给单选按钮加样式
class="checkbox-inline"          将复选框显示在同一行
class="radio-inline"             将单选按钮显示在同一行
class="form-control"             可以修改 select 样式
```

6. 按钮

1）基本属性

```
class="btn"                      基本按钮样式
class="btn btn-default"          默认按钮样式
class="btn btn-primary"          原始按钮样式
class="btn btn-success"          成功按钮样式
class="btn btn-info"             信息按钮样式
class="btn btn-warning"          警告按钮样式
class="btn btn-danger"           危险按钮样式
class="btn btn-link"             链接按钮样式
class="btn btn-lg"               大的基本按钮样式
class="btn btn-sm"               小的基本按钮样式
class="btn btn-xs"               特别小的基本按钮样式
class="btn btn-block"            块级的基本按钮样式，默认会填充满父标签的宽度
```

2）按钮激活、禁用

```
class="btn active"               定义激活按钮样式，背景色会改变（有色差）
```

class="btn disabled"	定义禁止按钮样式，背景色会变

3）按钮组

class="btn-group"	创建一个按钮组
class="btn-group-lg"	创建一个大按钮组
class="btn-group-sm"	创建一个小按钮组
class="btn-group-xs"	创建一个特别小按钮组
class="btn-group-vertical"	创建一个垂直的按钮组
class="btn-group-justified"	创建一个自适应大小的按钮组
class="dropdown-menu" + class="caret"	可以创建一个有下拉框的按钮

10.3 BootStrap 组件

因为 BootStrap 使用的某些 HTML 和 CSS 需要的文档类型为 HTML 5 doctype，所以要创建 HTML 5 文档，以确保 CSS 组件能够正确使用，然后在<head>里引入 jquery.js、bootstrap.js、bootstrap.css 文件。BootStrap 的一些常用组件及其使用方法如下。

1. 下拉菜单

定义：下拉菜单组件必须包含在 dropdown 类容器中，该容器包括下拉菜单的触发元素和下拉菜单的内容，下拉菜单内容必须包含在 dropdown-menu 容器中。

基本结构：

```
<div class="dropdown">
  <a href="#" data-toggle="dropdown">触发元素<i class="caret"></i></a>
  <ul class="dropdown-menu">
    <li><a href="#">菜单项 1</a></li>
    <li><a href="#">菜单项 2</a></li>
    <li><a href="#">菜单项 3</a></li>
  </ul>
</div>
```

2. 按钮组

1）定义按钮组

定义：使用 btn-group 类和一系列的<a>或<button>标签，可以生成一个按钮组或者按钮工具条。

基本结构：

```
<div class="btn-group">
   <p class="btn btn-info">按钮 1</p>
   <a class="btn btn-info">按钮 2</a>
   <li class="btn btn-info">按钮 3</li>
   <span class="btn btn-info">按钮 4</span>
 </div>
```

2）定义按钮导航条

定义：将多个按钮组包含在一个 btn-toolbar 类中，可以定义按钮工具条。

基本结构：

```
<div class="btn-toolbar">
 <div class="btn-group">
   <i class="btn btn-default"><i class="glyphicon glyphicon-fast-backward"></i></i>
   <i class="btn btn-default"><i class="glyphicon glyphicon-fast-backward"></i></i>
 </div>
 <div class="btn-group">
   <i class="btn btn-default">1</i>
   <i class="btn btn-default">2</i>
```

```
    <i class="btn btn-default">...</i>
    <i class="btn btn-default">3</i>
    <i class="btn btn-default">4</i>
  </div>
  <div class="btn-group">
    <i class="btn btn-default"><i class="glyphicon glyphicon-fast-forward"></i></i>
    <i class="btn btn-default"><i class="glyphicon glyphicon-fast-forward"></i></i>
  </div>
</div>
```

3. 按钮式下拉菜单

定义：把按钮组和下拉菜单捆绑起来，可以形成按钮式下拉菜单。

基本结构：

```
<div class="btn-group">
 <a href="#" class="btn btn-default" data-toggle="dropdown">按钮式下拉菜单<i class="caret">
</i></a>
 <ul class="dropdown-menu">
   <li><a href="#">菜单项 1</a></li>
   <li><a href="#">菜单项 2</a></li>
   <li><a href="#">菜单项 3</a></li>
 </ul>
 <a href="#" class="btn btn-default">按钮</a>
</div>
```

4. 导航

定义：以列表结构为基础进行导航组件设计，并使用 nav 类定义基础的导航效果，导航组件包括标签页、pills、导航列表标签。

1）标签页

定义：为导航结构添加 nav-tabs 类即可设计标签页。

基本结构：

```
<ul class="nav nav-tabs">
    <li class="active"><a href="#">首页</a></li>
    <li><a href="#">导航标题 1</a></li>
    <li><a href="#">导航标题 2</a></li>
</ul>
```

激活标签页即让标签页每个 tab 项能自由切换，并能控制 tab 项对应内容框的显示与隐藏。

基本结构：

```
<div>
    <ul class="nav nav-tabs">
        <li class="active"><a href="#tab1" data-toggle="tab">首页</a></li>
        <li><a href="#tab2" data-toggle="tab">微客</a></li>
        <li><a href="#tab3" data-toggle="tab">微博</a></li>
    </ul>
    <div class="tab-content">
        <div class="tab-pane active" id="tab1">首页内容框</div>
        <div class="tab-pane" id="tab2">微客内容框</div>
        <div class="tab-pane" id="tab3">微博内容框</div>
    </div>
</div>
```

2）pills

定义：为导航结构添加 nav-pills 类即可设计胶囊导航。

基本结构：

```
<ul class="nav nav-pills">
```

```
    <li class="active"><a href="#">首页</a></li>
    <li><a href="#">导航标题 1</a></li>
    <li><a href="#">导航标题 2</a></li>
</ul>
```

3）导航列表标签

基本结构：

```
<ul class="nav nav-pills">
    <li class="active"><a href="#">首页</a></li>
    <li><a href="#">微课</a>
    <li class="dropdown">
        <a href="#" data-toggle="dropdown">微博<b class="caret"></b></a>
        <ul class="dropdown-menu">
            <li><a href="#">登录</a></li>
            <li><a href="#">注册</a></li>
            <li><a href="#">退出</a></li>
        </ul>
    </li>
</ul>
```

5. 导航条

定义：导航条是一条长条形区块，其中可以包含导航或按钮，用 navbar 类定义基础导航条包含框。

基础结构：

```
<div class="navbar navbar-default">
    <a class="navbar-brand" href="#">网站名称</a>
    <ul class="nav nav-pills">
        <li class="active"><a href="#">首页</a></li>
        <li><a href="#">导航项 1</a></li>
        <li><a href="#">导航项 2</a></li>
    </ul>
</div>
```

6. 面包屑

定义：面包屑组件类似于树杈分支导航，从网站首页逐级导航到详细页，使用 breadcrumb 类样式，可以把列表结构设计成面包屑导航样式。

基本结构：

```
<ul class="breadcrumb">
    <li><a href="#">首页</a></li>
    <li><a href="#">新闻频道</a></li>
    <li><a href="#">国内新闻</a></li>
    <li class="active">新闻详细页</li>
</ul>
```

7. 分页组件

定义：BootStrap 3.0 提供了两种风格的分页组件。一种是多页面导航，用于多个页面的跳转，它具有极简风格的分页提示，能够很好地应用在结果搜索页面。另外一种则是翻页，可以快速翻动上下页，适用于个人博客或者杂志。使用 pagination 类可以设计标准的分页组件样式。

基本结构：

```
<ul class="pagination">
    <li><a href="#">Prev</a></li>
    <li><a href="#">1</a></li>
    <li><a href="#">2</a></li>
    <li><a href="#">3</a></li>
```

```
        <li><a href="#">4</a></li>
        <li><a href="#">5</a></li>
        <li><a href="#">Next</a></li>
    </ul>
```

8. 标签和徽章

定义：标签是一个很好用的页面小元素，BootStrap 具有多种颜色标签，表达不同的页面信息，只需要使用 label 类定义即可。

徽章是细小而简单的组件，用于指示或者计算某种类别的元素，只需要使用 badge 类定义即可。

标签基本结构：

```
    <span class="label label-default">默认标签样式</span><!-- label-default,默认样式，灰色显示 -->
    <span class="label label-primary">原始标签样式</span><!-- label-primary,原始样式，深蓝色显示 -->
    <span class="label label-info">信息标签样式</span><!-- label-info,信息样式，浅蓝色显示 -->
    <span class="label label-success">成功标签样式</span><!-- label-success,成功样式，亮绿色显示 -->
    <span class="label label-warning">警告标签样式</span><!-- label-warning,警告样式，黄色显示 -->
    <span class="label label-danger">危险标签样式</span><!-- label-danger,危险样式，红色显示 -->
```

徽章基本结构：

```
    <ul class="nav nav-pills nav-stacked">
        <li class="active">
            <a href="#"><span class="badge pull-right">12</span>链接</a>
        </li>
    </ul>
```

9. 缩略图

定义：缩略图多应用于图片、视频的搜索结果等页面，还可以链接到其他页面。它还具有很好的可定制性，可以将文章片段、按钮等标签融入缩略图，可同时混合与匹配不同大小的缩略图。组成缩略图的标签：使用<ul>标签包裹任意数量的<li>。

基本结构：

```
    <ul class="thumbnails">
        <li class="col-xs-1">
            <a href="#" class="thumbnail"><img src="images/1.jpg"></a>
        </li>
        <li class="col-xs-2">
            <a href="#" class="thumbnail"><img src="images/2.jpg"></a>
        </li>
        <li class="col-xs-3">
            <a href="#" class="thumbnail"><img src="images/3.jpg"></a>
        </li>
        <li class="col-xs-4">
            <a href="#" class="thumbnail"><img src="images/4.jpg"></a>
        </li>
    </ul>
```

10.4　JavaScript 插件

在 BootStrap 下载与安装后，可以在 nodejs 安装目录下的 node_modules\bootstrap\js 文件夹中找

到 12 个 JavaScript 文件，这些 JavaScript 文件是 BootStrap 自带的 12 个 jQuery 插件。在这 12 个 jQuery 插件中，最常用的有图片轮播 carousel.js、标签切换 tab.js、滚动监听 scrollspy.js、下拉列表 dropdown.js、模块框弹出层 modal.js 和提示框 tooltip.js。

1. 图片轮播 carousel.js

图片轮播可以根据需要在 CSS 中设置图片大小、位置等。

图片轮播需要引入 jquery.min.js、carousel.js，也可以引入 transition.js 添加过渡效果。

2. 标签切换 tab.js

标签切换需要引入 jquery.min.js、tab.js，也可以引入 transition.js 添加过渡效果。

3. 滚动监听 scrollspy.js 和下拉列表 dropdown.js

将滚动监听和下拉列表结合起来制作拥有下拉列表的可以滚动监听的导航条。

4. 模块框弹出层 modal.js

需要引入 jquery.min.js、modal.js，也可以引入 transition.js 添加过渡效果。

5. 提示框 tooltip.js

需要引入 jquery.min.js、tooltip.js，也可以引入 transition.js 添加过渡效果。

另外，Tooltip 插件不像其他插件那样，它不是纯 CSS 插件。如需使用该插件，必须使用 jQuery 激活它。

10.5 面试与笔试试题解析

本节将通过面试与笔试题的方式来讲述一些关于 BootStrap 的知识点，通过本节内容的学习，读者可以掌握一些在面试或笔试过程中回答问题的方法或技巧。

10.5.1 简单描述 BootStrap 的整体架构

题面解析：本题主要考查应聘者对 BootStrap 整体架构的认识程度。应聘者应对基本的框架结构有所熟悉，能够简单说出包含的结构有哪些并对这些架构做一个简单的说明，指出它们各自所代表的意义。

解析过程：

大多数 BootStrap 的使用者都认为 BootStrap 只是提供了 CSS 组件和 JavaScript 插件，其实 CSS 组件和 JavaScript 插件只是 BootStrap 框架的表现形式而已，它们都是构建在基础平台之上的，整体架构如图 10-1 所示。

图 10-1 总共分为 6 大部分，除了 CSS 组件和 JavaScript 插件以外，另外 4 个部分都是基础支撑平台。

（1）12 栅格系统：将屏幕平分 12 份（列）。使用行（row）来组织元素（每一行都包括 12 个列），然后将内容放在列内。通过 col-md-offset-*来控制列偏移。

（2）基础布局组件：BootStrap 提供了多种基础布局组件，如排版、代码、表格、按钮、表单等。

（3）jQuery：BootStrap 所有的 JavaScript 插件都依赖于 jQuery。如果要使用这些 JavaScript 插件，就必需引用 jQuery 库。这也是为什么在除了要引用 BootStrap 的 JavaScript 文件和 CSS 文件外，还需要引用 jQuery 库的原因，两者是依赖关系。

（4）CSS 组件：BootStrap 预实现了很多 CSS 组件，如下拉框、按钮组、导航等。也就是说，BootStrap 内容定义好了很多 CSS 样式，可以将这些样式直接应用到之前的下拉框等元素里。

（5）JavaScript 插件：BootStrap 也实现了一些 JavaScript 插件，可以用其提供的插件来完成一些常用功能，而不需要再重新写 JavaScript 代码来实现像提示框、模态窗口这样的效果了。

（6）响应式设计：这就是一个设计理念。响应式的意思就是它会根据屏幕尺寸来自动调整页面，使得前端页面在不同尺寸的屏幕上都可以表现得很好。

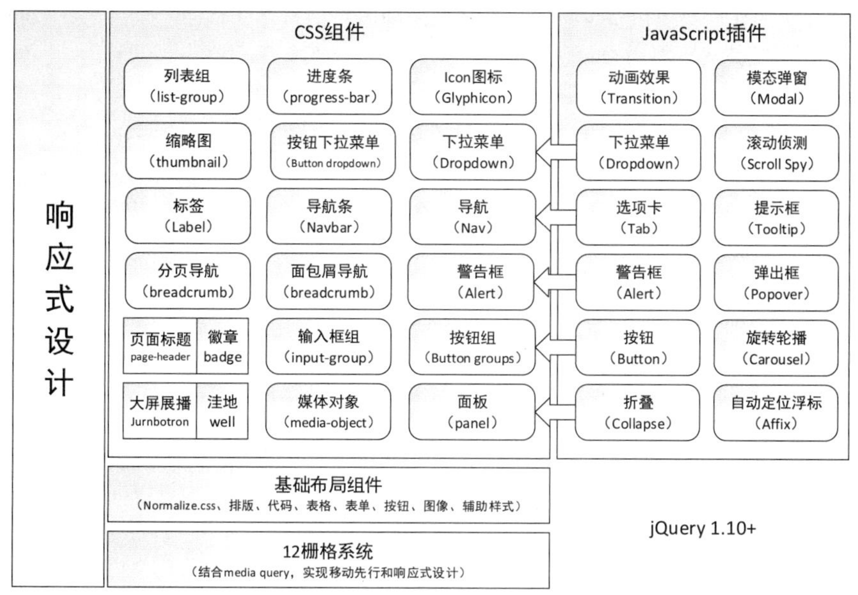

图 10-1 BootStrap 整体架构图

10.5.2 什么是 BootStrap 栅格系统，为什么要使用 BootStrap

题面解析：本题是对栅格系统知识点的考查，应聘者在回答该问题时，不能照着定义直接背出来，而是要阐述自己对栅格系统概念的理解，另外，还要解析关于栅格系统的原理，通过原理来说明为什么要使用 BootStrap。

解析过程：

BootStrap 内置了一套响应式、移动设备优先的流式栅格系统，随着屏幕设备或视口（viewport）尺寸的增加，系统会自动分为最多 12 列。

栅格系统用于通过一系列的行（row）与列（col）的组合来创建页面布局，内容就可以放入这些创建好的布局中。

网格系统的实现原理非常简单，仅仅是通过定义容器大小，平分 12 份（也有平分成 24 份或 32 份，但 12 份是最常见的），再调整内外边距，最后结合媒体查询，就制作出了强大的响应式网格系统。BootStrap 框架中的网格系统就是将容器平分成 12 份。

在使用的时候可以根据实际情况重新编译 LESS（或 Sass）源码来修改 12 这个数值（也就是换成 24 或 32，当然也可以分成更多，但不建议这样使用）。

工作原理如下。

（1）一行数据（row）必需包含在.container 中，以便为其赋予合适的对齐方式和内边距。

（2）使用行（row）在水平方向创建一组列（column）。

（3）具体内容应当放置于列（column）内，而且只有列（column）可以作为行（row）的直接子元素。

（4）使用像.row 和.col-xs-4 这样的样式来快速创建栅格布局。

（5）通过设置列 padding 从而创建列（column）之间的间隔，然后通过为第一列和最后一列设置负值的 margin 从而抵消掉 padding 的影响。

（6）栅格系统中的列是通过指定 1 到 12 的值来表示其跨越的范围。

工作原理中的一些参数作用和使用方法如下。

（1）container 的作用：提供宽度限制。container 随着页面宽度变化而变化，由于 column 的宽度是基于百分比，所以其宽度不用去管。

（2）row：row 是 column 的存放容器，row 中最多只能放 12 个左浮动的 column。row 有个特殊的地方就是左右-15px 的 margin。这样正好抵消父容器 container 中的 15px 的 padding。

（3）column：column 有左右 15px 的 padding，所以位于两边的 column 有 15px 的 padding，可以使其内容不会碰到 container 的边界，而同时不同 column 的内容之间就有了 30px 的槽。

（4）嵌套：由于 container 和 column 都有 15px 的 padding，所以在嵌套时 column 就相当于 container 了，这样就可以实现任意的嵌套。

（5）列偏移（Offset）：为当前元素增加了左边距（left-margin）。

（6）列排序（Push 和 Pull）：设置元素的定位而非边距（margin）。push 和 pull 必需同时使用，否则会重叠。

10.5.3 使用 BootStrap 的基本 HTML 模板必需要引入什么文件

题面解析：本题主要考查应聘者对 HTML 模板的使用情况，不仅要知道怎么使用 HTML 模板，而且知道在使用前应该做什么准备工作。

解析过程：

BootStrap 是当下最流行的前端框架（界面工具集），是一个用于快速开发 Web 应用程序和网站的前端框架，用于开发响应式布局、移动设备优先的 Web 项目。

使用 BootStrap 框架的最基本 HTML 代码，可以在此基础上进行自己的扩展，只需要确保文件引用顺序一致即可。HTML 标准模板如下：

```
<!DOCTYPE html>
<html lang="en">
<head>
<meta charset="utf-8">
<meta http-equiv="X-UA-Compatible" content="IE=edge">
<meta name="viewport" content="width=device-width, initial-scale=1">
<title>Bootstrap 基础模板</title>
<!-- Bootstrap -->
<link href="css/bootstrap.min.css" rel="stylesheet">
<!--以下 2 个插件是用于在 IE8 支持 HTML5 元素和媒体查询的，如果不用可移除-->
<!--注意:Respond.js 不支持 file://方式的访问-->
<!--[if lt IE 9]>
<script src="https:// oss.maxcdn.com/libs/html5shiv/3.7.0/html5shiv.js"></script>
<script src="https:// oss.maxcdn.com/libs/respond.js/1.4.2/respond.min.js">
</script>
<![endif]-->
</head>
<body>
<h1>Hello, world!</h1>
<!-- 如果要使用 Bootstrap 的 JS 插件，则必需引入 jQuery-->
<script src="https:// code.jquery.com/jquery.js"></script>
<!-- Bootstrap 的 JS 插件-->
<script src="js/bootstrap.min.js"></script>
</body>
</html>
```

在这里可以看到包含 jquery.js、bootstrap.min.js、bootstrap.min.js 文件，用于一个常规的 HTML

文件变为使用了 BootStrap 的模板。

BootStrap 的第三方依赖的库如下。

- jQuery：BootStrap 框架中的所有 JavaScript 组件都依赖于 jQuery 实现，jQuery 作为一个框架，提供一套比较便捷的操作 DOM 的方式。
- html5shiv：让低版本浏览器可以识别 HTML 5 的新标签，如 header、footer 等。
- respond：让低版本浏览器可以支持 CSS 媒体查询功能。

10.5.4　写出基本下拉菜单组件的结构

题面解析：本题主要考查应聘者对 BootStrap 中下拉菜单的理解，因此应聘者不仅需要知道下拉菜单组件的结构有哪些，而且还要知道它们的作用是什么，怎么去实现。

解析过程：

BootStrap 下拉菜单组件主要包括标签、对齐方式、禁用和下拉子菜单等方面的内容。

1. 标签

下拉菜单是可以用于展示可切换、有关联的菜单链接。创建下拉菜单需要使用列表标签<ul>-<li>，且下拉菜单的触发器和整个下拉菜单都需要包裹在.dropdowm 类中，又或者声明为“position:relative;”的其他页面元素中。

2. 对齐方式

BootStrap 框架可以为下拉菜单选择不同的对齐方式，默认下拉菜单是左对齐的，使用.pull-right 类可以实现右对齐。

3. 禁用

如果需要禁用下拉菜单的某一项，可以在<li>标签内增加.disabled 类来实现。

4. 下拉子菜单

BootStrap 框架默认子菜单是向右下方弹出的，还可以实现向左或向上的菜单。在<ul>中加入.pull-right 类实现下拉菜单右对齐。在<li>中添加.pull-left 类实现子菜单左弹出。

10.5.5　BootStrap 有哪些插件，分别是什么

题面解析：本题经常在面试中出现，面试官主要是想考查应聘者对 BootStrap 插件的熟悉和使用程度。插件是学习 BootStrap 最基础的知识，它有很多种，在回答本题时，应聘者应尽量一个一个简单进行介绍，并说明它们所代表的作用。

解析过程：

BootStrap 自带 12 种 jQuery 插件，扩展了功能，利用 BootStrap 数据 API（BootStrap Data API），大部分的插件可以在不编写任何代码的情况下被触发。

1. 过渡效果（Transition）插件提供了简单的过渡效果

Transition.js 是 transitionEnd 事件和 CSS 过渡效果模拟器的基本帮助器类。它被其他插件用来检查 CSS 过渡效果支持，并用来获取过渡效果。

2. 模态框（Modal）插件

模态框（Modal）插件是覆盖在父窗体上的子窗体。通常，其目的是显示来自一个单独的源的内容，可以在不离开父窗体的情况下有一些互动。子窗体可提供信息、交互等。

3. 下拉菜单（Dropdown）插件

使用下拉菜单（Dropdown）插件，可以向任何组件（如导航栏、标签页、胶囊式导航菜单、按

钮等）添加下拉菜单。

4. 滚动监听（Scrollspy）插件

滚动监听（Scrollspy）插件，即自动更新导航插件，会根据滚动条的位置自动更新对应的导航目标。其基本的实现是随着滚动，基于滚动条的位置向导航栏添加.active class。

5. 标签页（Tab）插件

标签页（Tab）插件通过结合一些 data 属性，可以轻松地创建一个标签页界面。通过这个插件，可以把内容放置在标签页或者是胶囊式标签页甚至是下拉菜单标签页中。

6. 提示工具（Tooltip）插件

当想要描述一个链接的时候，提示工具（Tooltip）就显得非常有用。提示工具（Tooltip）插件是受 Jason Frame 写的 jQuery.tipsy 的启发。提示工具（Tooltip）插件做了很多改进，例如不需要依赖图像，而是改用 CSS 实现动画效果，用 data 属性存储标题信息。

7. 弹出框（Popover）插件

弹出框（Popover）与工具提示（Tooltip）类似，提供了一个扩展的视图。如需激活弹出框，用户只需把鼠标指针悬停在元素上即可。弹出框的内容完全可使用 BootStrap 数据 API（BootStrap Data API）来填充。该方法依赖于工具提示（tooltip）。

8. 警告框（Alert）插件

警告框（Alert）消息大多是用来向终端用户显示诸如警告或确认消息的信息。使用警告框（Alert）插件，可以向所有的警告框消息添加可取消（dismiss）功能。

9. 按钮（Button）插件

通过按钮（Button）插件，可以添加进一些交互，如控制按钮状态，或者为其他组件（如工具栏）创建按钮组。

10. 折叠（Collapse）插件

折叠（Collapse）插件可以很容易地让页面区域折叠起来。无论用它来创建折叠导航还是内容面板，都允许很多内容选项。

11. 轮播（Carousel）插件

BootStrap 轮播（Carousel）插件是一种灵活的、响应式地向站点添加滑块的方式。除此之外，内容也是足够灵活的，可以是图像、内嵌框架、视频或者其他想要放置的任何类型的内容。

12. 附加导航（Affix）插件

附加导航（Affix）插件允许指定<div>固定在页面的某个位置。一个常见的例子是社交图标。它们将在某个位置开始，但当页面单击某个标记，该<div>会锁定在某个位置，不会随着页面其他部分一起滚动。

10.5.6 动画过渡插件应用在其他的哪些插件中

题面解析：本题主要是考查应聘者对插件的深入理解和应用。看到此问题时，应聘者需要把关于所有插件的使用和特点在脑海中回忆一下，这就需要应聘者对每个插件的使用都非常熟悉了，熟悉了插件的基本知识之后，插件中的应用问题将迎刃而解。

解析过程：

要使用 BootStrap 的过渡效果，只需导入 bootstrap.js 或 bootstrap-transition.js 文件，因为所有组件默认已经具有基本的过渡效果。

默认情况下，以下组件使用了过渡效果。

- 模态对话框（Modal）的滑入滑出和淡入淡出。
- 标签页（Tab）的淡出。
- 警告框（Alert）的淡出。
- 轮插（Carousel）的滑入滑出。

需要注意的是，BootStrap 的过渡效果全部使用了 CSS 3 的动画特性，由于受 CSS 3 的限制，其提供的特效非常有限。并且，IE 8 及以下的版本均不支持 CSS 3 的动画特性，这些浏览器中将看不到过渡效果。

10.5.7 如何设置模态框尺寸大

题面解析：本题常常出现在面试中，主要用来考查应聘者对模态框的使用程度。应聘者应当熟练地掌握并使用模态框的属性设置，这在以后的工作中会经常用到。应聘者只有掌握了基础知识，才能在以后的开发工作中应用自如。

解析过程：

模态框可以通过修改高度或宽度来调节尺寸的大小，修改宽度可以通过修改 modal 中的 modal-dialog 这个 div 宽度实现，修改高度和宽度最好的办法是修改 modal-body 中添加的控件，设置控件的大小，modal 会自动适应。

1. 高度

将 style="height:900px"放在<div class = "modal-dialog">或者更外层上，整个模态框的高度不会发生变化。

将 style="height:900px"放在<div class = "modal-content">上，是将整个模态框（包括头部、中间、末尾）设置为高度为 900px。

若将 style="height:900px"放在<div class = "modal-header">、<div class = "modal-body">、<div class = "modal-footer">会引起对应部分高度变化。

2. 宽度

将 style="width:900px"放在<div class = "modal-dialog">会引起整个模态框的宽度发生变化，且模态框如原先居中显示。

将 style="width:900px"放在<div class = "modal-content">会引起整个模态框的宽度发生变化，且模态框如不居中显示。

将 style="width:900px"放在<div class = "modal-header">、<div class = "modal-body"> <div class = "modal-footer">会引起整个模态框对应部位宽度发生变化。

10.5.8 BootStrap 常用的组件有哪些

题面解析：本题也是考查应聘者对 BootStrap 的熟悉情况。面试官主要想看看应聘者对 BootStrap 基础知识的掌握，应聘者应尽可能有条理、清晰地介绍 BootStrap 的组件，并且对不同组件的特点和作用进行说明。

解析过程：

BootStrap 中常用的组件有表格、表单验证、文件上传、加载效果、复选下拉框、时间组件、弹出框等。

1. BootStrap 表格组件

由于 BootStrap Table 是 BootStrap 的一个组件，所以它是依赖 BootStrap 的。

2. BootStrap 表单验证组件

在 Web 开发中，表单验证是最常见的需求，能增加页面的用户体验，bootstrapvalidator 是 BootStrap 中常用的表单验证组件，其主要特点是使用简单、界面友好。

3. BootStrap 复选下拉框组件

multiple-select 和 bootstrap-multiselect 都属于风格简单、文档全、功能强大的复选下拉框组件。

4. BootStrap 文件上传组件

bootstrap-fileinput 是一个增强的 HTML 5 文件输入控件，是一个 BootStrap 3.x 的扩展，实现文件上传预览、多文件上传等功能。一般情况下，需要引入 bootstrap-fileinput/css/fileinput. min.css 和 bootstrap-fileinput/js/fileinput.min.js 这两个文件，插件才能正常使用。

5. BootStrap 弹出框组件

Bootbox 是一个很简单的弹出框组件，弹出提示主要分为三种：弹出框、确定取消提示框和信息提示框。Bootbox 组件特点就是能和 BootStrap 的风格很好地保持一致。

6. BootStrap 时间日历组件

BootStrap 有两种日历。datepicker 和 datetimepicker，后者是前者的拓展，其使用和配置方法较为简单，一般使用后者，在使用前需要先引用 jQuery 和 moment-with-locales.js 这两个文件。

7. BootStrap 自增器组件

jquery.spinner.js 自增器组件，例如在项目中需要输入数字，改数字的大小需要微调，使用它可以自动设置最大值、最小值、自增值还是挺方便的，并且可以自动做数字校验。使用它需要引用 font-aweaome.min.css。

8. 加载效果组件

页面加载类组件整理如下。

- fakeLoader.js 组件，拥有比较扁平化的效果，具有更好的手机、平板设备体验。
- jquery.shCircleLoader.js 组件，对 IE 10 以下版本不支持。
- spin.js 文件不需要 jQuery 的支持。如果想要使用 jQuery，则引用 jquery.spin.js 文件。

10.5.9 旋转轮播有哪些方法

题面解析：本题主要考查应聘者对旋转轮播方法的使用情况，因此应聘者不仅需要知道旋转轮播的方法都有什么，而且还要知道怎样去使用这些方法，并且在使用时需要做什么准备工作。

解析过程：

1. 调用 CSS 样式

```
<link rel="stylesheet" type="text/css" href="css/style.css" />
```

2. 调用 JavaScript 插件代码

```
<script src="js/ZoomPic.js"></script>
```

3. 添加 HTML 代码

将<!--效果 html 开始-->…<!--效果 html 结束-->之间的 HTML 和 JavaScript 代码放在<body></body>之间。

10.5.10 BootStrap 导航栏中有哪些功能

题面解析：本题主要考查应聘者对 BootStrap 导航栏的掌握程度。不同的导航栏有不同的种类，每一个种类有不同的功能，所以应聘者在介绍的时候，要把不同种类的导航栏介绍清楚。

解析过程：

导航栏是 BootStrap 网站的一个突出特点。导航栏在应用或网站中作为导航页头的响应式基础组件。导航栏在移动设备的视图中是折叠的，随着可用视口宽度的增加，导航栏也会水平展开。在 BootStrap 导航栏的核心中，导航栏包括了站点名称和基本的导航定义样式。

1. 默认的导航栏

创建一个默认的导航栏：

<nav>标签添加 class .navbar、.navbar-default 和添加 role="navigation"，有助于增加可访问性。

<div>元素添加一个标题 class .navbar-header，内部包含带有 class navbar-brand 的<a>元素。

为了向导航栏添加链接，只需要简单地添加带有 class .nav、.navbar-nav 的无序表即可。

2. 响应式的导航栏

为了给导航栏添加响应式特性，要折叠的内容必须包裹在带有 class.collapse、.navbar-collapse 的<div>中。折叠起来的导航栏实际上是一个带有 class.navbar-toggle 及两个 data-元素的按钮。第一个是 data-toggle，用于告诉 JavaScript 需要对按钮做什么，第二个是 data-target，指示要切换到哪一个元素。三个带有 class.icon-bar 的<span>创建所谓的汉堡按钮。这些会切换为.nav-collapse <div>中的元素。为了实现以上这些功能，必须包含 BootStrap 折叠（Collapse）插件。

1）导航栏中的表单

导航栏中的表单不是使用默认的 class，而是使用.navbar-form class。这确保了表单适当的垂直对齐和在较窄的视口中折叠的行为。使用对齐方式选项来决定导航栏中的内容放置在哪里。

2）导航栏中的按钮

可以使用 class.navbar-btn 向不在<form>中的<button>元素添加按钮，按钮在导航栏上垂直居中。.navbar-btn 可被使用在<a>和<input>元素上。

3）导航栏中的文本

如果需要在导航中包含文本字符串，应使用 class.navbar-text。这通常与<p>标签一起使用，确保适当的前导和颜色。

4）结合图标的导航链接

如果想在常规的导航栏导航组件内使用图标，那么应使用 class glyphicon glyphicon-*来设置图标。

5）组件对齐方式

可以使用实用工具 class.navbar-left 或.navbar-right 向左或向右对齐导航栏中的导航链接、表单、按钮或文本这些组件。这两个 class 都会在指定的方向上添加 CSS 浮动。

6）固定到顶部

BootStrap 导航栏可以动态定位。默认情况下，它是块级元素，是基于在 HTML 中放置的位置定位的。通过一些帮助器类，可以把它放置在页面的顶部或者底部，或者可以让它成为随着页面一起滚动的静态导航栏。

如果想要让导航栏固定在页面的顶部，应向.navbar class 添加 class.navbar-fixed-top。

7）固定到底部

如果想要让导航栏固定在页面的底部，应向.navbar class 添加 class.navbar-fixed-bottom。

8）静态的顶部

如需创建能随着页面一起滚动的导航栏，应添加.navbar-static-top class。该 class 不要求向<body>添加内边距。

9）反色的导航栏

为了创建一个带有黑色背景白色文本的反色的导航栏，只需要简单地向.navbar class 添加.navbar-inverse class 即可。

10.5.11 布局有几种方式

题面解析：本题用于考查应聘者对不同类型布局的理解，通常出现在面试中。面对本题时，应聘者应从多个方面的布局进行介绍，介绍出它们各自的特点和作用。

解析过程：

1. 静态布局

静态布局（Static Layout）即传统 Web 设计，网页上的所有元素的尺寸一律使用 px 作为单位。

布局特点：不管浏览器尺寸具体是多少，网页布局始终按照最初写代码时的布局来显示。常规的计算机的网站都是静态（定宽度）布局的，也就是设置了 min-width，因此，如果小于这个宽度就会出现滚动条，如果大于这个宽度则内容居中外加背景，这种设计常见于计算机端。

2. 流式布局

流式布局（Liquid Layout）的特点（也叫 Fluid）是页面元素的宽度按照屏幕分辨率进行适配调整，但整体布局不变。代表作栅栏系统（网格系统）。

网页中主要的划分区域的尺寸使用百分数（搭配 min-*、max-*属性使用），例如，设置网页主体的宽度为 80%，min-width 为 960px。图片也作类似处理（width:100%, max-width 一般设定为图片本身的尺寸，防止被拉伸而失真）。

3. 自适应布局

自适应布局（Adaptive Layout）的特点是分别为不同的屏幕分辨率定义布局，即创建多个静态布局，每个静态布局对应一个屏幕分辨率范围。改变屏幕分辨率可以切换不同的静态局部（页面元素位置发生改变），但在每个静态布局中，页面元素不随窗口大小的调整发生变化。可以把自适应布局看作静态布局的一个系列。

布局特点：屏幕分辨率变化时，页面中元素的位置会变化而大小不会变化。

4. 响应式布局

随着 CSS 3 出现了媒体查询技术，又出现了响应式设计的概念。响应式设计的目标是确保一个页面在所有终端上（各种尺寸的计算机、手机、手表、冰箱的 Web 浏览器等）都能显示出令人满意的效果，对 CSS 编写者而言，在实现上不拘泥于具体手法，但通常是糅合了流式布局+弹性布局，再搭配媒体查询技术使用。响应式几乎已经成为优秀页面布局的标准。

布局特点：每个屏幕分辨率下面会有一个布局样式，即元素位置和大小都会变。

5. 弹性布局

- 弹性布局（rem/em）区别：rem 是相对于 html 元素的 font-size 大小而言的，而 em 是相对于其父元素。
- 使用 em 或 rem 单位进行相对布局，相对%百分比更加灵活，同时可以支持浏览器的字体大小调整和缩放等的正常显示，因为 em 是相对父级元素的原因没有得到推广。
- 这类布局的特点是，包裹文字的各元素的尺寸采用 em/rem 做单位，而页面的主要划分区域的尺寸仍使用百分数或 px 做单位（同流式布局或静态/固定布局）。早期浏览器不支持整个页面按比例缩放，仅支持网页内文字尺寸的放大，这种情况下使用 em/rem 做单位，可以使包裹文字的元素随着文字的缩放而缩放。
- 浏览器的默认字体高度一般为 16px，即 1em:16px，但是 1:16 的比例不方便计算，为了使单位 em/rem 更直观，CSS 编写者常常将页面跟节点字体设为 62.5%，比如选择用 rem 控制字体时，先需要设置根节点 HTML 的字体大小，因为浏览器默认字体大小 16px×62.5% =10px。

这样 1rem 便是 10px，方便了计算。

- 用 em/rem 定义尺寸的另一个好处是，更能适应缩进/以字体单位 padding 或 margin / 浏览器设置字体尺寸等情况（因为 em/rem 相对于字体大小，会同步改变），如 p{ text-indent:2em; }。
- 使用 rem 单位的弹性布局在移动端也很受欢迎。
- 其实在移动端使用所谓的弹性布局是比较勉强的。移动端弹性布局流行起来的原因归根结底是 rem 单位对于（根据屏幕尺寸）调整页面的各元素的尺寸、文字大小时比较好用。其实，使用 vw、vh 等后起之秀的单位，可以实现完美的流式布局（高度和文字大小都可以变得“流式”），弹性布局就不再必要了。

10.5.12　Flex 布局有哪几种属性

题面解析：本题也常常出现在面试中，面试官提问该问题主要是想考查应聘者对 Flex 布局使用的熟悉程度。应聘者应从其属性 flex-direction、flex-wrap、lex-flow、justify-content、align-items、align-content 等不同方面进行介绍，不仅要介绍出它们的作用，还要知道它们具体参数的使用。

解析过程：

（1）flex-direction：决定容器内元素的排列方向，也就是主轴方向。

```
.box {
    flex-direction: row | row-reverse | column | column-reverse;
}
```

- row（默认值）：主轴为水平方向，起点在左端。
- row-reverse：主轴为水平方向，起点在右端。
- column：主轴为垂直方向，起点在上沿。
- column-reverse：主轴为垂直方向，起点在下沿。

（2）flex-wrap：默认情况下所有元素都排列在一条轴线上。flex-wrap 定义了如果在一行放不下的换行问题。

```
.box{
    flex-wrap: nowrap | wrap | wrap-reverse;
}
```

它可能取三个值。

- nowrap（默认）：不换行。
- wrap：换行，第一行在上方。
- wrap-reverse：换行，第一行在下方。

（3）flex-flow：是 flex-direction 和 flex-wrap 属性的简写。

```
.box {
    flex-flow: <flex-direction> || <flex-wrap>;
}
```

（4）justify-content：定义了元素在主轴上的对齐方式。

```
.box {
    justify-content: flex-start | flex-end | center | space-between | space-around;
}
```

- flex-start（默认值）：左对齐。
- flex-end：右对齐。
- center：居中。
- space-between：两端对齐，项目之间的间隔都相等。
- space-around：每个项目两侧的间隔相等。所以，项目之间的间隔比项目与边框的间隔大一倍。

（5）align-items：属性定义在纵轴如何对齐，也就是在交叉轴如何对齐。

```
.box {
    align-items: flex-start | flex-end | center | baseline | stretch;
}
```

- flex-start：交叉轴的起点对齐。
- flex-end：交叉轴的终点对齐。
- center：交叉轴的中点对齐。
- Baseline：项目的第一行文字的基线对齐。
- stretch（默认值）：如果项目未设置高度或设为auto，将占满整个容器的高度。

（6）align-content：定义多根轴线的对齐方式，如果只有一根，则该属性不起作用。

```
.box {
    align-content: flex-start | flex-end | center | space-between | space-around | stretch;
}
```

- flex-start：与交叉轴的起点对齐。
- flex-end：与交叉轴的终点对齐。
- center：与交叉轴的中点对齐。
- space-between：与交叉轴两端对齐，轴线之间的间隔平均分布。
- space-around：每根轴线两侧的间隔都相等。所以，轴线之间的间隔比轴线与边框的间隔大一倍。
- stretch（默认值）：轴线占满整个交叉轴。

10.5.13 媒体查询有哪些属性

题面解析：本题主要是考查应聘者对媒体属性的了解程度。媒体查询包含许多种属性，应聘者在回答本题时应尽可能多地列举出媒体查询的属性，并简述它所包含的属性的不同作用。

解析过程：

媒体属性是CSS 3新增的内容，多数媒体属性带有“min-”和“max-”前缀，用于表达“小于等于”和“大于等于”，这避免了使用与HTML和XML冲突的“<”和“>”字符。

☆**注意**☆ 媒体属性必须用括号()包起来，否则无效。

1. 颜色

颜色（color）属性指定输出设备每个像素单元的比特值。如果设备不支持输出颜色，则该值为0。

2. 颜色索引

颜色索引（color-index）指定了输出设备中颜色查询表中的条目数量，如果没有使用颜色查询表，则值等于0。

3. 宽高比

宽高比（aspect-ratio）描述了输出设备目标显示区域的宽高比。该值包含两个以“/”分隔的正整数，代表了水平像素数（第一个值）与垂直像素数（第二个值）的比例。

4. 设备宽高比

设备宽高比（device-aspect-ratio）描述了输出设备的宽高比。该值包含两个以“/”分隔的正整数，代表了水平像素数（第一个值）与垂直像素数（第二个值）的比例。

5. 设备高度

设备高度（device-height）描述了输出设备的高度。

6. 设备宽度

设备宽度（device-width）描述了输出设备的宽度。

7. 网格

网格（grid）判断输出设备是网格设备还是位图设备。如果设备是基于网格的（例如，电传打字机终端或只能显示一种字形的电话），该值为 1，否则为 0。

8. 高度

高度（height）描述了输出设备渲染区域（如可视区域的高度或打印机纸盒的高度）的高度。

9. 宽度

宽度（width）描述了输出设备渲染区域的宽度。

10. 黑白

黑白（monochrome）指定了一个黑白（灰度）设备每个像素的比特数。如果不是黑白设备，值为 0。

11. 方向

方向（orientation）指定了设备处于横屏（宽度大于宽度）模式还是竖屏（高度大于宽度）模式，值：landscape（横屏）| portrait（竖屏）。

12. 分辨率

分辨率（resolution）指定输出设备的分辨率（像素密度）。分辨率可以用每英寸（dpi）或每厘米（dpcm）的点数来表示。

13. 扫描

扫描（scan）描述了电视输出设备的扫描过程。

10.5.14 响应式布局的优点和缺点是什么

题面解析：在面试中提出本题，面试官主要是想考查应聘者对响应式布局的熟悉程度。应聘者应先简单地介绍响应式布局，然后从不同的方面对其优点和缺点进行说明。

解析过程：

响应式布局是 Ethan Marcotte 在 2010 年 5 月份提出的一个概念，简而言之，就是一个网站能够兼容多个终端，而不是为每个终端做一个特定的版本。这个概念是为解决移动互联网浏览而诞生的。

响应式布局可以为不同终端的用户提供更加舒适的界面和更好的用户体验，而且随着目前大屏幕移动设备的普及，用大势所趋来形容也不为过。随着越来越多的设计师采用这个技术，不仅看到很多的创新，还看到了一些成形的模式。

1. 响应式布局的优点

- 分辨率不同，设备环境进行一些不同的设计，对小企业而言，所有开发维护和运营上，相对多个版本成本会降低很多。
- 兼容性好，跨平台，移动设备尺寸参差不齐，版本定制通常只适用于固定规格的设备，但不适用分辨率变化较大的设备，响应式布局能够较好地解决这个问题。

2. 响应式布局的缺点

- 移动端和 PC 端页面加载的内容是一样的，代码多了，会出现隐藏无用的元素，加载时间加长导致文件增大，影响加载速度，流量消耗也相对比较大。
- 对于响应式局限性较大，不适合一些大型的门户网或者电商网站。一般门户网或电商网站一个界面内容较多，而响应式最忌讳较多内容，代码过多会影响运行速度。
- 一定程度上改变了网站原有的布局结构，会出现用户混淆的情况。

总结来说，事物都是利弊结合，响应式只适用某些网站，不可一概而论，各种移动设备的发展导致每种移动设备都希望拥有适合自己设备的网页。但是 Web 设计和开发根本无法追赶设备与分辨率的更新，如果不能满足各种设备下用户的使用，就会流失掉用户群，响应式设计的出现有效地解决了这个问题。

10.5.15 HTML 中最适合做按钮的元素是什么

题面解析：本题主要考查应聘者对 HTML 的掌握程度，看到本题时，应聘者需要考虑有哪几种可以做按钮的元素，然后从这几种元素中逐个分析，找到最适合做按钮的元素。因此，应聘者需要回答每个元素的作用和用途。

解析过程：

可选的可以做按钮的元素有 a、input、button、div（span 等），可以通过不同的场景来找一个最合适的。

场景一：需要禁用此按钮。

在此场景下可以排除 a 和 div（span 等）标签，因为想禁用和解禁它们真的非常困难。

场景二：需要在 form 里自定义执行事件。

在 form 元素内，button 默认是 submit。但是 button 也有 type 属性，默认值是 submit，还有其他两个值是 button 和 reset。如果设置成 button，就是普通的按钮，不会在 form 里提交表单。

场景三：需要特殊的按钮内容，如图片等。

button 支持图片和文字，但是在 IE 9 及以下，$("button").val()和$("button").attr('value')都是返回标签之间的内容，而其他浏览器返回标签 value 属性的值。input 虽然只能设置一个 value 作为按钮文字，但是可以和 label 结合，也能放图片在里面。

根据以上场景来看，button 和 input 是最适合做按钮的，在各种情况下都完美胜任。而且从语义化的角度考虑，button 也最适合做按钮。

综上所述，应使用 button 做按钮，但是需要标签的内容和 value 属性的值尽量保持一致。

10.5.16 写出 BootStrap 中基础的表单结构

题面解析：本题主要考查应聘者对 BootStrap 表单结构基本知识的掌握。对待这类问题时，应聘者应该熟记每一种表单的用法和作用。在回答问题时，应聘者不仅要写出这些基础的表单结构，最重要的是要知道怎么分步去创建这些表单。

解析过程：

BootStrap 通过一些简单的 HTML 标签和扩展的类即可创建出不同样式的表单。BootStrap 提供了下列类型的表单布局：垂直表单（默认）、内联表单和水平表单。

1. 垂直或基本表单

基本的表单结构是 BootStrap 自带的，个别的表单控件自动接收一些全局样式。创建基本表单的步骤如下。

（1）向父<form>元素添加 role="form"。

（2）把标签和控件放在一个带有 class.form-group 的<div>中。这是获取最佳间距必需的。

（3）向所有的文本元素<input>、<textarea>和<select>添加 class.form-control。

2. 内联表单

- 如果需要创建一个表单，它的所有元素是内联的，向左对齐的，标签是并排的，可以向<form>标签添加 class.form-inline。
- 默认情况下，BootStrap 中的 input、select 和 textarea 有 100%宽度。在使用内联表单时，需

要在表单控件上设置一个宽度。

- 使用 class.sr-only，可以隐藏内联表单的标签。

3. 水平表单

水平表单与其他表单不仅标记的数量上不同，而且表单的呈现形式也不同。如需创建一个水平布局的表单，请按下面的几个步骤进行。

（1）向父<form>元素添加 class.form-horizontal。

（2）把标签和控件放在一个带有 class.form-group 的<div>中。

（3）向标签添加 class.control-label。

10.5.17　BootStrap 有什么特点

题面解析：本题主要考查应聘者对 BootStrap 基础知识的掌握程度。看到此问题，应聘者需要先思考一下 BootStrap 都有什么特点，然后一个一个特点来具体分析。在本题中，应聘者主要讲 HTML 5 文档类型、移动设备优先、排版与链接、布局容器等特点。

解析过程：

1. HTML 5 文档类型

BootStrap 使用到的某些 HTML 元素和 CSS 属性需要将页面设置为 HTML 5 的文档类型，在项目中的每个页面都要参照下面的格式设计。

```
<!DOCTYPE html>
<html lang="zh-CN">
//代码...
</html>
```

2. 移动设备优先

BootStrap 3 整个是支持移动设备的，为了确保适当的绘制和触屏缩放，需要在<head>中添加 viewport 元数据标签。

```
<meta name="viewport" content="width=device-width, initial-scale=1">
```

3. 排版与链接

BootStrap 排版、链接样式设置了基本的全局样式，分别是：为 body 元素设置 background-color: #fff;，使用@font-family-base、@font-size-base 和@line-height-base 变量作为排版的基本参数，为所有链接设置了基本颜色@link-color，并且当链接处于 hover 状态时才添加下画线。

4. 布局容器

BootStrap 需要为页面内容和栅格系统包裹一个.container 容器，提供了两个作此用处的类。

☆**注意**☆　由于 padding 等属性的原因，这两种容器类不能互相嵌套。

（1）.container 类用于固定宽度并支持响应式布局的容器。

```
<div class="container">
//代码...
</div>
```

（2）.container-fluid 类用于 100%宽度，占据全部视口（viewport）的容器。

```
<div class="container-fluid">
//代码...
</div>
```

10.5.18 组件、控件和插件的区别

题面解析：本题主要考查使用组件、控件和插件在 BootStrap 中的不同作用，应聘者需要掌握 BootStrap 的组件、控件和插件基础知识。在这里首先分别介绍一下组件、控件和插件，然后两两比较它们的不同作用，从而使应聘者回答问题时可以更加清晰。

解析过程：

1. 组件

系统中一种物理的、可代替的部件，它封装了实现并提供了一系列可用的接口。一个组件代表一个系统中实现的物理部分，包括软件代码（源代码、二进制代码、可执行代码）或者一些类似内容，如脚本或者命令文件。简而言之，组件就是对象，是对数据和方法的简单封装。C++ Builder 中叫组件，Delphi 中叫部件，而在 Visual BASIC 中叫控件。

组件可以有自己的属性和方法。属性是组件数据的简单访问者。方法则是组件的一些简单而可见的功能。

2. 控件

控件是对数据和方法的封装。控件可以有自己的属性和方法。属性是控件数据的简单访问者。方法则是控件的一些简单而可见的功能。

3. 插件

插件是一种遵循一定规范的应用程序接口编写出来的程序。很多软件都有插件，插件有无数种。例如在 IE 中，安装相关的插件后，Web 浏览器能够直接调用插件程序，用于处理特定类型的文件。

4. 组件与控件的区别

一般把 Control 翻译成控件，把 Component 翻译成组件。控件就是可视化的组件。

ASP 组件一般来说是以 DLL 为扩展名的文件。它允许使用者根据不同需求来调用系统 COM 组件，以完成所要达到的目的，常用的有上传组件、Email 组件、统计组件、文件管理组件等。在 ASP 中调用前须先把组件注册到系统里。

控件有 ActiveX 控件、Windows 公共控件等。

5. 组件与插件的区别

组件和插件的区别是，插件是属于程序接口的程序，组件在 ASP 中就是控件、对象，ASP/IIS 的标准安装提供了 11 个可安装组件。ASP 的 FSO 组件，就是最常用的 Scripting.FileSystemObject 对象。

IE 浏览器常见的插件如 Flash 插件、RealPlayer 插件、MMS 插件、MIDI 五线谱插件、ActiveX 插件等。

10.5.19 BootStrap 网格系统的实现原理

题面解析：本题属于对 BootStrap 网格系统的应用，主要考查应聘者是否熟悉 BootStrap 网格系统以及对它的灵活使用。在解答本题时，应聘者可以分步骤进行解析，先从数据行开始，接着在行中添加列，然后在列中添加内容，最后再调试列内距，这样回答结构一目了然。

解析过程：

网格布局是通过容器的大小，平均分为 12 份（可以修改），再调整内外边距。网格布局和表格布局有点类似，但是也存在区别。

实现步骤如下。

（1）数据行.row 必须包含在容器.container 中，以便赋予核实的对齐方式和内间距设置。

```
<div class="container">
<div class="row"></div>
</div>
```

（2）在行（.row）中可以添加列（.column），但列数之和不能超过平分的总列数，如 12。

```
<div class="container">
 <div class="row">
   <div class="col-md-4"></div>
   <div class="col-md-8"></div>
 </div>
</div>
```

（3）具体内容应当放置在列容器（column）之内，而且只有列（column）才可以作为行容器（.row）的直接子元素。

（4）通过设置内距（padding）从而创建列与列之间的间距，然后通过为第一列和最后一列设置负值的外距（margin）来抵消内距（padding）的影响。

10.6　名企真题解析

本节参考近几年各大公司的面试题，收集总结出一些在面试过程中会高频考查的对象，供读者参考，使其在以后的面试中能够准确地解读面试官的出题思路，并掌握解答方法。

10.6.1　BootStrap 表格有哪些可选样式

【选自 HW 笔试题】

题面解析：本题在面试中也是频繁考查的对象，面试官主要是想考查应聘者对 BootStrap 表格样式的熟悉程度。应聘者首先应在大脑中快速地回想自己都学过那些表格，然后把这些表格都一一列举出来，再具体分析每种表格所表示的不同含义。

解析过程：

表格是 BootStrap 的一个基础组件，BootStrap 为表格提供了 1 种基础样式和 4 种附加样式以及 1 个支持响应式的表格。在使用 BootStrap 的表格过程中，只需要添加对应的类名就可以得到不同的表格风格。

BootStrap 为表格不同的样式风格提供了不同的类名。

- .table：基础表格。
- .table-striped：斑马线表格。
- .table-bordered：带边框的表格。
- .table-hover：鼠标指针悬停高亮的表格。
- .table-condensed：紧凑型表格。
- .table-responsive：响应式表格。

1. 基础表格

在 BootStrap 中，对基础表格是通过类名“.table”来控制的。如果在<table>元素中不添加任何类名，表格是无任何样式效果的。想得到基础表格，只需要在<table>元素上添加“.table”类名，就可以得到 BootStrap 的基础表格。

2. 斑马线表格

有时候为了让表格更具阅读性，需要将表格制作成类似于斑马线的效果。简单点说就是让表格带有背景条纹效果。在 BootStrap 中实现这种表格效果并不困难，只需要在<table class="table">的基础上增加类名“.table-striped”即可。

3. 带边框的表格

基础表格仅让表格部分地方有边框，但有时候需要整个表格具有边框效果。BootStrap 出于实际运用，也考虑这种表格效果，即所有单元格具有一条 1px 的边框。

BootStrap 中带边框的表格使用方法和斑马线表格的使用方法类似，只需要在基础表格<table class="table">基础上添加一个“.table-bordered”类名即可。

4. 鼠标指针悬停高亮的表格

当鼠标指针悬停在表格的行上面有一个高亮的背景色，这样的表格让人看起来舒服，时刻告诉用户正在阅读表格哪一行的数据。BootStrap 的确没有让人失望，它也考虑到这种效果，提供了一个“.table-hover”类名来实现这种表格效果。

鼠标指针悬停高亮的表格使用也简单，仅需要<table class="table">元素上添加类名“table-hover”即可。

☆**注意**☆ 其实，鼠标指针悬停高亮表格，可以和 BootStrap 其他表格混合使用。简单点说，要想让表格具备悬浮高亮效果，只要给这个表格添加“table-hover”类名就好了。

5. 紧凑型表格

何谓紧凑型表格，简单理解，就是单元格没内距或者内距较其他表格的内距更小。换句话说，要实现紧凑型表格，只需要重置表格单元格的内距 padding 的值。那么在 BootStrap 中，通过类名“table-condensed”重置了单元格内距值。

紧凑型表格的运用，也只是需要在<table class="table">基础上添加类名“table-condensed”。

6. 响应式表格

随着各种手持设备的出现，要想让 Web 页面适合各种设备的浏览，响应式设计的呼声越来越高。在 BootStrap 中也为表格提供了响应式的效果，将其称为响应式表格。

BootStrap 提供了一个容器，并且此容器设置类名.table-responsive，此容器就具有响应式效果，然后将<table class="table">置于这个容器当中，这样表格也就具有响应式效果。

BootStrap 中响应式表格效果表现为，当浏览器可视区域小于 768px 时，表格底部会出现水平滚动条；当浏览器可视区域大于 768px 时，表格底部水平滚动条就会消失。

10.6.2 如果网页内容需要支持多语言，应该怎么做

【选自 BD 面试题】

题面解析：本题是面试官对应聘者思维活跃度的考查。如果网页内容需要支持多语言，都需要去做些什么，这时应聘者需要从不同的角度去思考问题，可以从编码、语言习惯、导航结构、数据库网站、搜索引擎等方面来思考问题，把该问题所涉及的知识进行全方面的了解，这样回答问题会变得更加容易。

解析过程：

采用统一编码 UTF-8 方式编码。

1. 应用字符集的选择

对提供了多语言版本的网站来说，Unicode 字符集应该是最理想的选择。它是一种双字节编码机制的字符集，不管是东方文字还是西方文字，在 Unicode 中一律用两个字节来表示，因而至少可以定义 65536 个不同的字符，几乎可以涵盖世界上目前所有通用语言的每一种字符。所以，在设计和

开发多语言网站时，一定要注意先把非中文页面的字符集定义为“UTF-8”格式，这一步非常重要，原因在于若等页面做好之后再更改字符集设置，可说是一件非常出力不讨好的工作，有时候甚至可能需要从头再来，重新输入网站的文字内容。

2. 语言书写习惯&导航结构

有些国家的语言书写习惯是从右到左。如果市场目标是这些语言的国家，那么在网站设计中就需要考虑这些特殊的语言书写习惯。而且如果在网站导航结构设计中使用的是一个竖直导航栏，这时就应该把它放在右边，而不是像习惯的那样放在左边。

3. 数据库驱动型网站

对一个数据库驱动型的网站，尤其是当客户可以留言并向数据库添加信息时，则应当考虑如何从技术上实现对不同语言数据信息的收集和检索。

4. 搜索引擎&市场推广

最好的办法是找一个专业的网站推广公司来帮助进行市场调研。调研内容主要应包括：目标市场国家或地区对什么搜索引擎或门户网站的使用率最高，一些主要的门户网站的用户真实查询率又是多少，这一点尤为重要。就像人们常使用新浪、搜狐等大型国内门户网站，但一般更多的是为了使用其邮件服务，查询还是喜欢使用百度一样，需要了解在这些人们青睐有加的门户网站上，到底有多少人是为了查询而来的。充分的市场考查才能做到有的放矢，从而保证最丰厚的投资回报。

10.6.3　BootStrap 中 Class 怎么命名

【选自 XM 面试题】

题面解析：本题也是在大型企业的面试中常常考查的问题之一，主要考查应聘者在 Class 命名时的规范和注意点。

解析过程：

Class 应该遵守以下命名规范。

- class 名称中只能出现小写字符和破折号（不是下画线，也不是驼峰命名法）。破折号应当用于相关 class 的命名（类似于命名空间）（如.btn 和.btn-danger）。
- 避免过度任意的简写。如.btn 代表 button，但是.s 不能表达任何意思。
- class 名称应当尽可能短，并且意义明确。
- 使用有意义的名称。使用有组织的或目的明确的名称，不要使用表现形式（presentational）的名称。
- 基于最近的父 class 或基本（base）class 作为新 class 的前缀。
- 使用.js-* class 来标识行为（与样式相对），并且不要将这些 class 包含到 CSS 文件中。

第 11 章

Web 页面开发

本章导读

本章将学习移动 Web 页面的开发，会带领读者学习移动开发端的视口、标签、像素比、特效等常用知识以及在面试与笔试中常见的问题。本章首先告诉读者要掌握的重点知识有哪些，然后通过面试与笔试题的方式让读者巩固这些知识，以及遇到此类问题如何回答，最后收集了一些企业的面试和笔试真题，供读者参考。

知识清单

本章要点（已掌握的在方框中打钩）

- ☐ 移动端视口和标签
- ☐ 移动端网页开发
- ☐ 设备像素比
- ☐ 移动端事件
- ☐ zepto 框架

11.1　移动 Web 页面开发

本节主要讲解 Java 中的基本数据类型、局部变量和成员变量、运算符和表达式以及流程控制语句等基础知识。读者需要牢牢掌握这些基础知识才能在面试及笔试中应对自如。

11.1.1　移动开发测试浏览器

1. Emulation

Emulation 模拟器中每项的含义及功能如下。

- Devuce：可以选择要测试的设备及型号，单击 Protrait 可以测试竖屏显示的网页，单击 Landscape 可以测试横屏显示的网页。
- Emulate screen resolution：该选项前面有一个复选框，勾选后表示采用 Emulation 模拟移动网页，不勾选就是不模拟移动环境，一般建议勾选。
- Resolution：设备像素。

- Device pixel ratio：设备像素比。
- Emulate mobile：模拟移动端特性，一般需要勾选。
- Emulate touch screen：模拟移动 touch 事件，一般需要勾选。
- Shrink to fit：以适当尺寸适配，一般需要勾选。

2. NetWork conditions

NetWork conditions 界面中每项的含义及使用方式如下。

- Disk cache：磁盘缓存，默认是不缓存的。
- Network throttling：网络节流，单击后面的下拉菜单，可以选择不同的网络供开发者测试模拟。
- User agent spoofing：用户代理商，可以选择默认代理商，或者自定义代理商。

3. Sensors

Sensors 界面中每项的含义及功能如下。

- Emulate geolcation coordinates：是否需要模拟地理定位。勾选这个复选框下面的两个选项就会变成可编辑状态。一般这个功能会出现在模拟地理定位，或是引用地图的时候。
- Lat：经度。
- Lon：纬度。
- Emulate accelerrometer：模拟陀螺仪。手动改变三个轴上的值，右边小框就会发生旋转。这个功能一般用于摇一摇等重力感应的场景。
  - α：设备绕 Z 轴旋转的数值。
  - β：设备绕 X 轴旋转的数值。
  - γ：设备绕 Y 轴旋转的数值。

11.1.2　移动端视口及视口标签

1. 移动端上的三种不同的视口

1）布局视口

在计算机上，布局视口等于浏览器窗口的宽度。而在移动端上，由于要使为计算机浏览器设计的网站能够完全显示在移动端的小屏幕里，此时的布局视口会远大于移动设备的屏幕。在移动端，默认情况下，布局视口等于浏览器窗口宽度。布局视口限制了 CSS 的布局。在 JavaScript 上获取布局视口的宽度可以通过 document.documentElement.clientWidth |　document.body.clientWidth 得到。

2）视觉视口

视觉视口是用户正在看到的区域。用户可以缩放来操作视觉视口，而不影响视觉视口的宽度。视觉视口决定了用户看到了什么。在 JavaScript 上获取视觉视口的宽度可以通过`window.innerWidth 得到。

在计算机上，视觉视口等于布局视口的宽度，无论用户是放大屏幕还是缩小屏幕，这两个视口的宽度仍然相等。但是，在移动端上，并非如此。缩放屏幕的过程实质上就是 CSS 像素缩放的过程。当用户将屏幕放到两倍时，视觉视口变小了（因为视觉视口中 CSS 像素变少了），而每单位的 CSS 像素却变大了，因此 1px（1 个 CSS 像素）等于 2 个设备像素。同理，当为 iPhone 6（dpr=2）时，视觉视口中 CSS 像素变少了，但是 1px 等于 2 个设备像素。当用户缩小屏幕时也是同样的道理。缩放的过程并不会影响布局视口的大小。也就是说，高清屏（dpr>=2）或屏幕放大时，视觉视口变小（CSS 像素变少），每单位的 CSS 像素等于更多的设备像素。非高清屏（dpr<2）或屏幕缩小时，视觉视口变大（CSS 像素变多），每单位的 CSS 像素等于更少的设备像素。

但是无论放大或缩小屏幕，布局视口的宽度仍然保持不变。

3）理想视口

由于默认情况下布局视口等于浏览器窗口宽度，因此在移动端上需要通过放大或缩小视觉视口来查看页面内容，因此在移动端引入了理想视口的概念。理想视口的出现必需需要设置 meta 视口标签，此时布局视口等于理想视口的宽度。常见的，iPhone 6 的理想视口为 375px * 667px，iPhone 6 plus 的理想视口为 414px * 736px。在 JavaScript 上获取视觉视口的宽度 window.screen.width 得到。

2. meta 视口标签

meta 视口标签是设置理想视口的重要元素，主要用于将布局视口的尺寸和理想视口的尺寸相匹配。meta 视口标签存在 5 个指令。

- width：设置布局视口的宽度，一般设为 device-width。
- initial-scale：初始缩放比例。1 即 100%，2 即 200%，以此类推。
- maximum=scale：最大缩放比例。
- minimum-scale：最小缩放比例。
- user-scalable：是否禁止用户进行缩放，默认为 no。

☆**注意**☆ 缩放是根据理想视口进行计算的。缩放程度与视觉视口的宽度是逆相关的。也就是说，当将屏幕放到 2 倍时，视觉视口为理想视口的一半，此时每单位的 CSS 像素等于 2 个设备像素。缩小时则相反。

11.1.3 移动端网页开发

移动端页面开发以下两种方式。

1. 使用 meta 标签使网页宽度自适应手机屏幕

在网页的<head>中增加下面这句话，可以让网页的宽度自动适应手机屏幕的宽度。

```
<meta name="viewport" content="width=device-width,initial-scale=1,minimum-scale=1,
maximum-scale=1,user-scalable=no" />
```

<meta>元素可提供有关页面的元信息。<meta>标签位于文档的头部，不包含任何内容。<meta>标签的属性定义了与文档相关联的名称/值对。

- width=device-width：表示宽度是设备屏幕的宽度。
- initial-scale=1：表示初始的缩放比例。
- minimum-scale=1：表示最小的缩放比例。
- maximum-scale=1：表示最大的缩放比例。
- user-scalable=no：表示用户是否可以调整缩放比例。

利用这种方法来使网页自适应手机屏幕之后，在页面布局中，CSS 定义宽度的时候最好不要使用具体的值（如 xx px），而应该使用百分比。

☆**注意**☆ 这种方法下定义字体大小时，尽量使用 em 或者 rem，而不要使用 px。px 并不会随着屏幕大小的变化而变化。

2. 使用 JavaScript 对网页进行缩放

这种方法与第一种方法不同的是，在开发过程中，完全不用考虑适配问题，不用使用百分比，甚至字体可以直接使用 px。这种方法是利用一段 JavaScript 代码来对网页进行等比缩放，可以直接将页面宽度写死，然后根据固定宽度进行开发。

11.1.4　设备像素比

1. 使用相对长度单位 em 布局页面

em 是 CSS 提供的测量类型尺寸，源自印刷界，一个 em 表示一种特殊字体的大写字母 M 的高度。在网页上，一个 em 是网页浏览器的基础文本尺寸的高度，一般情况下是 16px。然而，任何人都可以改变这个基础尺寸的设置，因此 1em 对有的人来说可能是 16px，但是在其他人的浏览器上可能是 24px。换句话说，em 是一个相对的度量单位。

除了浏览器的初始字号设置之外，em 也可以从包含标签中继承尺寸信息。一个.9em 的类型尺寸将使文本在大部分以 16px 为基础尺寸的显示器上为大约 14px 高。但是如果有一个带.9em 的字号的<p>标签，在这个<p>标签中有一个带.9em 字号的<strong>标签，这个<strong>标签的 em 尺寸就不是 14px 而是 12px（16.9.9）。因此，在使用 em 值时要记住继承这个特性。

em 是相对长度单位，相对于当前对象内文本的字体尺寸。一般用法是，定义或浏览器的默认全页面的字体大小，自定义会比较好，因为这样就不会因为浏览器的原因而使页面的字体大小变化导致页面错位。

2. 使用相对长度单位 rem 布局网页内容

当使用 rem 单位，转化为像素大小取决于页根元素的字体大小，即 HTML 元素的字体大小，根元素字体大小乘以 rem 值。

11.2　移动 Web 特效开发

前面我们学习了移动 Web 页面的开发，接下来学习移动 Web 特效的开发。

11.2.1　移动端事件

1. 移动端特有的触摸（touch）事件

由于移动端设备大都具备触摸功能，所以移动端浏览器都引入了触摸（touch）事件。

touch 相关的事件跟普通的其他 dom 事件一样使用，可以直接用 addEventListener 来监听和处理。

最基本的 touch 事件包括以下 4 个。

- touchstart：当手指在屏幕上按下时触发。
- touchmove：当手指在屏幕上移动时触发。
- touchend：当手指在屏幕上抬起时触发。
- Touchcancel：当一些更高级别的事件发生的时候（如电话接入或者弹出信息）会取消当前的 touch 操作，即触发 touchcancel。一般会在 touchcancel 时暂停游戏、存档等操作。

1）touch 事件与 click 事件同时触发

在很多情况下，触摸事件和鼠标事件会同时被触发（目的是让没有对触摸设备优化的代码仍然可以在触摸设备上正常工作）。

因为双击缩放检测的存在，在移动设备屏幕上单击操作的事件执行顺序：touchstart（瞬间触发）→ touchend → click（200～300ms 延迟）。

☆**注意**☆　如果使用了触摸事件，可以调用 event.preventDefault()来阻止鼠标事件被触发。

2）touchstart 事件

当用户手指触摸到触摸屏的时候触发。事件对象的 target 就是 touch 发生位置的那个元素。

3）touchmove 事件

当用户在触摸屏上移动触点（手指）的时候，触发这个事件。一定是先要触发 touchstart 事件，再有可能触发 touchmove 事件。

touchmove 事件的 target 与最先触发的 touchstart 的 target 保持一致。touchmove 事件和鼠标的 mousemove 事件一样都会多次重复调用，所以，事件处理时不能有太多耗时操作。不同的设备，移动同样的距离，touchmove 事件的触发频率是不同的。

☆**注意**☆　①即使手指移出了原来的 target 元素，则 touchmove 仍然会被一直触发，而且 target 仍然是原来的 target 元素。②touchmove 事件会多次重复触发，由于移动端计算资源宝贵，尽量保证事件节流。

4）touchend 事件

当用户的手指抬起的时候，会触发 touchend 事件。如果用户的手指从触屏设备的边缘移出了触屏设备，也会触发 touchend 事件。

touchend 事件的 target 也是与 touchstart 的 target 一致，即使已经移出了元素。

5）touchcancel 事件

当触点由于某些原因被中断时触发。有几种可能的原因如下（具体的原因根据不同的设备和浏览器有所不同）。

- 由于某个事件取消了触摸：例如触摸过程被一个模态的弹出框打断。
- 触点离开了文档窗口，而进入了浏览器的界面元素、插件或者其他外部内容区域。
- 当用户产生的触点个数超过了设备支持的个数，从而导致 TouchList 中最早的 Touch 对象被取消。

touchcancel 事件一般用于保存现场数据。例如，正在玩游戏，如果发生了 touchcancel 事件，则应该把游戏当前状态相关的一些数据保存起来。

2. 触摸事件对象

TouchEvent 是一类描述手指在触摸平面（触摸屏、触摸板等）的状态变化的事件。这类事件用于描述一个或多个触点，使开发者可以检测触点的移动，触点的增加和减少，等。

每个 Touch 对象代表一个触点。每个触点都由其位置、大小、形状、压力大小和目标 element 描述。TouchList 对象代表多个触点的一个列表。

1）TouchEvent

TouchEvent 的属性继承了 UIEvent 和 Event。

属性列表如下。

- TouchEvent.changedTouches：一个 TouchList 对象，包含了代表所有从上一次触摸事件到此次事件过程中，状态发生了改变的触点的 Touch 对象。
- TouchEvent.targetTouches：一个 TouchList 对象，是包含了如下触点的 Touch 对象，即触摸起始于当前事件的目标 element 上，并且仍然没有离开触摸平面的触点。
- TouchEvent.touches：一个 TouchList 对象，包含了所有当前接触触摸平面的触点的 Touch 对象，无论其起始于哪个 element 上，也无论其状态是否发生了变化。

2）TouchList 详解

一个 TouchList 代表一个触摸屏幕上所有触点的列表。

举例来讲，如果一个用户用 3 根手指接触屏幕（或者触控板），与之相关的 TouchList 对于每根手指都会生成一个 Touch 对象，共计 3 个。

- 只读属性：length 返回这个 TouchList 中 Touch 对的个数（就是有几个手指接触到了屏幕）。
- 方法：item(index)返回 TouchList 中指定索引的 Touch 对象。

11.2.2 zepto 框架

zepto.js 是一个轻量的 JavaScript 库，它与 jQuery 有类似的 API。

zepto 的设计目的是一个不到 10k 的通用库，能够快速下载，有一个熟悉的 API 可以使用，并且精力专注在开发上。

流行起来的原因：轻量、只支持现代浏览器、非常方便地搭配其他框架（phoneGap）来编写代码、优秀的源代码、性能良好。

zepto 和 jQuery 的对比如下。

- 浏览器兼容：zepto 偏移动端，jQuery 偏计算机。
- 文件大小：zepto 10k，jQuery 30k。
- 部分 API 接口：参数和执行结果有可能不一致。

Zepyo 常用的方法和属性如下。

1）$()

通过执行 CSS 选择器包装 dom 节点，创建元素或者从一个 HTML 片段来创建一个 zepto 对象。

zepto 集合是一个类似数组的对象，具有链式方法来操作它指向的 dom。除了$（美元符号）对象上的直接方法外（如 extend），文档对象中的所有方法都是集合方法。

如果选择器中存在 content 参数（CSS 选择器、dom 或者 zepto 集合对象），那么旨在所给的节点背景下进行 CSS 选择器。这个功能有点像使用$（美元符号）(context).find(selector)。

可以通过一个 HTML 字符串片段来创建一个 dom 节点，也可以通过给定一组属性映射来创建节点。最快的创建元素时使用<div>或<div/>形式。

2）addClass

addClass(name)：为每个匹配的元素添加指定的 class 类名，多个 class 类名通过空格分隔。

3）Touch 详解

Touch 表示用户和触摸设备之间接触时单独的交互点（a single point of contact）。这个交互点通常是一个手指或者触摸笔，触摸设备通常是触摸屏或者触摸板。

基本属性列表（都是只读）如表 11-1 所示。

表 11-1 Touch 基本属性表

属 性 名	说 明
identifier	表示每 1 个 Touch 对象的独一无二的 identifier。有了这个 identifier，可以确保总能追踪到这个 Touch 对象
screenX	触摸点相对于屏幕左边缘的 x 坐标
screenY	触摸点相对于屏幕上边缘的 y 坐标
clientX	触摸点相对于浏览器的 viewport 左边缘的 x 坐标。不包括左边的滚动距离
clientY	触摸点相对于浏览器的 viewport 上边缘的 y 坐标。不包括上边的滚动距离
pageX	触摸点相对于 document 的左边缘的 x 坐标。与 clientX 不同的是，包括左边滚动的距离，如果有的话
pageY	触摸点相对于 document 的左边缘的 y 坐标。与 clientY 不同的是，包括上边滚动的距离，如果有的话
target	总是表示手指最开始放在触摸设备上的触发点所在位置的 element。即使已经移出了元素甚至移出了 document，它表示的 element 仍然不变

11.3 面试与笔试试题解析

前两节介绍了移动 Web 页面开发中的知识点，本节总结一些在面试与笔试过程中遇到此类型的问题时要如何应对的解题思路和方法。通过内容的学习，读者将会灵活地使用所学的知识点来应对在面试与笔试过程中遇到的各类问题。

11.3.1 相对单位 rem 的特性是什么

题面解析：本题主要考查应聘者对 rem 基础知识的掌握程度。看到此问题，应聘者首先要考虑 rem 的特点、作用、用法等，熟悉了 rem 的基本知识之后，就能更好地回答问题。

解析过程：

rem 是一种相对字体大小单位，这个单位代表根元素的 font-size 大小（例如<html>元素的 font-size）。当用在根元素的 font-size 上面时，它代表了它的初始值，默认的初始值是 HTML 默认的 font-size 大小。例如，当未在根元素上面设置 font-size 大小的时候，此时的 1rem==1em，当设置 font-size=2rem 的时候，就使得页面中 1rem 的大小相当于 HTML 的根字体默认大小的 2 倍，当然此时页面中字体的大小也是 HTML 的根字体默认大小的 2 倍。

rem 的特点如下。

1）rem 是 CSS 3 新增的一个相对单位。

2）使用 rem 为元素设定字体大小时，仍然是相对大小，但相对的只是 HTML 根元素。

3）通过 rem 既可以做到只修改根元素就成比例地调整所有字体大小，又可以避免字体大小逐层复合的连锁反应。

4）不兼容 IE 8。

11.3.2 移动网页开发与计算机网页开发有什么区别

题面解析：本题主要考查移动网页开发和计算机网页开发的不同之处，应聘者需要掌握 Web 网页开发的基础知识。本题中，应聘者需要从多方面来阐述在这两个不同的端口开发网页的区别，从而使问题回答得更加全面、细致。

解析过程：

计算机有 IE、Chrome、ff 内核兼容问题移动端，简单来说兼容问题相对较少。但是移动端要做好多分辨率的处理。移动端所有图片和所有 HTML 标签的尺寸都要减半。

移动端在布局 JavaScript 效果方面，与计算机有不同。

1）布局方面

计算机最常用的就是固定宽度 980px（也有 960、1000 和 1200），然后水平居中 width:980px;margin: 0 auto;。但移动端就不能这么用了，因为很多网页都是既可以横屏看，也可以竖屏看，很多屏幕的分辨率不一样。

所以只要牵涉移动端，就要牵涉响应式（也叫自适应）。如果是只针对移动端的项目，平时主要考虑的是 320px 宽到 750px 宽的兼容。

2）JavaScript 方面（有没有 canvas，对 JavaScript 影响很大）

普通移动端网页（如手机新浪网、手机淘宝和手机百度等）在 JavaScript 方面和计算机区别不是太大。主要的区别在于移动端没有了鼠标指针悬停（onmouseover），单击（onclick）还可以用，多了触摸、滑动（会用一些插件）。

手机浏览器可能不兼容 CSS 3 的属性，这时可以使用以下代码来加强其健壮性。

当@media screen and (max-width: 355px)当//宽度小于 355px 时的处理方法是在使用 calc()的上面写上普通的样式，如 width:95%。

```
width:calc(100% - 10px);
width:-webkit-calc(100% - 10px);
width:-moz-calc(100% - 10px);
```

当浏览器无法读取样式时会使用最上面的 width:95%，这样会与实际设计稿有些许出入，所以使用时需要谨慎对待。

11.3.3 移动开发测试浏览器有什么差异

题面解析：本题主要考查应聘者对不同浏览器的使用情况。应聘者需要知道不同浏览器所独有的不同功能，了解浏览器的特性，可以在使用时选择最合适的浏览器。

解析过程：

当涉及一个网络应用程序时，在其投入生产之前，开发人员必需确保在所有浏览器中都能正常工作。用户在不考虑使用的浏览器或设备时，不仅能够体验并且还能够处理所有关键功能的全功能站点。应用程序的行为在不同的操作系统、浏览器甚至设备中是不同的，这取决于它们的分辨率。

1. Internet Explorer 和 Microsoft Edge

根据 W3C 发布的一项研究，全球近 4%的最终用户使用 IE 浏览器。IE 是任何开发人员最容易关注代码的浏览器。从 IE 9 到 IE 11，几乎支持所有最新的 Java 和 CSS 框架。然而，IE 8 是另一回事。IE 8 有时不支持常用的 JavaScript 框架，如 Angular 和 Bootstrap。谷歌分析的一项研究将显示 IE 8 是最常用的版本之一。如果客户端在 SRS 中提到应用程序应该正确呈现的浏览器的数量及其版本，那就不同了，否则测试也应该在 IE 8 上进行。

测试人员和开发人员面临的一个常见问题是，应用程序在 IE 8 中经常不能正确呈现。文本可能被破坏，按钮可能无法工作，有时页面可能根本无法加载。这是因为长时间运行的脚本在 IE 8 中表现得异常缓慢。处理这个解决方案的最好方法是减少文档对象模型的递归、循环和操作。在 CSS 中，如果使用 id 代替类，页面加载会快一点。Microsoft Edge 是另一回事。它要优化得多，在其他浏览器如 Chrome 或 Firefox 中正确呈现的网站在其中运行良好。尽管如此，某些引导样式标签据报告在 Edge 中工作不正常，当被定制的 CSS 替换时，它们工作正常。因此，在部署之前，应该在其中正确地进行测试。

2. Mozilla Firefox

Mozilla Firefox 在全世界非常受欢迎，尽管谷歌浏览器超过了其开发工具的速度，但它仍然是一个可靠的浏览器，提供用户界面定制和大量插件目录。为了克服性能问题，最近发布了一个使用多进程架构的新版本。2018 年 6 月发布的一项统计数据显示，Firefox 是 10%桌面用户和 17%移动用户的首选浏览器。在部署应用程序之前，应该在 Firefox 中执行适当的浏览器测试。

在 Firefox 中测试时发现的常见问题包括不支持现代功能，如 CSS 网格、HTML 5 视频或音频以及 flexbox。使用供应商特定的 CSS 前缀，比如-moz，可以去掉大多数 CSS 3 标签。为了支持引导数据库，开发人员可能需要手动下载引导数据库，并在代码中使用引导数据库。当没有找到任何合适的工作解决方案来呈现任何 CSS 属性时，开发人员可能需要更改它并找到实现该功能的另一种方法。

3. Google Chrome

就开发工具而言，谷歌浏览器在市场上处于领先地位，拥有近 63%的桌面用户，55%的移动用户和近 58%的平板电脑用户。同时它也是开发人员中最受欢迎的浏览器之一，因为它有广泛的调试和开发工具。为了提高速度，chrome 开发者最近做了一些改变，允许在网络覆盖不良的移动设备上渲染网页。

然而，Chrome 的一个缺点是，浏览器在页面加载期间只验证一次主资源。开发人员或测试人员经常会面临代码变化没有得到反映的问题。插件在 Chrome 网络商店中是可用的，它使用了一个破坏缓存的过程。使用它，只需刷新就可以查看代码更改，而无需重新加载整个页面。图像方向问题是 Chrome 中的另一个常见问题。在其他浏览器中正面朝上的图像可能会以 Chrome 显示。只有当图像的 EXIF 方向与实际方向不匹配时，才会发生这种情况。在服务器端处理图像将解决此问题。

4. Safari

由于大多数桌面用户更喜欢视窗，Safari 只占使用份额的 3%。然而，由于苹果手机和苹果平板电脑的广泛使用，Safari 在移动设备中的使用率达到 17%，在平板电脑中的使用率达到 35%，因此是进行测试的重要浏览器。但是，桌面和移动 Safari 应该被视为完全不同的浏览器，因为平板电脑和苹果手机是通过触摸而不是单击来操作的。Safari 的移动版本也经过了优化，以降低处理器的负载。

Safari 有一个内置功能来防止网络钓鱼。此功能的缺点在于排除了通过浏览器上传的文件中的元数据。例如，如果上传任何照片，全球定位系统坐标将被删除。虽然丢失的坐标可以被地理定位应用编程接口代替，但是这个错误还没有得到修复。

在移动浏览器中，没有通过 CSS 设置光标样式、悬停或单击动画的元素在渲染过程中会失败。要解决这个问题，事件侦听器应该直接在父元素上声明，而不是其子元素上声明；否则，按钮或列表项在触摸时应该是交互式的，将根本不起作用。

11.3.4 移动端视口有哪些

题面解析：本题属于对移动端视口概念类知识的考查，在解题的过程中需要先解释移动端各种视口的概念，然后介绍各自视口的特点。

解析过程：

在计算机端，视口指的是浏览器的可视区域，其宽度和浏览器窗口的宽度保持一致。在 CSS 标准文档中，视口也被称为初始包含块，它是所有 CSS 百分比宽度推算的根源，给 CSS 布局限制了一个最大宽度。

而移动端则较为复杂，它涉及三个视口：布局视口（Layout Viewport）、视觉视口（Visual Viewport）和理想视口（Ideal Viewport）。

1. 布局视口

在计算机的桌面上，视口与浏览器窗口的宽度一致，但在手机上，视口与移动端浏览器屏幕宽度是不关联的。试想下，在小屏幕的移动端设备下，如果使视口与移动端浏览器屏幕宽度一致，那么占 body 的 30%的 div 在手机上展示的宽度看起来非常非常小，因此移动端浏览器厂商必需保证即使在窄屏幕下元素显示得很好，因此需要将视口的宽度设计得比屏幕宽度宽很多，这样网站会显示得可以如桌面上那样。但是，如果网站没有为移动端做优化，那么浏览器会尽可能地缩小网站，让用户能看到网站的全貌。

总的来说，在手机上，视口与屏幕宽度并无关联，这跟在计算机桌面上是相反的。该视口被称作布局视口。

2. 视觉视口

视觉视口是用户正在看到的网站的区域，注意是网站的区域。用户可以通过缩放来查看网站的内容。如果用户缩小网站，则看到的网站区域将变大，此时视觉视口也变大了；同理，用户放大网站，则能看到的网站区域将缩小，此时视觉视口也变小了。不管用户如何缩放，都不会影响到布局视口的宽度。

3. 理想视口

默认情况下，一个手机或平板浏览器的布局宽度为 768×1024 像素。这对窄屏的手机来说并不理想。换句话说，布局视口的默认宽度并不是一个理想的宽度。

只有当网站是为手机准备的时候才应该使用理想视口。当要添加理想视口，需要在页面里添加 meta 视口标签。

11.3.5 px、em 和 rem 有什么区别

题面解析：本题主要考查使用 px、em 和 rem 在使用中的不同之处，应聘者应了解它们各自的使用情况和作用，从而在看到该问题时可以快速地做出反应。

解析过程：

1. 定义

- px：实际上就是像素，用 px 设置字体大小时，比较稳定和精确。但是 px 不支持用户进行浏览器缩放或者不同移动端的兼容，因为像素是固定的，屏幕大小是变化的。由此引入了 em 和 rem。
- em：是根据父元素来对应大小，是一种相对值，并不是绝对值，em 值=1/父元素的 font-size×需要转换的像素值。进行任何元素设置，都有可能需要知道其父元素的大小，这很不方便，所以又有了 rem。
- rem：是根据根元素 HTML 的 font-size 来对应大小，1rem = 100px，可以在根元素 HTML 中写固定像素，也可以写百分比，然后在具体的标签上设置 rem。

2. 区别

1）px

- IE 无法调整那些使用 px 作为单位的字体大小。
- 国外的大部分网站能够调整的原因在于其使用了 em 或 rem 作为字体单位。
- Firefox 能够调整 px 和 em、rem，但是 96%以上的用户使用 IE 浏览器。
- px 是相对长度单位，是相对于显示器屏幕分辨率而言的。

2）em

- em 是相对长度单位，相对于当前对象内文本的字体尺寸。如当前未对行内文本的字体尺寸人为设置，则相对于浏览器的默认字体尺寸。
- em 的值并不是固定的。
- em 会继承父级元素的字体大小。
- em 的值并不是固定的，会继承父级元素的字体大小，1÷父元素的 font-size×需要转换的像素值=em 值。

3）rem

- rem 是相对于根目录（HTML 元素）的，所有它会随 HTML 元素的属性（font-size）变化而变化。
- px 和%用得比较广泛一些，可以充当更多属性的单位，而 em 和 rem 是字体大小的单位，用

于充当 font-size 属性的单位。

- 一般来说：1em = 1rem = 100% = 16 px。

3. 注意

- body 选择器中声明 Font-size=62.5%。
- 将原来的 px 数值除以 10，然后换上 em 作为单位。
- 重新计算那些被放大的字体的 em 数值。避免字体大小的重复声明。

4. 浏览器的兼容性

除了 IE 6～IE 8，其他的浏览器都支持 em 和 rem 属性，所有浏览器都支持 px。因此为了浏览器的兼容性，可 px 和 rem 一起使用，用 px 来实现 IE 6～IE 8 下的效果，然后使用 rem 来实现浏览器的效果。

11.3.6 实现 Web App 屏幕适配的方法有哪些

题面解析：本题主要考查应聘者对屏幕适配方法的应用。看到这类问题时，应聘者就应该考虑到要从多方面来解答该题。本题中，应聘者可以从屏幕适配布局、固定宽度做法、响应式做法、设置 viewport 进行缩放等方面来思考，然后回答出思考的具体思路即可。

解析过程：

1. 实现强大的屏幕适配布局

现在在切页面布局时常用的单位是 px，这是一个绝对单位，Web App 的屏幕适配有很多种做法，如流式布局、限死宽度，还有就是通过响应式来做，但是这些方案都不是最佳的解决方法。

例如，流式布局的解决方案有不少弊端，它虽然可以让各种屏幕都适配，但是显示的效果极其不好，因为只有几个尺寸的手机能够完美地显示出视觉设计师和交互最想要的效果。目前行业里用流式布局切 Web App 的公司还是挺多的，如亚马逊、携程网的手机端，都是采用流式布局的技术来实现。它们在页面布局的时候都是通过百分比来定义宽度，但是高度大都是用 px 来固定住，所以在大屏幕的手机下显示效果会变成有些页面元素宽度被拉得很长，但是高度还是和原来一样，实际显示非常的不协调。这就是流式布局的最致命的缺点，往往只有几个尺寸的手机下看到的效果是令人满意的，但是很多视觉设计师应该无法接受这种效果，因为跟实际设计的效果差别大。

2. 固定宽度做法

固定页面宽度的做法，早期有些网站把页面设置成 320 的宽度，超出部分留白，这样做视觉设计人员和前端设计人员都挺开心。但是这种解决方案也存在一些问题，例如在大屏幕手机下两边是留白的，还有就是在大屏幕手机下看起来页面会特别小，操作的按钮也很小。手机淘宝首页起初是这么做的，但后来改版了，采用了 rem。

3. 响应式做法

响应式这种方式在国内很少有大型企业的复杂性的网站在移动端用这种方法去做，主要原因是工作量大，维护难，所以一般都是中小型的门户或者博客类站点会采用响应式的方法从 Web Page 到 Web App 直接一步到位，因为这样反而可以节约成本。

4. 设置 viewport 进行缩放

天猫的 Web App 的首页就是采用这种方式去做的，以 320 宽度为基准，进行缩放，最大缩放为 320×1.3 = 416，基本缩放到 416 都就可以兼容 iPhone 6 plus 的屏幕了。这个方法简单又高效，不过有些人反映使用过程中缩放会导致有些页面元素模糊。

11.3.7 写出 CSS 3 变形、过渡、动画的语法和采用的属性

题面解析：本题主要考查应聘者对不同语法属性的理解，应聘者需要掌握开发中经常使用的属性和语法，包括 CSS 3 变形、过渡、动画等的语法和属性。看到本题时，应聘者要去回顾它们的语法和属性，然后清晰地表达出来。

解析过程：

1. CSS 3 变形（transform）

语法：

```
transform : none | <transform-function> [ <transform-function> ]*
```

也就是：

```
transform: rotate | scale | skew | translate |matrix;
```

（1）旋转 rotate()。

rotate()：通过指定的角度参数对元素指定一个 2D rotation（2D 旋转），需先有 transform-origin 属性的定义（默认旋转中点是中心点）。

transform-origin 定义的是旋转的基点，其中 angle 是指选择角度，正顺时针旋转，负逆时针旋转。

（2）移动 translate（X,Y）。

移动，是位移量。

```
translateX(<translation-value>);/*只在 X 轴（水平方向）移动*/
translateY(<translation-value>);/*只在 Y 轴（垂直方向）移动*/
translateZ(<translation-value>);/*只在 Z 轴移动，前提：元素设置透视值*/
```

（3）缩放 scale（X,Y）。

scale([,])：提供执行[sx,sy]缩放矢量的两个参数，指定一个 2D scale（2D 缩放）。如果第二个参数未提供，则取与第一个参数一样的值。而 Y 是一个可选参数，如果没有设置 Y 值，则表示 X 和 Y 两个方向的缩放倍数是一样的，并以 X 为准。

（4）斜切 skew()。

skew([,])：X 轴和 Y 轴上的 skew transformation（斜切变换）。第一个参数对应 X 轴，第二个参数对应 Y 轴。如果第二个参数未提供，则值为 0，也就是 Y 轴方向上无斜切。同样是以元素中心为基点，也可以通过 transform-origin 来改变元素的基点位置。

2. CSS 3 过渡（transition）

（1）transition-property：不是所有属性都能过渡，只有属性具有一个中间点值才具备过渡效果。

（2）transition-duration：指定从一个属性到另一个属性过渡所要花费的时间。默认值为 0，为 0 时，表示变化是瞬时的，看不到过渡效果。

（3）transition-timing-function：过渡函数，有以下几种。

- liner：匀速。
- ease-in：加速。
- ease-out：减速。
- ease-in-out：先加速再减速。
- cubic-bezier：三次贝塞尔曲线，可以定制。

3. CSS 3 animation（动画）

CSS 3 的 animation 属性可以像 Flash 制作动画一样，通过控制关键帧来控制动画的每一步，实现更为复杂的动画效果。animation 实现动画效果主要由两部分组成：

（1）通过类似 Flash 动画中的帧来声明一个动画。

（2）在 animation 属性中调用关键帧声明的动画。

☆**注意**☆ animation 属性到目前为止得到了大多数浏览器的支持，但是，需要添加浏览器前缀。

animation 动画属性如下。

- animation-name：none 为默认值，将没有任何动画效果，其可以用来覆盖任何动画。
- animation-duration：默认值为 0，意味着动画周期为 0，也就是没有任何动画效果。
- animation-timing-function：与 transition-timing-function 一样。
- animation-delay：在开始执行动画时需要等待的时间。
- animation-iteration-count：定义动画的播放次数，默认为 1，如果为 infinite，则无限次循环播放。
- animation-direction：默认为 normal，每次循环都是向前播放（0～100），另一个值为 alternate，动画播放为偶数次则向前播放，如果为奇数次就反方向播放。
- animation-state：默认为 running，播放，paused，暂停。
- animation-fill-mode：定义动画开始之前和结束之后发生的操作，默认值为 none，动画结束时回到动画没开始时的状态。forwards 是动画结束后继续应用最后关键帧的位置，即保存在结束状态。backwards 是让动画回到第一帧的状态。both 是轮流应用 forwards 和 backwards 规则。

11.3.8 简述 jQuery 与 zepto 的异同

题面解析：本题主要考查 jQuery 和 Zepto 的相同和不同之处，应聘者需要掌握 jQuery 和 Zepto 的基础知识，然后从基础知识开始分析直到应用。

解析过程：

1. 相同之处

Zepto 最初是为移动端开发的库，是 jQuery 的轻量级替代品，因为它的 API 和 jQuery 相似，而文件更小。Zepto 最大的优势是其文件大小，只有 8KB 多，是目前功能完备的库中最小的一个。尽管不大，Zepto 所提供的工具足以满足开发程序的需要。大多数在 jQuery 中常用的 API 和方法 Zepto 都有，Zepto 中还有一些 jQuery 中没有的。另外，因为 Zepto 的 API 大部分都能和 jQuery 兼容，所以用起来极其容易，如果熟悉 jQuery，就能很容易掌握 Zepto。可用同样的方式重用 jQuery 中的很多方法，也可以方便地把方法串在一起得到更简洁的代码，甚至不用看其文档。

2. 不同之处

（1）针对移动端程序，Zepto 有一些基本的触摸事件可以用来做触摸屏交互（tap 事件、swipe 事件）。Zepto 是不支持 IE 浏览器的，这不是 Zepto 的开发者 Thomas Fucks 在跨浏览器问题上犯了迷糊，而是经过了认真考虑后为了降低文件尺寸而做出的决定，就像 jQuery 的团队在 2.0 版中不再支持旧版的 IE（6 7 8）一样。因为 Zepto 使用 jQuery 句法，所以它在文档中建议把 jQuery 作为 IE 上的后备库。那样程序仍能在 IE 中，而其他浏览器则能享受到 Zepto 在文件大小上的优势，然而它们两个的 API 不是完全兼容的。

（2）Dom 操作的区别：添加 id 时 jQuery 不会生效而 Zepto 会生效。

（3）事件触发的区别：使用 jQuery 时 load 事件的处理函数不会执行，而使用 Zepto 时 load 事件的处理函数会执行。

（4）事件委托的区别：在 Zepto 中，当 a 被单击后，依次弹出了内容为“a 事件”和“b 事件”，说明虽然事件委托在.a 上可是也触发了.b 上的委托。但是在 jQuery 中只会触发.a 上面的委托弹出“a

事件”。Zepto 中，document 上所有的 click 委托事件都依次放入一个队列中，单击的时候先看当前元素是不是.a，符合则执行，然后查看是不是.b，符合则执行。而在 jQuery 中，document 上委托了两个 click 事件，单击后通过选择符进行匹配，执行相应元素的委托事件。

（5）width()和 height()的区别：Zepto 由盒模型（box-sizing）决定，用.width()返回赋值的 width，用.css('width')返回加 border 等的结果。jQuery 会忽略盒模型，始终返回内容区域的宽/高（不包含 padding、border）。

（6）offset()的区别：Zepto 返回{top,left,width,height}，jQuery 返回{width,height}。

（7）Zepto 无法获取隐藏元素宽高，jQuery 可以。

（8）Zepto 中没有为原型定义 extend 方法，而 jQuery 定义了。

（9）Zepto 的 each 方法只能遍历数组，不能遍历 JSON 对象。

（10）Zepto 在操作 dom 的 selected 和 checked 属性时尽量使用 prop 方法，在读取属性值的情况下优先于 attr。Zepto 获取 select 元素的选中 option 不能用类似 jQuery 的方法$('option[selected]')，因为 selected 属性不是 CSS 的标准属性，应该使用$('option').not(function(){ return !this.selected })。

11.3.9　zepto 的点透问题如何解决

题面解析：本题通常出现在面试中，考官提问该问题主要是想考查应聘者遇到问题解决问题的能力。在本题中，zepto 的点透问题可用引入 fastclick.js、用 touchend 代替 tap、延迟一定的时间等多种方式来解决，只有掌握了基础知识，才能在以后的开发工作中应用自如。

解析过程：

你可能碰到过在列表页面上创建一个弹出层，弹出层有个“关闭”按钮，你单击这个按钮关闭弹出层后，这个按钮正下方的内容也会执行单击事件（或打开链接），这被定义为是一个“点透”现象。

方案一：引入 fastclick.js，因为 fastclick 源码不依赖其他库，所以可以在原生的 JavaScript 前直接加上。

```
window.addEventListener( "load", function() {
    FastClick.attach( document.body );
}, false );
```

或者有 Zepto 或者 jqm 的 JavaScript 里面加上。

```
$(function() {
    FastClick.attach(document.body);
});
```

方案二：用 touchend 代替 tap 事件并阻止掉 touchend 的默认行为 preventDefault()。

```
$("#cbFinish").on("touchend", function (event) {
//很多处理比如隐藏什么的
event.preventDefault();
});
```

方案三：延迟一定的时间（300ms+）来处理事件。

```
$("#cbFinish").on("tap", function (event) {
    setTimeout(function(){
    //很多处理比如隐藏什么的
},320);
});
```

11.3.10 理想视口是什么，怎么实现理想视口

题面解析：本题主要考查应聘者对理想视口的理解程度，并且在以后的开发过程中也会经常遇到这问题，因此掌握实现理想视口的用法是非常重要的。

解析过程：

ideal viewport（理想视口）通常是指屏幕分辨率。

dip（设备逻辑像素）跟设备的硬件像素无关。一个 dip 在任意像素密度的设备屏幕上都占据相同的空间。

例如，MacBook Pro 的 Retina（视网膜）屏显示器硬件像素是 2880×1800。当设置屏幕分辨率为 1920×1200 的时候，ideal viewport（理想视口）的宽度值是 1920 像素，那么 dip 的宽度值就是 1920。设备像素比是 1.5（2880/1920）。设备的逻辑像素宽度和物理像素宽度（像素分辨率）的关系满足公式：逻辑像素宽度×倍率=物理像素宽度。而移动端手机屏幕通常不可以设置分辨率，一般都是设备厂家默认设置的固定值。换句话说，dip 的值就是 ideal viewport（理想视口）（也就是分辨率）的值。

通常在网页的<head>中增加下面这句话，可以让网页的宽度自动适应手机屏幕的宽度。从而来实现理想视口。

```
<meta name="viewport" content="width=device-width, initial-scale=1.0, minimum-scale=1.0,
maximum-scale=1.0, user-scalable=no" />
```

- width=device-width：表示宽度是设备屏幕的宽度。
- initial-scale：表示初始的缩放比例。
- minimum-scale：表示最小的缩放比例。
- maximum-scale：表示最大的缩放比例。
- user-scalable：表示用户是否可以调整缩放比例。

11.3.11 什么叫优雅降级和渐进增强

题面解析：本题主要考查优雅降级和渐进增强的区别。应聘者需要掌握优雅降级和渐进增强的基础知识，包括它们的作用、怎么使用等内容；从而在看到该类问题时可以快速地做出反应。

解析过程：

1. 渐进增强 progressive enhancement

针对低版本浏览器进行页面构建，保证最基本的功能，然后针对高级浏览器进行效果、交互等改进和追加功能，以达到更好的用户体验。

2. 优雅降级 graceful degradation

一开始就构建完整的功能，然后针对低版本浏览器进行兼容。

优雅降级和渐进增强的区别如下。

- 优雅降级是从复杂的现状开始，并试图减少用户体验的供给。
- 渐进增强则是从一个非常基础的，能够起作用的版本开始，并不断扩充，以适应未来环境的需要。
- 降级（功能衰减）意味着往回看。而渐进增强则意味着朝前看，同时保证其根基处于安全地带。

11.3.12　怎么解决移动端 300ms 点击延迟

题面解析：本题主要考查应聘者对移动端页面优化的熟悉程度，应聘者应学会从不同方面、不同的路径来考虑问题。在面试时，应聘者可以从各个方面来简单分析说明一下，然后找到最好的解题方法回答出该问题。

解析过程：

1. 浏览器开发商的解决方案

浏览器开发商要对移动端浏览器本身的设计进行改善，以提供长远的解决方案。

目前，浏览器开发商的解决方案主要有三种。

方案一：禁用缩放。

当 HTML 文档头部包含如下 meta 标签时：

```
<meta name="viewport" content="user-scalable=no">
<meta name="viewport" content="initial-scale=1,maximum-scale=1">
```

表明这个页面是不可缩放的，那双击缩放的功能就没有意义了，此时浏览器可以禁用默认的双击缩放行为并且去掉 300ms 的点击延迟。

这个方案有一个缺点，就是必须通过完全禁用缩放来达到去掉点击延迟的目的，然而完全禁用缩放并不是我们的初衷，我们只是想禁掉默认的双击缩放行为，这样就不用等待 300ms 来判断当前操作是否是双击。但在通常情况下，我们还是希望页面能通过双指缩放来进行缩放操作，比如放大一张图片，放大一段很小的文字。

方案二：更改默认的视口宽度。

一开始，为了让桌面站点能在移动端浏览器正常显示，移动端浏览器默认的视口宽度并不等于设备浏览器视窗宽度，而是要比设备浏览器视窗宽度大，通常是 980px。可以通过以下标签来设置视口宽度为设备宽度。

```
<meta name="viewport" content="width=device-width">
```

因为双击缩放主要是用来改善桌面站点在移动端浏览体验的，而随着响应式设计的普及，很多站点都已经对移动端做过适配和优化了，这个时候就不需要双击缩放了。如果能够识别出一个网站是响应式的网站，那么移动端浏览器就可以自动禁掉默认的双击缩放行为并且去掉 300ms 的点击延迟。如果设置了上述 meta 标签，那浏览器就可以认为该网站已经对移动端做过了适配和优化，就无需双击缩放操作了。

这个方案相比方案一的好处在于，没有完全禁用缩放，只是禁用了浏览器默认的双击缩放行为，但用户仍然可以通过双指缩放操作来缩放页面。

方案三：CSS touch-action。

指针事件的提出并不是为了解决 300ms 点击延迟的，而是为了使用一个单独的事件模型，对鼠标、触摸、触控等多种输入类型进行统一的处理。也就是说，移动浏览器不用再为不同的输入设备设计不同的事件，网页的开发者也不用再为不同输入类型的设备写不同的事件响应代码，而是通过统一的指针事件就可以开发出跨不同输入类型终端的应用。

跟 300ms 点击延迟相关的，是 touch-action 这个 CSS 属性。这个属性指定了相应元素上能够触发的用户代理（也就是浏览器）的默认行为。如果将该属性值设置为 touch-action: none，那么表示在该元素上的操作不会触发用户代理的任何默认行为，就无需进行 300ms 的延迟判断。

2. 现有的解决方案

要解决 300ms 点击延迟的问题，从长远来说，自然还是得浏览器开发商提供统一的最终的解决方案。但是，到目前为止，以上三种方案并不能提供很好的兼容性，对于方案一和方案二，Chrome

是率先支持的，Firefox 紧随其后，然而令 Safari 头疼的是，除了双击缩放还有双击滚动操作，如果采用这两种方案，那势必连双击滚动也要一起禁用。对方案三，IE 是支持的，但是其他浏览器支持不完善。

所以，在浏览器开发商最终统一的解决方案出来之前，还有一些基于 JavaScript 的现成的解决方案可以用。

方案一：指针事件的 polyfill。

现在除了 IE，其他大部分浏览器都还不支持指针事件。有一些 JavaScript 库，可以提前使用指针事件，如 Google 的 Polymer、微软的 HandJS、@Rich-Harris 的 Points。

然而，我们现在关心的不是指针事件，而是与 300ms 延迟相关的 CSS 属性 touch-action。由于除了 IE 之外的大部分浏览器都不支持这个新的 CSS 属性，所以这些指针事件的 polyfill 必须通过某种方式去模拟支持这个属性。一种方案是 JavaScript 去请求解析所有的样式表，另一种方案是将 touch-action 作为 HTML 标签的属性。

方案二：FastClick。

FastClick 是 FT Labs 专门为解决移动端浏览器 300ms 点击延迟问题所开发的一个轻量级的库。FastClick 的实现原理是在检测到 touchend 事件的时候，会通过 DOM 自定义事件立即触发模拟一个 click 事件，并把浏览器在 300ms 之后的 click 事件阻止掉。

11.3.13 固定定位布局时键盘挡住输入框内容怎么解决

题面解析：本题主要考查应聘者对固定定位布局使用的程度。看到此问题，应聘者就应该回想一下自己平时解决此问题都用到哪些方法。在本题中，应聘者可以使用绑定窗口改变事件和定时器实时监听这两种方法来解决。

解析过程：

（1）通过绑定窗口改变事件，监听键盘的弹出，然后去改变固定定位元素的位置。默认键盘的宽度应该是页面的二分之一，所以位移的距离改成键盘的二分之一就可以了。

```
window.onresize = function(){
        //$(".mian")就是固定定位的元素
        if($(".mian").css('top').replace('px','') != 0){
            $(".mian").css('top',0);
        }else{
            var winHeight = $(window).height();
            $(".mian").css('top',-(winHeight/4));
        }
}
```

（2）通过定时器实时监听是否触发 input。如果触发 input 框就把固定定位改变成静态定位，这样浏览器会主动把内容顶上去。

```
function fixedWatch(el) {
        //activeElement 获取焦点元素
        if(document.activeElement.nodeName == 'INPUT') {
            el.css('position', 'static');
        }else {
            el.css('position', 'fixed');
        }
}
setInterval(function() {
        fixedWatch($('.mian'));
}, 500);
```

11.3.14　怎么判断是否横屏

题面解析：本题主要考查应聘者对移动端页面开发的熟练掌握程度。看到此问题，应聘者应想到解决此类问题的方法肯定不止一种，在不同的应用中有不同的判断方式，所以应该结合当时的情况做出相应的判断。下面介绍两种判断方法。

解析过程：

对移动端的页面，很多时候是不希望横屏显示的，有可能横屏显示时页面显示不全或者影响美观。然而，横屏这个功能一般在手机或手机浏览网页的 App 上设置，作为网页是没有权限去操作这一设置的。

可以通过以下两种方法来判断是否横屏。

1. 通过判断窗口宽高值的比值判断是否横屏

对正常手机屏幕来说，窗口宽度是小于窗口高度的，即宽度/高度的值是小于 1 的。那么，如果手机横屏了，窗口原本的宽度变成了高度，原本的高度变成了宽度，此时，宽高比就大于 1 了，以此来判断手机是否横屏。

用代码表示如下：

```
function rotate (){
    if(document.documentElement.clientWidth > document.documentElement.clientHeight){
        alert('横屏了');
    }else{
        alert('没有横屏');
    }
}
window.onload = rotate;
window.onresize = rotate;
```

但是，对手机端的页面，一般 window.onload 和 window.onresize 两个事件都会被占用来做其他的事情，如果想这样写，就得在 JavaScript 中穿插 rotate 函数中的代码，使代码变得不那么规整。

2. 通过 orientationchange 事件判断是否横屏

orientationchange 为 HTML 5 的新特性，是在用户水平或者垂直翻转设备（即方向发生变化）时触发的事件，而且这个事件一般不会被占用。

核心代码表示如下：

```
}window.onorientationchange=function(){
    if(window.orientation==90||window.orientation==-90){
        alert('横屏了');
    }else{
    alert('没有横屏');
}
```

可以利用这个方法封装成一个自执行的 JavaScript 代码，只要有用到，直接引用就可以了。

11.3.15　移动端用过哪些 meta 标签

题面解析：本题主要考查应聘者对 meta 标签的了解程度。因此，应聘者在面对这类问题时，因为 meta 标签过多，不可能一一说完，所以应尽量陈述一些经常使用的标签。下面总结一些移动端经常使用的 meta 标签。

解析过程：

meta 是用来在 HTML 文档中模拟 HTTP 协议的响应头报文。meta 标签用于网页的<head>与

</head>中，meta 标签的用处很多。meta 的属性有两种：name 和 http-equiv。name 属性主要用于描述网页，对应于 content（网页内容），以便于搜索引擎机器人查找、分类。这其中最重要的是 description 和 keywords（分类关键词），所以应该给每页加一个 meta 值。比较常用的有以下几个。

1. name 属性

（1）<meta name="Generator" contect="">用以说明生成工具（如 Microsoft FrontPage 4.0）等。

（2）<meta name="KEYWords" contect="">向搜索引擎说明网页的关键词。

（3）<meta name="DEscription" contect="">告诉搜索引擎站点的主要内容。

（4）<meta name="Author" contect="你的姓名">告诉搜索引擎站点的制作者。

（5）<meta name="Robots" contect= "all|none|index|noindex|follow|nofollow">。

其中的属性说明如下。

- 设定为 all：文件将被检索，且页面上的链接可以被查询。
- 设定为 none：文件将不被检索，且页面上的链接不可以被查询。
- 设定为 index：文件将被检索。
- 设定为 follow：页面上的链接可以被查询。
- 设定为 noindex：文件将不被检索，但页面上的链接可以被查询。
- 设定为 nofollow：文件将不被检索，页面上的链接不可以被查询。

2. http-equiv 属性

（1）<meta http-equiv="Content-Type" contect="text/html";charset=gb_2312-80">和<meta http-equiv="Content-Language" contect="zh-CN">用以说明主页制作所使用的文字以及语言。例如英文是 ISO-8859-1 字符集，还有 BIG5、utf-8、shift-Jis、Euc、Koi8-2 等字符集。

（2）<meta http-equiv="Refresh" contect="n;url=http://yourlink">定时让网页在指定的时间 n 内，跳转到页面 http://yourlink。

（3）<meta http-equiv="Expires" contect="Mon,12 May 2001 00:20:00 GMT">用于设定网页的到期时间，一旦过期则必须到服务器上重新调用。需要注意的必须使用 GMT 时间格式。

（4）<meta http-equiv="Pragma" contect="no-cache">用于设定禁止浏览器从本地机的缓存中调阅页面内容，设定后一旦离开网页就无法从 Cache 中再调出。

（5）<meta http-equiv="set-cookie" contect="Mon,12 May 2001 00:20:00 GMT">cookie 设定，如果网页过期，存盘的 cookie 将被删除。需要注意的也是必须使用 GMT 时间格式。

（6）<meta http-equiv="Pics-label" contect="& gt">网页等级评定，在 IE 的 internet 选项中有一项内容设置，可以防止浏览一些受限制的网站，而网站的限制级别就是通过 meta 属性来设置的。

（7）<meta http-equiv="windows-Target" contect="_top">强制页面在当前窗口中以独立页面显示，可以防止自己的网页被别人当作一个 frame 页调用。

（8）<meta http-equiv="Page-Enter" contect="revealTrans(duration=10,transtion= 50)">和<meta http-equiv="Page-Exit" contect="revealTrans(duration=20，transtion=6)">设定进入和离开页面时的特殊效果。这个功能即 FrontPage 中的“格式/网页过渡”，不过所加的页面不能够是一个 frame 页面。

3. 移动端常用的 meta 标签

（1）viewport：可视区域的定义，如屏幕缩放等，告诉浏览器如何规范地渲染网页。

```
<meta name="viewport" content="width=device-width, initial-scale=1.0, maximum-scale=
1.0, user-scalable=0">
```

（2）format-detection：对电话号码的识别。

```
<meta name="format-detection" content="telphone=no" />
```

（3）apple-mobile-web-app-capable：启用 webapp 模式，会隐藏工具栏和菜单栏，和其他配合使用。

```
<meta name="apple-mobile-web-app-capable" content="yes" />
```

（4）apple-mobile-web-app-status-bar-style：在 webapp 模式下，改变顶部状态条的颜色，default（白色，默认）| black（黑色）|black-translucent（半透明）。

```
<meta name="apple-mobile-web-app-status-bar-style" content="black" />
```

☆**注意**☆ 若值为“black-translucent”将会占据页面位置，浮在页面上方（会覆盖页面 20px 高度，Retina 屏幕为 40px）。

（5）apple-touch-icon：在 webapp 下，指定放置主屏幕上 icon 文件路径。

```
<link rel="apple-touch-icon" href="touch-icon-iphone.png">
<link rel="apple-touch-icon" sizes="76x76" href="touch-icon-ipad.png">
<link rel="apple-touch-icon" sizes="120x120" href="touch-icon-iphone-retina.png">
<link rel="apple-touch-icon" sizes="152x152" href="touch-icon-ipad-retina.png">
```

默认 iPhone 大小为 60px，iPad 为 76px，retina 屏乘 2。

如没有一致尺寸的图标，会优先选择比推荐尺寸大，但是最接近推荐尺寸的图标。

iOS 7 以前系统默认会对图标添加特效（圆角及高光），如果不希望系统添加特效，则可以用 apple-touch-icon-precomposed.png 代替 apple-touch-icon.png。

（6）apple-touch-startup-image：在 webapp 下，设置启动时的界面。

```
<link rel="apple-touch-startup-image" href="/startup.png" />
```

不支持 size 属性，可以使用 media query 来控制。iPhone 和 touch 上，图片大小必须是 230×480px，只支持竖屏。

（7）其他 meta。

```
<!-- 启用 360 浏览器的极速模式(webkit) -->
<meta name="renderer" content="webkit">
<!-- 避免 IE 使用兼容模式 -->
<meta http-equiv="X-UA-Compatible" content="IE=edge">
<!-- 针对手持设备优化，主要是针对一些老的不识别 viewport 的浏览器，比如黑莓 -->
<meta name="HandheldFriendly" content="true">
<!-- 微软的老式浏览器 -->
<meta name="MobileOptimized" content="320">
<!-- UC 强制竖屏 -->
<meta name="screen-orientation" content="portrait">
<!-- QQ 强制竖屏 -->
<meta name="x5-orientation" content="portrait">
<!-- UC 强制全屏 -->
<meta name="full-screen" content="yes">
<!-- QQ 强制全屏 -->
<meta name="x5-fullscreen" content="true">
<!-- UC 应用模式 -->
<meta name="browsermode" content="application">
<!-- QQ 应用模式 -->
<meta name="x5-page-mode" content="app">
<!-- windows phone 点击无高光 -->
<meta name="msapplication-tap-highlight" content="no">
```

11.3.16 移动端开发的兼容问题

试题题面：移动端开发过程中会遇到各种各样的兼容问题，请列举一些常遇到的问题并说出解决方案。

题面解析：本题主要考查应聘者遇到问题时的应变能力。在开发应用中，应聘者肯定遇到过各式各样的问题，本题是一道灵活题，应聘者把自己经常遇到的兼容问题以及如何解决的做个简单描述即可。

解析过程：

（1） iOS 下 input 为 type=button 属性 disabled 设置 true，会出现样式文字和背景异常问题。

解决方案：使用 opacity=1 来解决。

（2）对非可点击元素，如（label,span）监听 click 事件，部分 iOS 版本下不会触发。

解决方案：CSS 增加 cursor:pointer 就可以了。

（3）input 为 fixed 定位，在 iOS 下 input 固定定位在顶部或者底部，在页面滚动一些距离后，点击 input（弹出键盘），input 位置会出现在中间位置。

解决方案：内容列表框也是 fixed 定位，这样不会出现 fixed 错位的问题。

（4）移动端字体小于 12px，并且出现四周边框或者背景色块的 bug 问题。

解决方案：可以使用整体放大屏幕的 dpr 倍（width、height、font-size 等）再使用 transform 缩放，使用 canvas 在移动端会模糊也需要这样的解决方案。

（5）在移动端图片上传图片兼容低端机的问题。

解决方案：input 加入属性 accept="image/*" multiple。

（6）在 h5 嵌入 App 中，iOS 如果出现垂直滚动条时，手指滑动页面滚动之后，滚动很快停下来，好像踩着刹车在开车，有“滚动很吃力”的感觉。

解决方案：对 webview 设置了更低的“减速率”。

```
self.webView.scrollView.decelerationRate = UIScrollViewDecelerationRateNormal;
```

（7）在安卓机上 placeholder 文字设置行高会偏上。

解决方案：input 有 placeholder 情况下不要设置行高。

（8）overflow:scroll，或者 auto 在 iOS 上滑动卡顿的问题。

解决方案：加入-webkit-overflow-scrolling:touch;

（9）移动端适配可以使用 lib-flexible，使用 rem 来布局移动端有一个问题就是 px 的小数点的问题，不同的手机对小数点处理方式不一样，有些是四舍五入，有些直接舍去掉，因此在自动生成图片的时候，图标四周适当留 2px 的空间，防止图标被裁剪掉。

（10）iPhone X 的适配的解决方案如下所示。

```
<meta name="viewport" content="...,viewport-fit=cover" />
body{
    padding-top: constant(safe-area-inset-top);
    padding-top: env(safe-area-inset-top);
    padding-bottom: constant(safe-area-inset-bottom);
    padding-bottom: env(safe-area-inset-bottom);
}
```

11.3.17 页面优化有哪些方法

题面解析：本题主要考查应聘者对网页开发中进一步优化性能的应用，在回答此问题时，应聘者应考虑得更加全面些。对页面的优化有很多种方法，所以应聘者只需要简单地整理回答出提高性能的方法即可。下面列出了优化网页可能用到的方法。

解析过程：

页面优化的方法非常多，下面对这些优化方案进行分类，然后结合实际开发遇到的问题来表述。

1. 避免 head 标签 JavaScript 堵塞

所有放在 head 标签里面的 JavaScript 和 CSS 都会堵塞渲染。如果这些 CSS 和 JavaScript 需要加载很久的话，那么页面就空白了。

用 google 的 cdn 加载一个 jQuery 文件是访问不了的，所以标签一直在转圈，页面没有任何显示。

有两种解决办法，第一种是把 script 放到 body 后面，这也是很多网站采取的方法。第二种是给 script 加 defer 或者 async 的属性，一旦 script 是 defer 或者 async 延迟的，那么这个 script 将会异步加载，但不会马上执行，会在 readystatechange 变为 Interactive 后按顺序依次执行。

两者相同点如下：

- 加载文件时不阻塞页面渲染。
- 对于 inline 的 script 无效。
- 使用这两个属性的脚本中不能调用 document.write 方法。
- 有脚本的 onload 的事件回调。

两者不同点如下：

- async 下，JavaScript 一旦下载好了就会执行，所以很有可能不是按照原本的顺序来执行的。如果 JavaScript 前后有依赖性，用 async，就很有可能出错。
- 如果一个 script 加了 defer 属性，即使放在 head 里面，也会在 HTML 页面解析完毕之后再去执行，也就是类似于把这个 script 放在了页面底部。

2. 减少 head 里面的 css 资源

CSS 必须放在 head 标签里面，如果放在 body 里面会造成对 layout 好的 DOM 进行重排造成页面闪烁。但是一旦放在 head 标签里面又会堵塞页面渲染，所以要尽可能地减小 CSS 体积。

例如，不要放太多 base64 在 CSS 里面，webpack 构建工具常常会配置图片体积小于多少的直接转换成 base64 加载，影响性能，一个是不能用到缓存机制，另一个就是加大了 CSS 的体积。

3. 延迟加载图片

对很多网站来说，图片往往是占用最多流量和带宽的资源。

4. DNS 解析优化

DNS 查询需要花费大量时间来返回一个主机名的 IP 地址。

在网站中，可能会加载很多个域的东西，比如引入了百度地图之类的 sdk 和一些自己的子域名服务，第一次打开网站时要做很多次 DNS 查找，DNS 预读取能够加快网页打开时间。

5. 优化图像

图像对吸引访客的关注是很重要的。但是添加到页面上的每一张图片都需要用户从服务器下载到它们的计算机上。这无疑增加了页面的加载时间，因此很可能让用户离开该网站。所以，优化图像是非常必要的。

过大的图像需要的下载时间更多，因此要确保图像尽可能的小。可以使用图像处理工具如 Photoshop 来减小颜色深度、剪切图像到合适的尺寸等。

6. 去掉不必要的插件

一个非常值得关注但经常被忽略的因素是网站安装的插件。如今，大量免费的插件诱导网站开发者添加很多不必要的功能。安装的每个插件都需要服务器处理，从而增加了页面加载时间。所以，禁用和删除不必要的插件。

然而，有些插件是必需的，如社交分享插件，可以选择 CMS 内置的社交分享功能来代替安装插件。

7. 减少 DNS 查询

减少 DNS 查询（DNS lookups）是一个 Web 开发人员缩短页面加载时间快速有效的方法。DNS 查询需要花费很长的时间来返回一个主机名的 IP 地址。而浏览器在查询结束前不会进行任何操作。对不同的元素可以使用不同的主机名，如 URL、图像、脚本文件、样式文件、FLASH 元素等。具有多种网络元素的页面经常需要进行多个 DNS 查询，因而花费的时间更长。

减少不同域名的数量将减少并行下载的数量，提升网站的加载速度。

8. 最小化重定向

重定向增加了额外的 HTTP 请求，因此也增加了页面加载时间。然而，有时重定向却是不可避免的，如链接网站的不同部分、保存多个域名，或者从不存在的页面跳转到新页面。

重定向增加了延迟时间，因此要尽量避免使用。检查是否有损坏的链接，并立即修复。

9. 使用内容分发网络

服务器处理大流量是很困难的，这最终会导致页面加载速度变慢，而使用 CDN 就可以解决这一问题，提升页面加载速度。

CDN 是位于全球不同地方的高性能网络服务，复制网站的静态资源，并以最有效的方式来为访客服务。

10. 把 CSS 文件放在页面顶部，而 JavaScript 文件放在底部

把 CSS 文件在页面底部引入可以禁止逐步渲染，节省浏览器加载和重绘页面元素的资源。

JavaScript 是用于功能和验证。把 JavaScript 文件放在页面底部可以避免代码执行前的等待时间，从而提升页面加载速度。

这些都是一些减少页面加载时间和提高转换率的方法。在某些情况下，需要 JavaScript 在页面的顶部加载（如某些第三方跟踪脚本）。

11. 利用浏览器缓存

浏览器缓存是允许访客的浏览器缓存网站页面副本的一个功能。这有助于访客再次访问时，直接从缓存中读取内容而不必重新加载。这节省了向服务器发送 HTTP 请求的时间。此外，通过优化网站的缓存系统往往也会降低网站的带宽和托管费用。

12. 使用 CSS Sprites 整合图像

多图像的网站加载时间比较久。其中一个解决方法就是把多个图像整合到少数几个输出文件中。可以使用 CSS Sprites 来整合图像文件，这样就减少了在下载其他资源时的往返次数和延迟，从而提高了站点的速度。

13. 压缩 CSS 和 JavaScript

压缩是通过移除不必要的字符（如 TAB、空格、回车、代码注释等），以帮助减少其大小和网页的后续加载时间的过程。这是非常重要的，但是，还需要保存 JavaScript 和 CSS 的原文件，以便更新和修改代码。

其他页面优化技巧，如：HTML 别嵌套太多层，加重页面 layout 的压力；CSS 选择器的合理运用，减少匹配的计算量；JavaScript 中别滥用闭包，会加深作用域链，增加变量查找时间；减少 http 请求之类的；等等。

11.3.18　移动端手势操作有哪些，怎么实现

题面解析：本题主要考查应聘者对网页开发中手势操作的应用。常见的一些手势，分别是长按（longTap）、单击（singleTap）、双击（doubleTap）、旋转（rotate）、放大 / 缩小（scale）、滑动（swipe）、拖动（drop），任意一个 App 都会有如上操作。对前端程序员来说，整个移动端手势操作都基于三个最基本的操作，即 touchstart、touchmove 和 touchend，三者缺一不可。

解析过程：

基于上面三个操作，根据用户操作习惯，又抽象分离出来其他各种操作，下面逐个分析常见手势。

1. 长按

在某些场景下需要长按某个元素来实现某些功能，例如选中或者调用弹出层。长按和直接单点的区别是前者在用户非常肯定的情况下触发一些想要的功能，目的性会比较明确，后者可能是从用户习惯来考虑的（个人认识）。接下来要怎么用 touch 家族三兄弟来实现呢？长按顾名思义，就是手指长时间停留在元素上不动，直到在预先设定的时间点触发其想做的事为止，这样就完成了一个长按操作。下面用代码来实现：

```
target.addEventListener('touchstart',function(e){
    //创建一个定时器，在 750ms 之后触发长按事件
    longTapTimer = setTimeout(function(){
        longTap(e);//长按事件自定义回调函数
    },750)
},false);
target.addEventListener('touchmove',function(e){
    //如果手指移动，则立刻取消长按定时器，视为非长按操作
    clearTimeout(longTapTimer);
},false);
target.addEventListener('touchend',function(e){
    //如果手指抬起，则立刻取消长按定时器
    clearTimeout(longTapTimer);
},false);
```

上面三步比较明了，主要是最后一步，当手指抬起时，如果这个时候还没有触发预先定义的长按事件，那么应当立即清除掉，因为此刻或者此刻之前如果没触发，那之后也没有触发的必要了。

2. 单击

单击操作就比较单纯了，当手指按在元素到抬起的时候，如果没有移动或者移动的不是很明显时，则就视为单击。这里“移动不是很明显”的一般情况下，都按照安全数值来做，即就是上下左右移动距离不超过 30 个像素点，就认为是普通单击。这里有两种单击效果，一种就是在计算机端那种，比普通触摸时间慢 200 多 ms；另一种就是抬起手指时触发的单击，这个比普通的快 200 多 ms。具体实现如下：

```
target.addEventListener('touchend',function(e){
    //如果移动距离小于 30 像素，则触发，假设水平和竖直移动距离分别为 L1,L2;
    if(L1 < 30 && L2 < 30){
        tap(e); //移动端标准单击事件
        singleTapTimer = setTimeout(function(){
            singleTap(e);//单点自定义回调，接近于 click 事件
        },250)
    }
```

```
},false);
```

上面的代码没有对双击情况下普通单击失效做处理。还有一点要注意，即水平和垂直移动距离的计算，要记住是最后一次手指位置和最后一次的前一次的位置的差值。

3. 双击

双击事件就是普通点击的叠加，最常见的就是双击某个图片放大的功能。其触发条件为普通点击触发之前，连续两次点击。由于普通点击设置的触发时间为250ms，于是当两次点击时间小于250ms时触发双击事件，并且需要清除普通单击事件。具体实现如下：

```
target.addEventListener('touchstart',function(e){
    //先判断当前点击时间和上次点击时间差是否在预先定义的250ms之内，假设时间差为delta;
    if(delta <= 250){
        isDoubleTap = true;//此时是否为双击的状态设为true，表示满足双击条件
    }
},false);
target.addEventListener('touchend',function(e){
    //在允许触发的范围内触发双击事件
    if(L1 < 30 && L2 < 30 && isDoubleTap){
        clearTimeout(singleTapTimer);
        doubleTap(e);//双击自定义回调
        isDoubleTap = false;//将状态设为初始的状态
    }
},false);
```

双击只需要注意一点，在触发的时候需要一定要把普通单击给清除，理论上讲是水火不容的。

4. 旋转

旋转其实算是常用事件中较为复杂的一个事件，因为这里面牵涉很多数学知识。首先来分析旋转的过程。当想要旋转某个元素时，首先两手指按住元素，然后以一定弧度把元素旋转到想要的效果。在这个过程中，一直会触发touchmove事件，所以需要实时记录当前和之前一次两手指的位置。每一次touchmove事件触发时，需要通过两次的位置来计算旋转的角度，然后调用回调函数。下面通过伪代码来实现：

```
target.addEventListener('touchmove',function(e){
    //记录当前和之前一次手指分别对应的竖直和水平差信息。设为：curY,curX,lastY,lastX。
    //用上面的余弦求差方法可得到
    var cosθ =
    (curX*lastX + curY*lastY)/(Math.sqrt(curY*curY + curX*curX)*Math.sqrt(lastY*lastY +
lastX*lastX));
    e.angle = Math.acos(cosθ);
    rotate(e);//旋转自定义回调函数
},false);
```

旋转关键点在于分析清楚旋转细节中的信息，运用数学中三角函数的相关概念来帮助计算。

5. 放大/缩小

放大和缩小经常用在一些图片调整修改的时候。在操作过程中，需要分别计算出相邻两次手指间的间距，然后求得当前和上次的比值，比值就是需要缩小放大的倍数。实现代码如下：

```
target.addEventListener('touchmove',function(e){
    //分别计算出相邻两次的长度，求其比值。假设长度分别为L1,L2;
    e.scale = L1/L2;
    scale(e);//缩小放大自定义回调函数
```

```
    },false);
```

6. 滑动

经常在 h5 活动页面看到一些切屏效果或者相册浏览效果，其中就有滑动元素。其判断依据主要是按下的位置信息和抬起的位置信息差值，从而得到元素滑动的方向。其中需要判断滑动的触发点，就是在哪个差值外算是滑动。实现代码如下：

```
    target.addEventListener('touchstart',function(e){
        //记录按下的信息
        startx = e.touches[0].pageX;
        starty = e.touches[0].pageY;
    },false);
    target.addEventListener('touchend',function(e){
        //通过抬起时的位置信息，计算出滑动方向
        endx = e.touches[0].pageX;
        endy = e.touches[0].pageY;
        if ((Math.abs(endx - startx) > 30) || (Math.abs(endy - starty) > 30)){
            e.dir = Math.abs(endx - startx) >= Math.abs(endy - starty) ? (endx - startx >
0 ? 'Right' : 'Left') :
            (endy - starty > 0 ? 'Up' : 'Down');
        }
    },false);
```

7. 拖动

拖动元素，确切地说应该是移动元素，不要理解为拖动事件那个拖动，这里指的是元素跟随手指移动。其实现比较简单，只需要计算出相邻两次移动的距离，实现代码如下：

```
    target.addEventListener('touchmove',function(e){
        //计算出相邻两次对应坐标的差值即可，假设当前和上次分别为（curx,cury）,(lastx,lasty);
        e.deltax = curx-lastx;
        e.deltay = cury-lasty;
        drop(e);//拖动自定义回调函数
    },false);
```

以上简单介绍了常用手势的实现方法，由于很多实现细节比较简单，所以大都以伪代码的形式给出。当然更为复杂的综合手势，可以融合常用手势，从而实现更通用的手势方法。

11.4　名企真题解析

本节对往年各大公司的面试题加以分析总结，把最新、最有价值的试题呈现给读者。读者可以参考以下题目，使自己在以后的面试中更加有信心。

11.4.1　移动触摸端怎么应用幻灯片

【选自 GG 笔试题】

题面解析： 本题主要考查应聘者对移动端应用幻灯片方法的使用程度。遇到此问题时，应聘者可以思考自己平时是怎样切换幻灯片的，接着可以通过加载插件和 jQuery、HTML 内容，函数调用这基本的顺序来介绍使用方法。

解析过程：

jQuery 响应式手机端、移动端幻灯片图片切换特效插件 slick，基于 jQuery，功能非常强大，支持左右按钮切换，支持圆点切换，支持自定义切换数量，支持自定义切换速度，支持图片预加载，支持自动播放定义，效果非常的不错，众多的参数支持自定义。

使用方法如下。

1. 加载插件和 jQuery

```
<script src="//code.jquery.com/jquery-1.11.0.min.js"></script>
<script src="//code.jquery.com/jquery-migrate-1.2.1.min.js"></script>
<script type="text/javascript" src="slick/slick.js"></script>
<link rel="stylesheet" type="text/css" href="slick/slick.css"/>
```

2. HTML 内容

```
<div class="slider fade">
<div><div class="image"><img src="img/fonz1.png"/></div></div>
<div><div class="image"><img src="img/fonz2.png"/></div></div>
<div><div class="image"><img src="img/fonz3.png"/></div></div>
</div>
```

3. 函数调用

```
<script type="text/javascript">
$(document).ready(function() {
    $('.fade').slick({
        dots: true,
        infinite: true,
        speed: 500,
        fade: true,
        slide: 'div',
        cssEase: 'linear'
    });
});
</script>
```

11.4.2 计算机端与移动端在 UI 设计方面有什么区别

【选自 MGYD 面试题】

题面解析：本题主要考查 UI 设计在计算机端和移动端的区别，应聘者应从不同的方面来考虑问题，可以从字体、排版布局、形式的优化、特效、导航体系等来思考，这样能够快速准确地回答出该问题。

解析过程：

其实，该题考察应聘者多平台用户界面设计的转换能力，需要 UI 设计师要基于小屏幕的交互来思考整个设计和优化的策略。

可以从下面 5 个方面来比较它们的区别。

1. 更大的展示字体，因为屏幕小了

在小屏幕上显示的内容，应该适当地增加大小，让用户能够更轻松地阅读。通常，在移动端上，每行容纳的英文字符的尺寸在 30～40 个最为合理，而这个数量基本上是计算机端的一半左右。

在移动端上排版设计要注意的东西还有很多，但是总体上，让字体适当地增大一些，能让整体的阅读体验有所提升。

2. 排版布局的尺寸和形式的优化

从计算机端迁移到移动端，应该让用户更易于访问，形态也需要跟随着平台的变化而进行适当的优化和修改。对整体尺寸和排版布局的设计，应该更有针对性。

例如大量的大尺寸的图片需要跟着移动端的需求而进行优化，考虑到移动端设备上用户的浏览方式，图片最好被切割为方形，或者和手机屏幕比例相近的形状。比如选择尺寸更合理的图片，放弃不匹配移动端需求的 JavaScript 动效等。所有的按钮或者可点击的元素都按照用户的手持方式，放到手指最易于触发的位置。

3. 移除不必要的特效

在计算机端网页上，旋转动效和视差滚动常常会让网页看起来非常不错，但是在移动端上，情况则完全不同。内容在迁移到移动端的网页和 App 上的时候，效率和可用性始终是第一需求。快速无缝的加载和即点即用的交互是用户的首要需求，剥离花哨和无用的动效，会让用户感觉更好。

作为 UI 设计师，需要围绕着点击和滑动这两种交互来构建移动端体验，悬停动效要去掉。移动端上手指触摸是主要的交互手段，悬停动效是毫无意义的存在。

4. 精简优化导航体系

当用户打开 App 的时候，他们通常倾向于执行特定的操作，访问特定的页面，或者你希望他们单击特定的按钮。所有的这些操作能否实现，大多要基于导航模式的设计。

在计算机端网页上，一个可用性较强的导航能够承载多个层级、十几个甚至二十多个不同的导航条目，但是在移动端上，屏幕限制和时间限制往往让用户来不及也不愿意去浏览那么多类目。

移动端的导航需要精简优化，不用沿用计算机端的导航模式，可以采用侧边栏或者底部导航等更适合移动端的方式。搞清楚整个导航的关键元素之后，就可以有针对性地做优化和调整了。

5. 每屏完成一项任务即可

虽然手机的屏幕越来越大，但是当内容在移动端设备上呈现的时候，依然要保证每屏只执行一个特定的任务，不要堆积太多的内容。

用户的习惯和多样的应用场景使得移动端界面必需保持界面与内容的简单直观，这样用户在繁复的操作中，不至于迷失或者感到混乱。

11.4.3 视差滚动实现原理是什么

【选自 SLL 面试题】

题面解析：本题主要考查应聘者对视差滚动（Parallax Scrolling）的掌握程度，因此应聘者不仅需要知道视差滚动原理，而且还要知道通过原理怎样去使用视差滚动。

解析过程：

视差效果，原本是一个天文学术语。当我们观察星空时，离我们远的星星移动速度较慢，离我们近的星星移动速度则较快。当我们坐在车上向车窗外看时，也会有这样的感觉，远处的群山似乎没有在动，而近处的稻田却在飞速掠过。许多游戏中都使用视差效果来增加场景的立体感。说的简单点就是，网页内的元素在滚动屏幕时发生位置的变化，然而各个不同的元素位置变化的速度不同，导致网页内的元素有层次错落的错觉，这和人体的眼球效果很像。多家产品商用视差滚动效果来展示产品，从不同的空间角度和用户体验，起到了非常不错的效果。

目前这种视差滚动效果被越来越多的国外网站所应用，成为网页设计的热点趋势。

通过一个很长的网页页面，其中利用一些令人惊叹的插图和图形，并使用视差滚动（Parallax Scrolling）效果，让多层背景以不同的速度移动，形成立体的运动效果，带来非常出色的视觉体验。完美地展示了一个复杂的过程，让你犹如置身其中。就是固定背景不让其随着滚动轴移动，但包含背景的容器是跟着滚动的，所造成的视觉差异看起来就像跟转换场景一样。

通过前景与背景在场景移动时产生不同的视差，从而达到简单的立体效果，页面上很多的元素在相互独立地滚动着。如果对其他分层的话，可以有两到三层：背景层、内容层和贴图层。

1. 运用大背景

背景图像一般是高分辨率，大图，覆盖整个网站。高清照片是一个迅速抓住观众的好方式，可以产生极具冲击力的视觉效果，用户的视线会不自觉地落在宽大的背景上。

（1）背景图的色彩、内容在选择时要十分讲究，前提是不要破坏用户的体验，不然再漂亮的照片也是枉然。

图片类型最好选取趋向于一些比较柔和、略带透明的一类，不要影响到网站主体内容的阅读、识别，讲究协调。

（2）以大量图片为特色的页面应该考虑图像的预加载问题，以便为用户提供更好更流畅的视觉体验。

2. 简单的配色方案

没有比纯色的背景更直观更简洁。纯色可以有很多种表达方式，一个视差区间内颜色最好保持使用 2～3 种，可以调整颜色的透明度，来达到各种视觉效果。

3. 定位好背景层、贴图层和内容层之间的关系

根据页面自身的功能来定义是否需要贴图层，贴图层的存在是为了更有效地传达视觉效果，但如果它成为了干扰，就会违背使用的初衷。

内容层的展现是最主要的，无论背景层和贴图层有多花哨，在设计师的设计过程中，内容层对用户的展示是最优先的。

4. 讲故事

有力的表现、简约的风格和设计的美感共同构成了一个出色的交互式叙事体验。内容是王道，技术只是实现内容的一种工具。当你能够成功地把有力的信息和漂亮的执行力结合起来，就能创造出人们喜欢并且享受其中的体验。